Methoden der Regelungs- und Automatisierungstechnik

Herausgegeben von
Otto Föllinger, Hans Sartorius und Volker Krebs

Kalman-Bucy-Filter

Deterministische Beobachtung und stochastische Filterung

von
Dr.-Ing. Karl Brammer
ESG München
und
Dr.-Ing. Gerhard Siffling
Universität Karlsruhe

4., verbesserte Auflage

Mit 22 Bildern und 3 Tabellen

R. Oldenbourg Verlag München Wien 1994

Karl Brammer, Verfasser dieses Buches, studierte an der TH Darmstadt und am MIT Cambridge. Er war bis 1969 bei der DLR in Oberpfaffenhofen, dann bei Dornier in Friedrichshafen. Seit 1972 ist er bei der ESG Elektroniksystem- und Logistik-GmbH in München tätig.

Gerhard Siffling, Verfasser des Grundlagenbandes, ist Akademischer Oberrat und Lehrbeauftragter an der Universität Karlsruhe.

Die Deutsche Bibliothek – CIP-Einheitsaufnahme

Brammer, Karl:
Kalman-Bucy-Filter : deterministische Beobachtung und stochastische Filterung ; mit 3 Tabellen / von Karl Brammer und Gerhard Siffling. – 4., verb. Aufl. – München ; Wien : Oldenbourg, 1994
ISBN 3-486-22779-3

NE: Siffling, Gerhard:

Gesamtherstellung: Grafik + Druck, München

ISBN 3-486-22779-3

Inhaltsverzeichnis

Vorwort 7

1. Die Beobachtung des Zustandsvektors 11

1.1 Einleitung 11

1.2 Die Beobachtungsaufgabe 13

1.3 Beobachtbarkeit und Beobachtung in kontinuierlicher Zeit 24

1.4 Das Dualitätsprinzip 36

1.5 Steuerbarkeit in kontinuierlicher Zeit 38

1.6 Beobachtung in diskreter Zeit 43

1.7 Literatur 57

1.7.1 Zitierte Stellen 57

1.7.2 Zusätzliche Bibliographie 59

2. Lineare optimale Filterung 60

2.1 Entstehung der Filtertheorie 60

2.2 Das Verfahren der minimalen Varianz 63

2.3 Das Kalmansche Optimalfilter (diskrete Zeit) 75

2.3.1 Aufgabenstellung 75

2.3.2 Rekursive Gauß-Markoffsche Schätzung 77

2.3.3 Rekursive Schätzung mit minimaler Varianz 83

2.3.4 Bestimmung von $\underline{Q}(k)$ 93

2.3.5 Nicht-zentrierte Anfangswerte und bekannte Eingangsgrößen beim beobachteten System 99

2.3.6 Vorhersage (Extrapolation, Prädiktion) 104

2.3.7 Zusammenfassung und Schlußbemerkungen 108

2.4 Das Kalman-Bucy-Filter (kontinuierliche Zeit) 112

2.4.1 Aufgabenstellung 113

2.4.2 Die Matrix-Wiener-Hopf-Gleichung 115

2.4.3 Die Lösung für reine Filterung ($T = t$) 119

2.4.4 Nicht-zentrierte Anfangswerte und meßbare Eingangsgrößen. 129

2.4.5 Vorhersage ($T > t$) 131

2.4.6 Schlußbemerkungen 132

2.5 Literatur 133

2.5.1 Zitierte Stellen 133

2.5.2 Zusätzliche Bibliographie 136

3. Praktische Probleme bei der Filtersynthese 137

3.1 Deterministische Regelung mit Rückführung des Zustandsvektors . 137

3.2 Beobachter im Regelkreis und algebraische Separation 142
3.3 Filter im Regelkreis und stochastische Separation 145
3.4 Bemerkungen zur Matrix-Riccati-Differentialgleichung 152
3.5 Stationäre Verhältnisse und Wiener-Filter 158
3.6 Formfilter für vektorielle Markoffsche Prozesse 169
3.7 Reduktion der Ordnung des Filters 172
3.8 Ausblick auf den Itôschen Kalkül und die nichtlineare Filterung . . 182
3.8.1 Der Brownsche Prozeß 182
3.8.2 Stochastische Integration 184
3.8.3 Stochastische Differentialgleichungen 185
3.8.4 Stochastische Differentiale entlang einer Lösungskurve . . . 187
3.8.5 Die Fokker-Planck-Gleichung 190
3.8.6 Das nichtlineare Filterproblem und die Kushner-Stratonovitch-Gleichung 190
3.9 Literatur 194
3.9.1 Zitierte Stellen 194
3.9.2 Zusätzliche Bibliographie 196

Anhang – Einige Grundelemente der Matrizenrechnung 197

A.1 Die Begriffe Vektor und Matrix 197
A.2 Die Gruppenoperation 200
A.3 Die Matrizenmultiplikation 201
A.4 Lineare Gleichungssysteme und die Kehrmatrix 205
A.4.1 Zur Auflösung einfacher Gleichungssysteme 205
A.4.2 Die Kehrmatrix oder (multiplikative) Inverse 207
A.4.3 Mehrfache Gleichungssysteme, Matrizendivision, Rechenaufwand 208
A.5 Eigenwertprobleme 210
A.5.1 Die charakteristische Gleichung 211
A.5.2 Das Cayley-Hamilton-Theorem 212
A.5.3 Der Algorithmus von Souriau-Fadeeva 214
A.5.4 Die Modalmatrix 214
A.6 Quadratische Formen 217
A.7 Vektor-Normen 219
A.8 Integration und Differentiation bezüglich Skalaren 220
A.9 Differentiation bezüglich Vektoren 222
A.9.1 Der Gradient 222
A.9.2 Die Hessesche Matrix 223
A.9.3 Die Jacobische Matrix 224
A.10 Literatur 225

Sachwortverzeichnis 226

Vorwort

Das Zeitverhalten eines dynamischen Systems läßt sich berechnen, wenn das mathematische Modell dieses Systems gegeben ist, und wenn man außer den Eingangsgrößen auch den Anfangszustand kennt. Die Kenntnis des Zustandsvektors ist daher sowohl beim Ermitteln des Zeitverhaltens eines gegebenen dynamischen Systems als auch bei der Erzeugung der Steuerfunktionen, die das Systemverhalten im gewünschten Sinne beeinflussen sollen, von fundamentaler Bedeutung.

Häufig ist aber der Zustandsvektor meßtechnisch nicht zugänglich. Er muß dann aus den meßbaren Ausgangsgrößen des Systems berechnet werden. Wegen der Meßfehler liefert die Rechnung im allgemeinen keinen exakten, sondern nur einen Näherungswert, den sogenannten Schätzwert für den Zustandsvektor.

Wird diese Aufgabe mit deterministischen Verfahren gelöst, werden also die zufälligen Meßfehler nicht explizit berücksichtigt, so spricht man von Ausgleichsrechnung bzw. von deterministischer Beobachtung. Wenn man jedoch Näheres über die Meßfehler weiß, z.B. deren Mittelwerte und Streuungen kennt, dann lassen sich mit den Methoden der Wahrscheinlichkeitsrechnung bessere bzw. optimale Schätzwerte erzielen. Die Meßfehler der Sensoren und ebenso die unbekannten Eingangsgrößen (Störgrößen) werden dann als vektorielle Zufallsprozesse (stochastische Prozesse) beschrieben, und man spricht von stochastischer Filterung. Die lineare Filteraufgabe, ursprünglich von Wiener und Kolmogoroff für Spezialfälle behandelt, ist um 1960 von Kalman und Bucy umfassend gelöst worden. Zahlreiche Anwendungen beweisen den Erfolg ihrer Theorie. In diese Theorie will das vorliegende Buch einführen. Dabei wird das Thema stufenweise aufgebaut und mit möglichst elementaren Methoden behandelt.

Zum gründlichen Verständnis des Kalman-Bucy-Filters muß die

Beherrschung der notwendigen Grundlagen aus der Wahrscheinlichkeitsrechnung und aus der Theorie der Zufallsprozesse vorausgesetzt werden. Neulinge auf diesen Gebieten stehen dabei vor zwei Problemen. Erfahrungsgemäß bereitet es ihnen einerseits erhebliche begriffliche Schwierigkeiten, den Übergang von der gewohnten Betrachtungsweise deterministischer Vorgänge zur mathematischen Beschreibung von zufallsbedingten Vorgängen zu vollziehen. Andererseits ist es äußerst mühsam und zeitraubend, sich die zur Kalman-Bucy-Filterung erforderlichen Grundlagen aus dem umfangreichen Schrifttum über Wahrscheinlichkeitstheorie herauszusuchen, da nur bestimmte Ausschnitte davon benötigt werden. Um beiden Problemen gerecht zu werden, hat G. Siffling das in der gleichen Reihe erscheinende Buch

> STOCHASTISCHE GRUNDLAGEN DES KALMAN-BUCY-FILTERS
> Wahrscheinlichkeitsrechnung und Zufallsprozesse

geschrieben. Es bildet mit dem vorliegenden, von K. Brammer verfaßten Buch

> KALMAN-BUCY-FILTER
> Deterministische Beobachtung und Stochastische Filterung

eine inhaltlich abgestimmte Einheit.

Im Grundlagenband wird zunächst in knapper Form die Beschreibung dynamischer Systeme durch Zustandsvariable behandelt. Der Hauptteil führt den Leser dann auf elementarem Wege in die Wahrscheinlichkeitsrechnung und in die Theorie der Zufallsprozesse ein, wobei keinerlei Vorkenntnisse auf diesem Gebiet vorausgesetzt werden. Schließlich wird gezeigt, wie sich die Eigenschaften eines Zufallsprozesses bei der Übertragung durch ein lineares System verändern und wie diese veränderten Eigenschaften berechnet werden können.

Der Inhalt jedes der beiden Bücher wird durch einen von K. Brammer verfaßten Anhang über Matrizenrechnung ergänzt.

Ursprünglich sollte der gesamte Stoff in einem einzigen Band erscheinen. Die nun vorgenommene Teilung hat aber zwei Vorteile:

1. Der mit den Grundlagen bereits vertraute Leser braucht nur das zweite Buch zu kaufen.

2. Das erste Buch bringt die stochastischen Grundlagen so ausführlich und genügend allgemein, daß es auch als eigenständiges Lehrbuch Verwendung finden kann.

Um aber das gemeinsame Konzept des Entstehens, die Begründung für die Auswahl der Grundlagen und die inhaltliche Abstimmung beider Bücher auch äußerlich in Erscheinung treten zu lassen, werden die gemeinsamen Verfasser der Gesamtarbeit sowie der Passus "Kalman-Bucy-Filter" auf beiden Büchern genannt.

Am Zustandekommen eines Buches sind aber nicht allein die Autoren beteiligt. Wir möchten uns daher bei all denen bedanken, die beim Entstehen der beiden Bücher mitgeholfen haben. Zunächst gilt unser Dank der Geduld und Nachsicht der Herausgeber der Reihe "Methoden der Regelungstechnik". Vor allem aber schulden wir Herrn Professor Föllinger Dank. Ohne seine stete Ermutigung und tatkräftige Unterstützung hätte diese Buchidee nicht verwirklicht werden können.

Wir bedanken uns bei Frau Rita Bellm, die das schwierige Manuskript in so sorgfältiger Weise mit der Maschine geschrieben hat, bei Frau Ilse Kober für das Anfertigen der Zeichnungen sowie bei Herrn Dr. Erich Ziegler, der das mühsame Erstellen des Stichwort-Verzeichnisses übernommen hat.

München Im Oktober 1974 Karlsruhe

Vorwort zur vierten Auflage

Mit dieser Auflage ist das Buch auf ein neues Format umgestellt worden.

Größere Änderungen waren nicht erforderlich, da der mathematische Inhalt weitgehend zeitlos ist. Außerdem ist das bestehende Manuskript im Zuge der bisherigen Auflagen ständig verbessert und fehlerbereinigt worden.

Aktualisiert wurden einige zeitlich oder technologisch überholte Textstellen, sowie die Literaturangaben.

Daß hiermit ein nach wie vor aktuelles Werk angeboten wird, zeigt sich auch darin, daß inzwischen eine russische und eine amerikanische Ausgabe erschienen ist.

München, im April 1993

Karl Brammer
Gerhard Siffling

1. Die Beobachtung des Zustandsvektors

1.1 Einleitung

Naturwissenschaftler und Ingenieure sind von alters her an der Erfassung ihrer physikalischen bzw. technischen Umwelt interessiert. Um einen bestimmten Vorgang in seinem Wesen erklären zu können, müssen die zugrunde liegenden Gesetzmäßigkeiten durch Versuche und Beobachtungen aufgespürt und in die Form mathematischer Modelle gebracht werden. Einer der größten Fortschritte auf diesem Gebiet war die Einführung dynamischer Modelle, die mit der Entdeckung der bekannten Gesetze von Newton begann. Das Ziel der Modellbildung ist gewöhnlich, quantitative Aussagen über das Verhalten des betrachteten Systems zu gewinnen, sei es zur Beschreibung eines in der Gegenwart ablaufenden Vorganges oder zur Vorhersage zukünftiger Ereignisse und Versuche.

Im Laufe der Zeit wurden die mathematischen Modelle der physikalischen Umwelt immer mehr verfeinert. In gleichem Maße stiegen die Anforderungen an die Genauigkeit der Meß-, Schätz- und Vorhersageverfahren für die interessierenden Größen. Als beispielsweise im Jahre 1801 der erste, gerade entdeckte Planetoid Ceres in der Sonnenstrahlung verloren ging, nachdem er nur auf einem Vierzigstel seiner Umlaufbahn beobachtet worden war, versuchten es die Astronomen vergeblich, ihn jenseits der Sonne wieder zu orten. C.F. Gauß jedoch gelang es, die Bahn von Ceres mit Hilfe seiner 1795 entwickelten Methode der kleinsten Quadrate so genau zu bestimmen, daß der Planetoid wiedergefunden werden konnte [1.1].

Die Methode der kleinsten Quadrate, die im einfachsten Sonderfall den algebraischen Mittelwert liefert, ist das klassische Verfahren für den systematischen Ausgleich zufallsbedingter Meßfehler (Ausgleichsrechnung). Bereits im Jahre 1821 gab Gauß auch noch eine rekursive Variante an, die es ermöglicht, einen zuvor errechneten Schätzwert nach Eintreffen eines zusätzlichen Meßwertes zu korrigieren, ohne die gesamte Rechnung von vorne an wiederholen zu müssen [1.2]. Dieses Konzept ist 1950 von Plackett wieder aufgegriffen und auf mehrere gleichzeitige Zusatzmessungen verallgemeinert worden [1.3].

Im vorliegenden Kapitel wird die Beobachtungsaufgabe im regelungstechnischen Sinne wie üblich so formuliert, daß der unzugängliche Zustandsvektor einer Regelstrecke auf Grund von Messungen der Ausgangsgrößen abgeschätzt werden soll. Störgrößen am Eingang der Strecke werden bei der Beobachtungsaufgabe nicht berücksichtigt; Meßfehler bei den Ausgangsgrößen werden zwar einbezogen, aber nicht spezifiziert. Insofern ist dieses Problem ein Vorläufer und Sonderfall der Filteraufgabe.

Die Behandlung geschieht durchgehend im Zustandsraum, wobei die von Kalman ausgearbeiteten Begriffe der Beobachtbarkeit, der Dualität und der Steuerbarkeit ebenfalls erklärt werden [1.4], [1.5]. Die wesentlichsten Ergebnisse dieses Kapitels sind die Beobachtungsgesetze in den verschiedenen Formen, die die Lösung der Beobachtungsaufgabe bilden. Kontinuierliche und diskrete Zeit wird dabei gleichermaßen berücksichtigt. Es wird gezeigt, daß die Schätzung des Zustandsvektors durch blockweise Verarbeitung kumulierter Meßgrößen in den Rahmen der Gaußschen Ausgleichsrechnung gestellt werden kann, und daß die Kalmansche Beobachtbarkeitsmatrix eine dem Problem entsprechende Gaußsche Normalmatrix ist.

Die kumulativen Beobachtungsgesetze für kontinuierliche und diskrete Zeit haben die Form von Integralen bzw. Summen. Diese lassen sich in geeigneter Weise zu Systemen von Differential- bzw. Differenzengleichungen umformen, so daß nun Beobachtungsgesetze für die rekursive Verarbeitung sequentiell eintreffender Meßwerte gegeben sind. Das Interesse für diese Form der Beobachtung und Schätzung stieg Ende der 50er Jahre sprunghaft an. Einerseits entstand damals ein einschlägiger Bedarf durch die aufkommende Raumfahrt und andererseits boten die inzwischen entwickelten, leistungsstarken Digitalrechner die Möglichkeit, die rekursive Schätzung in Echtzeit auszuführen. In diesem Zusammenhang vollzog sich auch ein Wandel in der Auffassung von Beobachtern bzw. Filtern: Sie wurden nicht mehr als Frequenzgänge oder Übertragungssysteme gesehen wie noch zu Zeiten von Wiener, Bode und Shannon, sondern als Rechenalgorithmen zur Echtzeitberechnung von Gaußschen, Gauß-Markoffschen bzw. Minimum-Varianz-Schätzwerten, von bedingten Erwartungswerten oder sogar ganzer bedingter Verteilungen.

Die rekursiven Beobachtungs- und Filtergesetze in der Form von Differential- bzw. Differenzengleichungen lassen sich unmittelbar hardware- oder softwaremäßig realisieren. Sie sind auch für zeitvariable Regelstrecken und endliche Beobachtungsintervalle gültig. Zahlreiche Anwendungen der Beobachtungs- und Filtertechnik, insbesondere bei der Bahnbestimmung von Luft-, Raum- und Unterwasserfahrzeugen, belegen die praktische Bedeutung dieser Theorie. Die ersten Anwendungen sind in [1.6] und [1.7] beschrieben.

Die Filteraufgabe ist eine Verallgemeinerung der in diesem Kapitel als Vorstufe behandelten Beobachtungsaufgabe. Bei der Filterung werden die stochastischen Störgrößen und Meßfehler explizit berücksichtigt. Das Filter hat die gleiche Struktur wie der entsprechende Beobachter. Der Unterschied besteht darin, daß die Verstärkungsgrade des Filters optimal bezüglich der gegebenen statistischen Eigenschaften der stochastischen Stör- und Meßgeräusche sind, während die Verstärkungsgrade des Beobachters nach anderen Gesichtspunkten ausgewählt werden können. Wir kommen auf die Filteraufgabe im 2. Kapitel zurück.

1.2 Die Beobachtungsaufgabe

In der Regelungstechnik entstand der Bedarf an Schätz- und Filterverfahren in besonderem Maße, als die moderne Theorie der optimalen Regelung entwickelt wurde. Die Regelgesetze, die sich nach Anwendung der Variationsrechnung (Carathéodory [1.8]), des dynamischen Programmierens (Bellman , [1.9]) und des Maximumprinzips (Pontryagin [1.10]) ergeben, verlangen gewöhnlich die Rückführung des gesamten Zustandsvektors der Regelstrecke. Die klassische Rückführung der Ausgangsgröße allein reicht nun nicht mehr aus. Vielmehr entsteht das Problem, aus der oder den gemessenen Ausgangsgrößen den Zustandsvektor der Strecke zu bestimmen. Sind Störgrößen und Meßgeräusche dabei so geringfügig, daß sie beim Entwurf keine wesentliche Rolle spielen, dann sprechen wir von einem Beobachtungsproblem, andernfalls von einem Filterproblem. In diesem Abschnitt wird das Beobachtungsproblem mathematisch formuliert und erörtert.

Die Beobachtungsaufgabe: Gegeben sei ein dynamisches System in der Form

$$\dot{\underline{x}}(t) = \underline{A}(t)\underline{x}(t) + \underline{B}(t)\underline{u}(t) \qquad t_0 \leq t \qquad (1.1a)$$

$$\underline{y}(t) = \underline{C}(t)\underline{x}(t) \qquad (1.1b)$$

Dabei ist $\underline{x}$ der n-dimensionale unbekannte Zustandsvektor, $\underline{u}$ der p-gliedrige bekannte Stellvektor und $\underline{y}$ der Vektor der m simultan gemessenen Ausgangsgrößen; $\underline{A}$, $\underline{B}$ und $\underline{C}$ sind entsprechend dimensionierte, gegebene Matrizen (Bild 1.1, oberer Teil). Gesucht ist ein Schätzwert für $\underline{x}(t_0)$ oder $\underline{x}(t)$.

Anmerkung: Die Kenntnis von $\underline{x}(t_0)$ bzw. von $\underline{x}(t)$ ist beim Beobachtungsproblem im Prinzip äquivalent, denn der eine Zustand läßt sich jeweils durch Vorwärts- bzw. Rückwärtsintegration der Dgl. (1.1a) aus dem anderen errechnen.—

Die Lösung der Beobachtungsaufgabe ist trivial, wenn die Meßmatrix $\underline{C}(t)$ quadratisch-regulär ist, denn dann gilt offenbar

$$\underline{x}(t) = \underline{C}^{-1}(t)\underline{y}(t). \qquad (1.2)$$

Dieser Fall kommt z.B. vor, wenn genügend Sensoren zur Erfassung sämtlicher Zustandsvariablen der Strecke eingesetzt werden können und systematische und zufällige Meßfehler vernachlässigbar sind.

Abgesehen davon, daß in der Praxis jeder zusätzliche Sensor neue Kosten verursacht, ist eine quadratisch-reguläre Meßmatrix in den meisten Fällen überhaupt nicht realisierbar. Für Strecken mit weniger Ausgangsgrößen als Zustandsvariablen müssen daher andere Beobachtungsverfahren gefunden werden.

Der nächstliegende Gedanke ist, die Ausgangsgröße $\underline{y}(t)$ genügend oft zu differenzieren und die Matrix $\underline{C}$ durch Anfügen entsprechender Zeilen solange zu vergrößern, bis eine reguläre Matrix beisammen ist. Um das Wesentliche dabei zu erkennen, genügt es hier, ein System n-ter Ordnung mit konstanten Parametern und einer Eingangs- und einer Ausgangsgröße zu betrachten:

$$\dot{\underline{x}}(t) = \underline{A}\,\underline{x}(t) + \underline{b}\,u(t) \tag{1.3a}$$

$$y(t) = \underline{c}'\underline{x}(t) \tag{1.3b}$$

Die Gleichung (1.3b) wird nun wiederholt nach t abgeleitet, wobei $\dot{\underline{x}}$ jedesmal gemäß (1.3a) substituiert wird:

$$\begin{array}{lllll}
y & = & & = \underline{c}'\underline{x} & \\
\dot{y} & = \underline{c}'\dot{\underline{x}} & & = \underline{c}'\underline{A}\,\underline{x} & + \underline{c}'\underline{b}\,u \\
\ddot{y} & = \underline{c}'\underline{A}\,\dot{\underline{x}} + \underline{c}'\underline{b}\,\dot{u} & & = \underline{c}'\underline{A}^2\underline{x} & + \underline{c}'\underline{A}\,\underline{b}\,u + \underline{c}'\underline{b}\,\dot{u} \\
 & \vdots & & & \\
\overset{(n-1)}{y} & = \ldots & & = \underline{c}'\underline{A}^{n-1}\underline{x} & + \sum_{i=0}^{n-2} \underline{c}'\underline{A}^{n-2-i}\underline{b}\,\overset{(i)}{u}
\end{array} \tag{1.3c}$$

Anmerkung: Dieses Vorgehen läßt sich auch bei dem allgemeinen System (1.1) durchführen, wobei die Produktregel der Differentialrechnung anzuwenden ist. Ausreichende Differenzierbarkeit der Matrizen $\underline{A}(t)$, $\underline{B}(t)$ und $\underline{C}(t)$ muß allerdings vorausgesetzt werden. Das Ergebnis enthält außer den obigen Termen noch Glieder mit den Ableitungen von $\underline{A}$, $\underline{B}$ und $\underline{C}$ (siehe Gl. (1.25)).-

Die Zeilenvektoren, die beim Gleichungssystem (1.3c) im Skalarprodukt mit $\underline{x}$ stehen, werden zu einer nxn-Matrix aufgeschichtet, während alle bekannten Größen auf die andere Seite gebracht werden:

$$\begin{bmatrix} \underline{c}' \\ \underline{c}'\underline{A} \\ \vdots \\ \underline{c}'\underline{A}^{n-1} \end{bmatrix} \underline{x}(t) = \begin{bmatrix} y(t) \\ \dot{y}(t) - \underline{c}'\underline{b}\,u(t) \\ \vdots \\ \overset{(n-1)}{y}(t) - \sum_{i=0}^{n-2} \underline{c}'\underline{A}^{n-2-i}\underline{b}\,\overset{(i)}{u}(t) \end{bmatrix} \tag{1.3d}$$

Wenn die Matrix links von $\underline{x}(t)$ regulär ist, läßt sich diese Gleichung nach $\underline{x}(t)$ auflösen. Andernfalls ist die Berechnung von $\underline{x}$ prinzipiell unmöglich, wie später im Abschnitt über Beobachtbarkeit ausgeführt wird. Dort wird auch gezeigt, daß es unmöglich ist, durch weiteres Ableiten bzw. Anfügen der Zeilen $\underline{c}'\underline{A}^n$, $\underline{c}'\underline{A}^{n+1}$ usw. zusätzliche linear unabhängige Gleichungen für $\underline{x}$ zu gewinnen (Cayley-Hamilton-Theorem). Im übrigen ist gegen diese Methode vom rein theoretischen Standpunkt aus wenig einzuwenden. Bei Systemen höherer Ordnung ($n \geq 3$) ist sie aber praktisch kaum realisierbar, weil durch das wiederholte Differenzieren selbst ganz geringe Meßgeräusche unzulässig verstärkt würden, während Unstetigkeiten in der Stellgröße u und ihren Ableitungen schnell zur Sättigung der Differenzierglieder führen würden. Außerdem tragen die bisher vernachlässigten, eingangsseitigen Störgrößen ihre Ableitungen in ähnlicher Weise wie $\underline{u}$ zur rechten Seite der Gl.(1.3d) bei und würden, da sie nicht erfaßbar sind, das Ergebnis weiter verschlechtern.

Als nächstes Konzept zur Lösung der Beobachtungsaufgabe untersuchen wir die Verwendbarkeit eines Modells der Regelstrecke. Die Lösung der Dgl.(1.1a) hat bekanntlich die allgemeine Form

$$\underline{x}(t) = \underline{\Phi}(t,t_0)\underline{x}(t_0) + \int_{t_0}^{t} \underline{\Phi}(t,\tau)\underline{B}(\tau)\underline{u}(\tau)d\tau \tag{1.4}$$

Dabei ist $\underline{\Phi}(t,t_0)$ die Transitionsmatrix zu $\underline{A}(t)$, siehe [1.20]. Die Lösung setzt sich additiv aus einem freien und einem erzwungenen Anteil zusammen. Wenn das System genügend stabil ist, klingt die freie Lösung $\underline{\Phi}(t,t_0)\underline{x}(t_0)$ bald ab, und der Zustand $\underline{x}(t)$ wird danach nur noch durch die erzwungene Lösung

$\int_{t_0}^{t}\underline{\Phi}(t,\tau)\underline{B}(\tau)\underline{u}(\tau)d\tau$ bestimmt. Dieser Lösungsanteil läßt sich

z.B. durch ein Modell der Strecke erzeugen, das die Anfangsbedingung null erhält und mit der gleichen Stellgröße wie die Strecke beaufschlagt wird. Der Beobachter hat demnach die Form:

$$\frac{d}{dt}\hat{\underline{x}}(t) = \underline{A}(t)\hat{\underline{x}}(t) + \underline{B}(t)\underline{u}(t), \quad \hat{\underline{x}}(t_0) = \underline{0} \tag{1.5}$$

Dabei ist $\hat{\underline{x}}(t)$ der Schätzwert für $\underline{x}(t)$, Bild 1.1 . Von der Ausgangsgröße $\underline{y}(t)$ wird offenbar keinerlei Gebrauch gemacht.

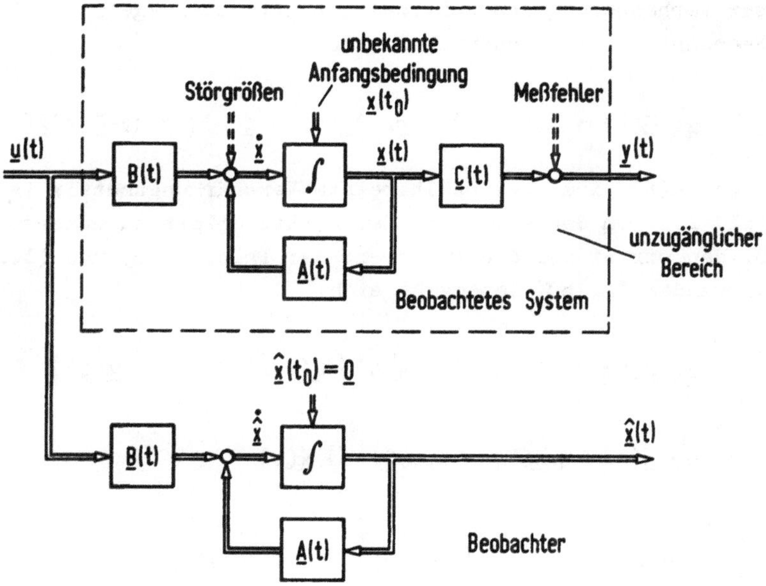

Bild 1.1 Beobachtetes System und Beobachter in der Form eines einfachen Modells.

Dieses Beobachtungsverfahren hat den Vorteil, daß die Probleme der Meßfehler und des Differenzierens vermieden werden (es wird nur integriert!). Nachteilig ist, daß das zeitliche Verhalten des Schätzfehlers

$$\tilde{\underline{x}}(t) := \underline{x}(t) - \hat{\underline{x}}(t) \tag{1.6}$$

ausschließlich von der Dynamik des beobachteten Systems abhängt und insofern überhaupt nicht beeinflußbar ist. Das erkennt man sehr leicht, wenn man durch Subtraktion der Dgl.(1.5) von der Dgl.(1.1a) die Dgl. des Schätzfehlers bildet:

$$\frac{d}{dt}\,\tilde{\underline{x}}(t) = \underline{A}(t)\tilde{\underline{x}}(t)$$

Der genannte Nachteil läßt sich aber beheben, wenn wir das Modell mit der Ausgangsgleichung

$$\hat{\underline{y}}(t) = \underline{C}(t)\hat{\underline{x}}(t) \tag{1.7}$$

ergänzen. Die geschätzte Ausgangsgröße $\hat{\underline{y}}(t)$ wird nun mit der tatsächlichen Meßgröße $\underline{y}(t)$ verglichen, und die Differenz wird zur Verbesserung des Schätzwertes $\underline{\hat{x}}(t)$ zurückgeführt. Der Beobachter erhält dadurch die Form

$$\frac{d}{dt}\,\underline{\hat{x}}(t) = \underline{A}(t)\underline{\hat{x}}(t) + \underline{B}(t)\underline{u}(t) + \underline{K}(t)\left\{\underline{y}(t)-\underline{C}(t)\underline{\hat{x}}(t)\right\}, \quad (1.8)$$

wobei $\underline{K}(t)$ eine frei wählbare nxm-Verstärkungsmatrix ist, Bild 1.2. Um das Verhalten des Schätzfehlers zu untersuchen, bilden wir wieder die Differenz der Dgln.(1.1a) und (1.8) und verwenden (1.1b). Es ergibt sich:

$$\frac{d}{dt}\,\underline{\tilde{x}}(t) = \underline{A}(t)\underline{\tilde{x}}(t) - \underline{K}(t)\left\{\underline{C}(t)\underline{x}(t) - \underline{C}(t)\underline{\hat{x}}(t)\right\}$$

$$\frac{d}{dt}\,\underline{\tilde{x}}(t) = \left\{\underline{A}(t) - \underline{K}(t)\underline{C}(t)\right\}\underline{\tilde{x}}(t) \quad (1.9)$$

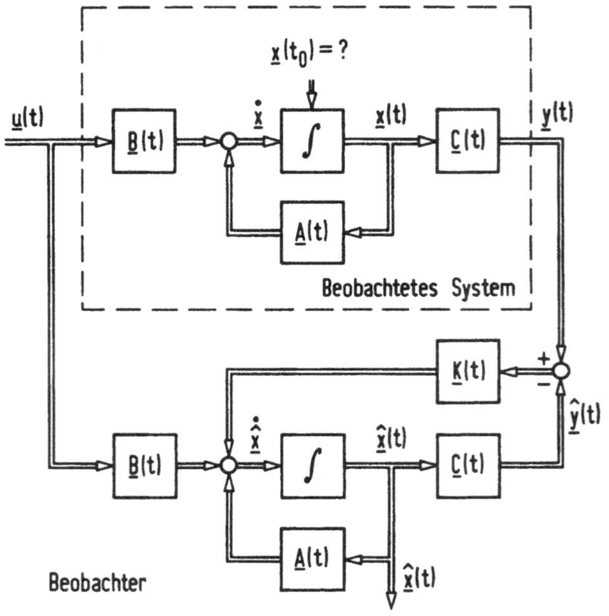

Bild 1.2 Beobachtetes System und Beobachter in der Form eines Modells mit Rückführung.

Anmerkung: Die Dgln. für $\underline{\hat{x}}$ und $\underline{\tilde{x}}$ haben offenbar die gleiche dynamische Matrix $\underline{A}$ - $\underline{K}$ $\underline{C}$.-

Jetzt ist es möglich, die Dynamik des Beobachters durch geeignete Wahl der Verstärkungsmatrix $\underline{K}(t)$ so einzurichten, daß der Beobachtungsfehler $\tilde{\underline{x}}(t)$ genügend schnell abklingt. Man wird möglichst hohe Werte für $\underline{K}$ anstreben, muß dabei jedoch Kompromisse hinsichtlich der verfügbaren Verstärkungen und der Rauschempfindlichkeit (Bandbreite!) des Beobachters eingehen müssen. Der Entwurf des Beobachters reduziert sich somit auf die Spezifikation von $\underline{K}(t)$. Leider ist es bei weitem nicht trivial, zu einer Strecke n-ter Ordnung mit m Ausgangsgrößen sämtliche n·m Verstärkungsgrade $k_{ij}(t)$ des Beobachters für alle t adäquat, um nicht zu sagen optimal einzustellen. Bei einfachen Systemen kommt man eventuell noch mit einem Probierverfahren am Rechner aus. Aber es ist klar, daß darüber hinaus auch systematische Methoden zur Synthese von $\underline{K}(t)$ erforderlich sind. In Vorwegnahme des nächsten Kapitels kann hier bereits gesagt werden, daß der Beobachter in Gl.(1.8) genau die gleiche Struktur wie das Filter von Kalman und Bucy hat und daß deren Verfahren auf eine rechnergestützte Synthese von $\underline{K}(t)$ zugeschnitten ist. Allerdings werden dabei die statistischen Eigenschaften der Stör- und Meßgeräusche benötigt. Ein elementareres Verfahren, das ohne diese Voraussetzung auskommt, wird im Abschnitt 1.3 gebracht. Im übrigen existieren für zeitinvariante Strecken einige Spezialverfahren; zwei davon werden hier kurz beschrieben.

Gegeben sei eine zeitinvariante Strecke n-ter Ordnung mit nur einer Ausgangsgröße. Als Zustandsdarstellung wählen wir naturgemäß die Beobachtungsnormalform. Bei dieser kanonischen Form besteht die letzte Spalte der $\underline{A}$-Matrix aus den mit -1 multiplizierten Koeffizienten α_i der charakteristischen Gleichung, siehe [1.20]. Im übrigen kommen in $\underline{A}$ und $\underline{c}'$ nur Nullen und Einsen vor:

$$\dot{\underline{x}}(t) = \begin{bmatrix} 0 & & & & -\alpha_0 \\ 1 & & & & -\alpha_1 \\ & 1 & & & -\alpha_2 \\ & & \ddots & & \vdots \\ 0 & & & 1 & -\alpha_{n-1} \end{bmatrix} \underline{x}(t) + \underline{B}\,\underline{u}(t)$$

$$y(t) = \begin{bmatrix} 0 & \dots & 0 & 1 \end{bmatrix} \underline{x}(t)$$

Der Beobachter erhält auch hier die Struktur der Gl.(1.8), wobei $\underline{A}$, $\underline{B}$ und $\underline{C}$ aus der obigen Normalform einzusetzen sind. Die Verstärkungsmatrix $\underline{K}$ ist hier vom Typ n·1, d.h. ein n-dimensionaler Spaltenvektor. Die dynamische Matrix $\underline{A} - \underline{K}\,\underline{C}$ in der Differentialgleichung (1.9) des Schätzfehlers lautet nun:

$$\begin{bmatrix} 0 & & & -\alpha_0 \\ 1 & & & -\alpha_1 \\ & \ddots & & \vdots \\ 0 & & 1 & -\alpha_{n-1} \end{bmatrix} - \begin{bmatrix} k_1 \\ k_2 \\ \vdots \\ k_n \end{bmatrix} [0 \ldots 0\ 1] = \begin{bmatrix} 0 & & & -\alpha_0 - k_1 \\ 1 & & & -\alpha_1 - k_2 \\ & \ddots & & \vdots \\ 0 & & 1, & -\alpha_{n-1} - k_n \end{bmatrix}$$

Durch die besondere Form von $\underline{A}$ und $\underline{C}$ wird ausschließlich die letzte Spalte von $\underline{A}$ verändert, d.h. die Differentialgleichung des Fehlers ist wieder in der Beobachtungsnormalform. In der letzten Spalte stehen jetzt die negativ genommenen Koeffizienten der charakteristischen Gleichung für $\underline{\tilde{x}}$ bzw. $\underline{\hat{x}}$. Es ist nun sehr einfach, eine bestimmte charakteristische Gleichung oder gewünschte Pole (Eigenwerte) für den Beobachter bzw. für die Fehlerdifferentialgleichung vorzugeben und die Verstärkungsgrade $k_1 \ldots k_n$ durch gewöhnlichen Koeffizientenvergleich zu errechnen (Genau duale Verhältnisse ergeben sich beim Reglerentwurf für eine Strecke in Regelungsnormalform [1.11]).

<u>Beispiel 1.1:</u> Ein Luftfahrzeug erhalte laufend genügend genaue Positionswerte (z.B. durch TACAN oder ein Landenavigationssystem), benötige aber außerdem Geschwindigkeitsangaben über Grund. Um den Einbau eines Geschwindigkeitssensors (Doppler-Radar, Trägheitsanlage) zu vermeiden, soll die Geschwindigkeit mit einem Beobachter abgeschätzt werden. Wir betrachten nur den geometrisch eindimensionalen Fall. Damit die Strecke in die Beobachtungsnormalform kommt, definieren wir die Zustandsvariable Position als x_2 und Geschwindigkeit als x_1:

$$\begin{bmatrix} \dot{x}_1 \\ \dot{x}_2 \end{bmatrix} = \begin{bmatrix} 0 & 0 \\ 1 & 0 \end{bmatrix} \begin{bmatrix} x_1 \\ x_2 \end{bmatrix} + \begin{bmatrix} 1 \\ 0 \end{bmatrix} u ,$$

$$y = \begin{bmatrix} 0 & 1 \end{bmatrix} \begin{bmatrix} x_1 \\ x_2 \end{bmatrix} .$$

Die Beschleunigung u werde durch einen Geber ebenfalls gemessen. - Der Beobachter soll seine Pole bei $s = -1 \pm j$ haben. Dementsprechend lautet seine charakteristische Gleichung $s^2 + 2s + 2 = 0$. Koeffizientenvergleich ergibt $0 - k_1 = -2$ und $0 - k_2 = -2$; also $k_1 = k_2 = 2$. Der Beobachter hat also die Form

$$\frac{d}{dt} \begin{bmatrix} \hat{x}_1 \\ \hat{x}_2 \end{bmatrix} = \begin{bmatrix} 0 & 0 \\ 1 & 0 \end{bmatrix} \begin{bmatrix} \hat{x}_1 \\ \hat{x}_2 \end{bmatrix} + \begin{bmatrix} 1 \\ 0 \end{bmatrix} u + \begin{bmatrix} 2 \\ 2 \end{bmatrix} (y - \hat{x}_2)$$

$$= \begin{bmatrix} 0 & -2 \\ 1 & -2 \end{bmatrix} \begin{bmatrix} \hat{x}_1 \\ \hat{x}_2 \end{bmatrix} + \begin{bmatrix} 1 \\ 0 \end{bmatrix} u + \begin{bmatrix} 2 \\ 2 \end{bmatrix} y$$

Bild 1.3 zeigt ein analoges Rechenschaltbild des Beobachters. Außer den genannten Sensoren sind zwei Integratoren und ein Umkehrverstärker erforderlich. -

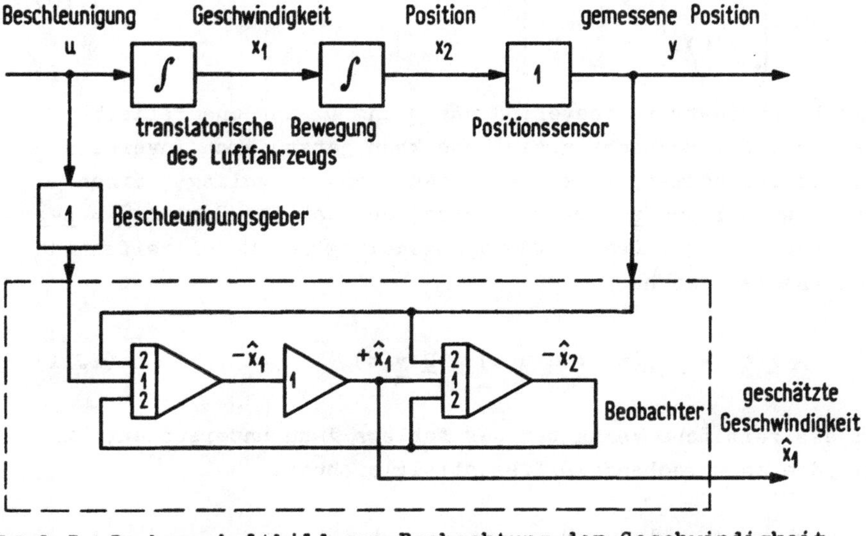

Bild 1.3 Rechenschaltbild zur Beobachtung der Geschwindigkeit auf Grund von Positionsmessungen.

Die Beobachtung eines Systems mit Hilfe einer exakten Kopie seines mathematischen Modells ist gedanklich außerordentlich ansprechend. Dennoch erhebt sich die Frage, ob der gerätetechnische Aufwand dabei nicht zu groß wird. Ist es z.B. bei einem System 4. Ordnung mit 3 Meßgrößen wirklich notwendig, 4 Differentialgleichungen für den Beobachter zu realisieren, da doch eigentlich nur eine einzige linear unabhängige Gleichung zur rein algebraischen Bestimmung von $\underline{x}$ fehlt?

Nach Luenberger lautet die allgemeingültige Antwort: Zur Bestimmung des Zustandsvektors eines beobachtbaren Systems n-ter Ordnung mit m linear unabhängigen Meßgrößen reicht ein Beobachter der Ordnung n-m aus [1.12].

Wir folgen [1.12] und betrachten eine Strecke der Form (1.1) mit konstanten Koeffizienten. Ausgehend von der Meßmatrix $\underline{C}$ mit dem Rang m fügen wir eine konstante, noch zu bestimmende $(n-m)\times n$-Matrix $\underline{D}$ an, deren Zeilen sowohl gegenseitig als auch bezüglich der Zeilen von $\underline{C}$ linear unabhängig sein müssen. Den Vektor, der sich nach Transformation des Zustands $\underline{x}(t)$ mit der Matrix $\underline{D}$ ergibt, bezeichnen wir mit $\underline{z}$. Es gilt also:

$$\begin{bmatrix} \underline{y}(t) \\ \\ \underline{z}(t) \end{bmatrix} = \begin{bmatrix} \underline{C} \\ \\ \underline{D} \end{bmatrix} \underline{x}(t) \quad . \tag{1.10}$$

Die Verbundmatrix, bestehend aus $\underline{C}$ und $\underline{D}$, ist quadratisch-regulär. Die Beobachtungsaufgabe kann jetzt durch Inversion dieser Verbundmatrix gelöst werden, wenn es gelingt, einen Schätzwert $\hat{\underline{z}}$ von $\underline{z}$ derart zu erzeugen, daß der Fehler $\tilde{\underline{z}} = \underline{z}-\hat{\underline{z}}$ gegen null geht. Dazu wird in Abwandlung des Modellverfahrens der Ansatz gemacht:

$$\frac{d}{dt}\hat{\underline{z}}(t) = \underline{F}\,\hat{\underline{z}}(t) + \underline{G}\,\underline{u}(t) + \underline{H}\,\underline{y}(t) \tag{1.11}$$

Um das zeitliche Verhalten des Fehlers $\tilde{\underline{z}}$ zu untersuchen, bilden wir die entsprechende Differentialgleichung:

$$\frac{d}{dt}\,\tilde{\underline{z}}(t) = \frac{d}{dt}\,(\underline{z}-\hat{\underline{z}}) = \underline{D}\,\dot{\underline{x}}(t) - \frac{d}{dt}\,\hat{\underline{z}}(t)$$

Für $\underline{\dot{x}}$ und $d\underline{\hat{z}}/dt$ werden die Differentialgleichungen (1.1a) und (1.11) eingesetzt:

$$\frac{d}{dt}\underline{\tilde{z}}(t) = \underline{D}\,\underline{A}\,\underline{x} - \underline{F}\,\underline{\hat{z}} + (\underline{D}\,\underline{B} - \underline{G})\,\underline{u} - \underline{H}\,\underline{y}$$

Substitution $\underline{\hat{z}} = \underline{D}\,\underline{x} - \underline{\tilde{z}}$ und $\underline{y} = \underline{C}\,\underline{x}$ sowie Neuordnung ergibt:

$$\frac{d}{dt}\underline{\tilde{z}}(t) = \underline{F}\,\underline{\tilde{z}}(t) + (\underline{D}\,\underline{A} - \underline{F}\,\underline{D} - \underline{H}\,\underline{C})\,\underline{x}(t) + (\underline{D}\,\underline{B} - \underline{G})\,\underline{u}(t)$$

Um den Fehler $\underline{\tilde{z}}$ unabhängig von $\underline{x}$ und $\underline{u}$ abklingen zu lassen, müssen die Matrizen des Beobachters wie folgt gewählt werden:

$\underline{F}$: asymptotisch stabil (Eigenwerte mit negativem Realteil)
$\underline{G} = \underline{D}\,\underline{B}$ (1.12)
$\underline{H}$ muß der Gleichung genügen:

$$\underline{D}\,\underline{A} - \underline{F}\,\underline{D} = \underline{H}\,\underline{C} \qquad (1.13)$$

Dann gilt nämlich $\frac{d}{dt}\underline{\tilde{z}} = \underline{F}\,\underline{\tilde{z}}$ bzw. $\underline{\tilde{z}}(t) = e^{\underline{F}t}\underline{\tilde{z}}(0)$ oder

$$\underline{\hat{z}}(t) = \underline{D}\,\underline{x}(t) - e^{\underline{F}t}\,\underline{\tilde{z}}(0),$$

so daß $\underline{\hat{z}}(t)$ als gute Näherung für $\underline{z}(t)$ in Gl. (1.10) verwendet werden kann. Der Entwurf des Beobachters besteht nunmehr im wesentlichen aus der Lösung der Gleichung (1.13), wobei als Nebenbedingung die Stabilität von $\underline{F}$ und die lineare Unabhängigkeit der Matrix $\underline{D}$ bezüglich $\underline{C}$ gewährleistet sein muß. Die Lösung existiert, wenn $\underline{A}$ und $\underline{F}$ ungleiche Eigenwerte aufweisen; Näheres siehe [1.12].

<u>Beispiel 1.2:</u> Mit der eben erläuterten Methode läßt sich die Ordnung des Beobachters aus Beispiel 1.1 von 2 auf 1 reduzieren. Wir setzen $\underline{D} = [d_1, d_2]$ an und wählen $F = -1$ und $H = +1$. Mit diesen Annahmen und den Werten für $\underline{A}$ und $\underline{C}$ aus Beispiel 1.1 lautet die Gleichung (1.13) hier:

$$[d_2 \quad 0] + [d_1 \quad d_2] = [0 \quad 1]$$

Die Lösung ist offenbar $\underline{D} = [-1, +1]$. Die Gleichung (1.12) liefert $G = -1$. Der Beobachter hat nun gemäß (1.11) und (1.10) die Form

$$\frac{d}{dt}\,\hat{z}(t) = -\,\hat{z}(t) - u(t) + y(t)$$

$$\hat{x}_1(t) = y(t) - \hat{z}(t)$$

$$\hat{x}_2(t) = y(t)$$

Bild 1.4 zeigt das analoge Rechenschaltbild dazu. Es wird nur noch ein Integrator benötigt.

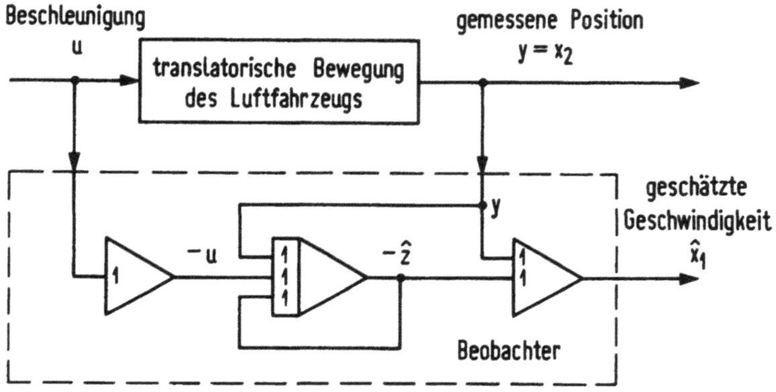

Bild 1.4 Rechenschaltbild für Luenberger-Beobachter.

In diesem Abschnitt ist eine kurze Einführung in die Beobachtungsaufgabe gegeben worden. Die Betrachtung war bewußt elementar gehalten. Dennoch sind bereits einige wichtige Begriffe, Probleme, Zusammenhänge und Lösungsansätze angeschnitten worden, die uns später in verallgemeinerter Form ständig wiederbegegnen werden. Die Darstellung beschränkte sich auf kontinuierliche Zeit. Das Beobachtungsproblem in diskreter Zeit ist ganz ähnlich gelagert und wird ausführlich im Abschnitt 1.6 diskutiert.

1.3 Beobachtbarkeit und Beobachtung in kontinuierlicher Zeit

Die Begriffe Beobachtbarkeit und Steuerbarkeit sind von grundlegender Bedeutung in der modernen Systemtheorie. Es sind dies Eigenschaften, die ein System unbedingt aufweisen muß, wenn sein Zustand erfolgreich beobachtet bzw. gesteuert werden soll. Der Bedarf an diesen Kriterien entstand insbesondere beim Aufkommen von Strecken mit mehreren Meß- und Stellgrößen, bei denen das Erkennen degenerierter Strukturen ungleich schwieriger ist als bei den konventionellen Strecken mit einer Ein- und Ausgangsgröße. Der Begriff der Steuerbarkeit stammt im Prinzip aus der Variationsrechnung [1.8] und wurde später bei der Theorie der optimalen Regelung benutzt [1.10]. Der Begriff der Beobachtbarkeit hängt mit einer speziellen Normalmatrix der Gaußschen Ausgleichsrechnung zusammen und wurde zuerst bei der Theorie der optimalen Filterung angewandt. Die Durcharbeitung und Formalisierung beider Begriffe im Hinblick auf regelungstechnische Fragestellungen, das Aufzeigen ihrer Dualität sowie ihre Verbreitung in der Fachwelt wird allgemein Kalman zugeschrieben [1.4], [1.5].

Wir behandeln zunächst die Beobachtbarkeit und knüpfen dazu an den vorigen Abschnitt an. Die Beobachtungsaufgabe bestand darin, den Zustand $\underline{x}(t)$ des dynamischen Systems (1.1) auf Grund von Messungen der Ausgangsgröße $\underline{y}(t)$ und der Eingangsgröße $\underline{u}(t)$ abzuschätzen. Anhand der allgemeinen Lösungsgleichung (1.4) hatten wir bereits gesehen, daß die Eingangsgröße $\underline{u}(t)$ den erzwungenen Lösungsanteil erzeugt, der sich dem freien, durch die Anfangsbedingung $\underline{x}(t_0)$ hervorgerufenen Lösungsanteil additiv überlagert (Superpositionsprinzip bei linearen Systemen). Der Einfluß von $\underline{u}(t)$ auf $\underline{x}(t)$ kann daher ohne weiteres separat berechnet werden. Die eigentliche Problematik der Beobachtungsaufgabe besteht darin, den verbleibenden freien Lösungsanteil von $\underline{x}(t)$ zu bestimmen. Der entsprechende freie Anteil in $\underline{y}(t)$ ergibt sich, wenn man den erzwungenen Teil von $\underline{x}(t)$ mit $\underline{C}(t)$ vormultipliziert und von der gemessenen Ausgangsgröße subtrahiert.

Wir nehmen im folgenden an, daß die Meßgröße $\underline{y}(t)$ bereits in der beschriebenen Weise bereinigt ist und betrachten nur noch das <u>freie</u> System n-ter Ordnung:

$$\dot{\underline{x}}(t) = \underline{A}(t)\underline{x}(t) \qquad \underline{x}(t_0) = ? \tag{1.14a}$$

$$\underline{y}(t) = \underline{C}(t)\underline{x}(t) \tag{1.14b}$$

Die Matrizen $\underline{A}$ und $\underline{C}$ seien für alle $t_0 \leq t \leq t_1$ gegeben. Die Ausgangsgröße $\underline{y}(t)$ sei m-dimensional und im Beobachtungsintervall $[t_0, t_1]$ bekannt.

Definition 1.1: (i) Ein Zustand $\underline{x}(t_1)$ des Systems (1.14) heißt "beobachtbar im Intervall $[t_0,t_1]$", wenn er auf Grund der Kenntnis von $\underline{y}(t)$ im Intervall $[t_0,t_1]$ eindeutig bestimmt werden kann.

(ii) Genau dann, wenn jeder Zustand in diesem Sinne beobachtbar ist, heißt das System (1.14) "vollkommen beobachtbar im Intervall $[t_0,t_1]$".

(iii) Genau dann, wenn es für jedes t_1 ein t_0 gibt, so daß (ii) erfüllt ist, wird das System (1.14) "vollkommen beobachtbar" schlechthin genannt. -

Wirklich relevant sind beim Systementwurf nur die Eigenschaften (ii) und (iii), also die vollkommene Beobachtbarkeit. Es interessieren nun brauchbare Kriterien für die vollkommene Beobachtbarkeit sowie praktikable Beobachtungsgesetze. Die folgenden Ausführungen mögen zunächst etwas formal erscheinen, später wird sich jedoch eine anschauliche Deutung durch den Zusammenhang mit der Ausgleichsrechnung ergeben (Abschnitt 1.6).

Wir beginnen damit, ein erstes Beobachtungsgesetz wie folgt zu konstruieren. Die Lösung der freien Differentialgleichung (1.14a) mit der Transitionsmatrix $\underline{\Phi}(t,\tau)$ lautet $\underline{x}(t_1) = \underline{\Phi}(t_1,t)\underline{x}(t)$ für $t_0 \leq t \leq t_1$. Auflösen nach $\underline{x}(t)$ und Einsetzen in (1.14b) ergibt

$$\underline{y}(t) = \underline{C}(t)\,\underline{\Phi}(t,t_1)\underline{x}(t_1) \tag{1.15}$$

Beide Seiten werden mit $\underline{\Phi}'\underline{C}'$ vormultipliziert:

$$\underline{\Phi}'(t,t_1)\underline{C}'(t)\underline{y}(t) = \underline{\Phi}'(t,t_1)\underline{C}'(t)\underline{C}(t)\underline{\Phi}(t,t_1)\underline{x}(t_1)$$

Wir ersetzen t durch τ und integrieren über τ von t_0 bis t_1. Auf der rechten Seite kann $\underline{x}(t_1)$ als Konstante aus dem Integral herausgezogen werden; das verbleibende Integral kürzen wir ab mit $\underline{M}$:

$$\underline{M}(t_1,t_0) := \int_{t_0}^{t_1} \underline{\Phi}'(\tau,t_1)\underline{C}'(\tau)\underline{C}(\tau)\underline{\Phi}(\tau,t_1)\,d\tau \tag{1.16}$$

Es gilt also:

$$\int_{t_0}^{t_1} \underline{\Phi}'(\tau,t_1)\underline{C}'(\tau)\underline{y}(\tau)d\tau = \underline{M}(t_1,t_0)\underline{x}(t_1) \tag{1.17}$$

Die linke Seite dieser Gleichung kann offenbar durch eine gewichtete Integration der Meßgröße $\underline{y}$ ausgewertet werden. Um $\underline{x}(t_1)$ zu bestimmen, muß die Gleichung (1.17) anschließend durch Inversion von $\underline{M}$ bzw. mit dem Algorithmus von Gauß oder Cholesky aufgelöst werden [1.13]. Eine eindeutige Lösung für $\underline{x}(t_1)$ existiert dann und nur dann, wenn $\underline{M}(t_1,t_0)$ regulär ist.

Bemerkungen: (i) Die durch Gleichung (1.16) definierte Matrix $\underline{M}$ heißt Beobachtbarkeitsmatrix (erster Art). Sie ist n-reihig quadratisch und symmetrisch.

(ii) Wenn wir die Gleichung (1.17) auf beiden Seiten mit $\underline{x}'(t_1)$ vormultiplizieren, dann diesen Vektor auf der linken Seite unter das Integral ziehen und schließlich (1.15) in transponierter Form verwenden, erhalten wir einen Ausdruck für die "Meßenergie":

$$\int_{t_0}^{t_1} \underline{y}'(\tau)\underline{y}(\tau)d\tau = \underline{x}'(t_1)\underline{M}(t_1,t_0)\underline{x}(t_1) \tag{1.18}$$

(iii) Da die linke Seite dieser Gleichung als Integral einer Summe von Quadraten nie negativ werden kann, ist $\underline{M}$ stets positiv semidefinit, d.h. $\underline{x}'\underline{M}\,\underline{x} \geq 0$ für alle $\underline{x}$.

(iv) Weiter unten werden wir für die Gleichungen (1.16) und (1.17) äquivalente, leichter zu handhabende Differentialgleichungen ableiten.

Satz 1.1: Für die vollkommene Beobachtbarkeit des Systems (1.14) im Intervall $[t_0,t_1]$ ist es notwendig und hinreichend, daß die Beobachtbarkeitsmatrix $\underline{M}(t_1,t_0)$ in Gleichung (1.16) regulär ist.[1] -

1) Eine symmetrische, positiv-semidefinite Matrix, die regulär ist, ist positiv definit; ihre Eigenwerte sind sämtlich positiv.

Beweis: Das Hinreichen ist oben bereits beim Beobachtungsgesetz (1.17) festgestellt worden. Die Notwendigkeit wird indirekt bewiesen: wenn $\underline{M}(t_1,t_0)$ singulär ist, dann gibt es mindestens ein $\underline{x}(t_1) \neq \underline{0}$, so daß $\underline{M}(t_1,t_0)\underline{x}(t_1) = \underline{0}$. Für dieses $\underline{x}(t_1)$ verschwindet die rechte Seite von Gleichung (1.18). Daraus folgt auf der linken Seite, daß $\underline{y}(\tau)$ - weil es stetig ist - im ganzen Intervall $[t_0,t_1]$ identisch null ist. Die gleiche Ausgangsfunktion entsteht aber auch bei $\underline{x}(t) \equiv \underline{0}$, so daß bei der Beobachtung von $\underline{y}$ mindestens zwei verschiedene Zustände nicht unterscheidbar sind. -

Folgesatz 1.1a: Genau dann, wenn sich für jedes t_1 ein $t_0 < t_1$ angeben läßt, so daß $\underline{M}(t_1,t_0)$ regulär ist, ist das System vollkommen beobachtbar schlechthin. -

Wenn $\underline{M}(t_1,t_0)$ für ein bestimmtes t_1 positiv-definit ist, dann ist auch $\underline{M}(t,t_0)$ für alle $t > t_1$ positiv-definit, denn der Integrand in (1.16) ist positiv-semidefinit.

Wenn der Zustand $\underline{x}(t_1)$ des freien Systems auch nur zu einem einzigen Zeitpunkt t_1 genau bekannt ist, dann läßt sich daraus der Zustand des Systems - durch Integration der freien Differentialgleichung oder durch Multiplikation mit der Transitionsmatrix - für alle Zeiten t, größer oder kleiner als t_1, berechnen. Diese Erkenntnis hat aber hauptsächlich theoretischen Wert, da die beobachteten Systeme in der Praxis weder absolut störungsfrei sind noch der Einfluß der bekannten Eingangsgrößen völlig exakt angegeben werden kann.

Das Beobachtungsgesetz (1.17) schreibt die Integration der Meßgröße $\underline{y}(t)$ vor. Wir hatten im Abschnitt 1.2 bereits gesehen, daß sich die Beobachtungsaufgabe - zumindest in theoretischer Hinsicht - auch durch wiederholtes Differenzieren der Ausgangsgröße lösen läßt. Dieses Konzept greifen wir hier wieder auf, weil wir dadurch bei zeitinvarianten Systemen zu einem wesentlich einfacheren Kriterium für die vollkommene Beobachtbarkeit kommen. Das System (1.14) habe nun also konstante Parameter $\underline{A}$ und $\underline{C}$ und wir bilden

$$
\begin{aligned}
\underline{y}(t) &= & &= \underline{C}\,\underline{x}(t) \\
\dot{\underline{y}}(t) &= \underline{C}\,\dot{\underline{x}}(t) & &= \underline{C}\,\underline{A}\,\underline{x}(t) \\
\ddot{\underline{y}}(t) &= \underline{C}\,\underline{A}\,\dot{\underline{x}}(t) & &= \underline{C}\,\underline{A}^2\underline{x}(t) \\
&\vdots \\
\overset{(n-1)}{\underline{y}}(t) &= & &= \underline{C}\,\underline{A}^{n-1}\,\underline{x}(t)
\end{aligned}
\tag{1.19}
$$

Auf die Ansammlung weiterer Ableitungen kann verzichtet werden. Denn gemäß dem Cayley-Hamilton-Theorem (Gleichung A.41) genügt jede n·n-Matrix $\underline{A}$ ihrer eigenen charakteristischen Gleichung, so daß sich $\underline{A}^n$ als Linearkombination der vorangegangenen Potenzen ausdrücken läßt:

$$\underline{A}^n = -\alpha_0\underline{I} - \alpha_1\underline{A} - \ldots - \alpha_{n-1}\underline{A}^{n-1} \; . \tag{1.20}$$

(Die α_i sind die Koeffizienten der charakteristischen Gleichung). Durch Vormultiplikation der Gleichung (1.20) mit $\underline{C}$ erhalten wir

$$\underline{C}\,\underline{A}^n = -\alpha_0\underline{C} - \alpha_1\underline{C}\,\underline{A} - \ldots - \alpha_{n-1}\underline{C}\,\underline{A}^{n-1} \; , \tag{1.21}$$

woraus durch Nachmultiplizieren mit $\underline{x}(t)$ folgt:

$$\overset{(n)}{\underline{y}}(t) = -\alpha_0\underline{y}(t) - \alpha_1\dot{\underline{y}}(t) - \ldots - \alpha_{n-1}\overset{(n-1)}{\underline{y}}(t) \; .$$

Durch wiederholte Nachmultiplikation von (1.21) mit $\underline{A}$ und jeweiliges Substituieren der Gleichung (1.20) im letzten Summanden lassen sich auch die Matrizen $\underline{C}\,\underline{A}^{n+1}$, $\underline{C}\,\underline{A}^{n+2}$, ... als Linearkombination der Matrizen $\underline{C}$ bis $\underline{C}\,\underline{A}^{n-1}$ schreiben. Entsprechend sind auch die Ableitungen $\overset{(n+1)}{\underline{y}}$, $\overset{(n+2)}{\underline{y}}$, ... ebenso wie $\overset{(n)}{\underline{y}}$ nur noch Linearkombinationen von $\underline{y}, \dot{\underline{y}}, \ldots, \overset{(n-1)}{\underline{y}}$. Die Ableitungen n-ter und höherer Ordnung bringen also nichts Neues mehr.

Wir stellen nun die n Matrizen $\underline{C}$ bis $\underline{C}\,\underline{A}^{n-1}$ zur (nm)·n-Matrix $\bar{\underline{M}}$ zusammen:

$$\bar{\underline{M}} := \begin{bmatrix} \underline{C} \\ \underline{C}\,\underline{A} \\ \underline{C}\,\underline{A}^2 \\ \vdots \\ \underline{C}\,\underline{A}^{n-1} \end{bmatrix} \tag{1.22}$$

Damit nimmt das Gleichungssystem (1.19) die Form an

$$\begin{bmatrix} \underline{y}(t) \\ \dot{\underline{y}}(t) \\ \vdots \\ \overset{(n-1)}{\underline{y}}(t) \end{bmatrix} = \bar{\underline{M}}\,\underline{x}\,(t) \tag{1.23}$$

Dies ist ein Beobachtungsgesetz in der Form eines Systems von $n \cdot m$ linearen Gleichungen für die n unbekannten Zustandsvariablen. Der gesuchte Zustand $\underline{x}(t)$ läßt sich daraus dann und nur dann eindeutig bestimmen, wenn die Koeffizientenmatrix $\underline{M}$ den Rang n, d.h. n linear unabhängige Zeilen hat.

Die durch Gleichung (1.22) definierte Matrix $\bar{\underline{M}}$ heißt <u>Beobachtbarkeitsmatrix</u> (zweiter Art). Sie ist viel leichter zu bilden als die Beobachtbarkeitsmatrix erster Art in Gleichung (1.16), da weder die Transitionsmatrix benötigt wird noch eine Integration erforderlich ist. Es genügt, $\underline{C}$ bzw. $\underline{C}\,\underline{A}^i$ jeweils mit $\underline{A}$ nachzumultiplizieren. Im Gegensatz zu $\underline{M}$ ist $\bar{\underline{M}}$ jedoch nicht mehr symmetrisch und für $n > 1$ auch nicht mehr quadratisch.

<u>Satz 1.2:</u> Für die vollkommene Beobachtbarkeit eines Systems (1.14) mit zeitlich konstanten Parametern $\underline{A}$ und $\underline{C}$ ist es notwendig und hinreichend, daß die Beobachtbarkeitsmatrix $\bar{\underline{M}}$ in Gleichung (1.22) den Rang n hat (n = Ordnung des Systems bzw. der Matrix $\underline{A}$). -

Beweis: Das Hinreichen dieser Bedingung wurde bereits anhand des Beobachtungsgesetzes (1.23) festgestellt. Die Notwendigkeit wird wieder indirekt bewiesen: wenn rang $\bar{\underline{M}} < n$ ist, dann gibt es für jedes beliebige t_1 mindestens ein $\underline{x}(t_1) \neq \underline{0}$, so daß $\underline{\bar{M}}\ \underline{x}(t_1) = \underline{0}$. Für dieses $\underline{x}(t_1)$ verschwinden $\underline{y}$ und alle seine Ableitungen zum Zeitpunkt t_1, daher ist $\underline{y}(t)$ identisch null.

Die gleiche Ausgangsgröße entsteht aber für $\underline{x}(t) \equiv \underline{0}$. Zu jedem Zeitpunkt gibt es also mindestens zwei ungleiche Zustände, die bei der Beobachtung von $\underline{y}$ nicht unterscheidbar sind. -

Das Kriterium 1.2 ist ziemlich leicht zu handhaben. Um so mehr empfiehlt es sich gerade bei zeitinvarianten Strecken, sie vor dem Entwurf des Beobachters (oder Filters) auf Beobachtbarkeit zu prüfen.

Das Beobachtungsintervall $[t_0, t_1]$ spielt bei zeitinvarianten Strecken keine große Rolle mehr. Bei diesen Systemen kommt es bei allen Vorgängen ohnehin nur auf die Zeitdifferenz an, so daß der Beginn des Intervalls stets gleich Null gesetzt werden kann. Der folgende Satz besagt zudem, daß die Länge des Intervalls beliebig klein werden darf (Angesichts des Beobachtungsgesetzes (1.23) ist das nicht überraschend).

Satz 1.3: Für die vollkommene Beobachtbarkeit eines Systems (1.14) mit zeitlich konstanten Parametern $\underline{A}$ und $\underline{C}$ ist es notwendig und hinreichend, daß die Beobachtbarkeitsmatrix $\underline{M}(\varepsilon, 0)$ aus Gleichung (1.16) für beliebiges $\varepsilon > 0$ regulär ist.–

Beweis des Hinreichens: Wenn $\underline{M}(\varepsilon, 0)$ regulär ist, dann ist wegen der Zeitinvarianz des beobachteten Systems auch $\underline{M}(t_1, t_1 - \varepsilon)$ regulär für jedes t_1. Gemäß dem Folgesatz 1.1a ist das System daher vollkommen beobachtbar. Zum Beweis der Notwendigkeit konsultiere man u.a. [1.16] oder [2.12] (im dualen Fall siehe auch [1.5]).

Wir kehren jetzt wieder zu freien Systemen mit zeitlich variablen Parametern zurück. Das wiederholte Differenzieren der Meßgröße $\underline{y}(t)$, das bei konstanten Systemen die sehr einfache Beobachtbarkeitsmatrix zweiter Art erbrachte, läßt sich auch bei Systemen mit zeitlich variablen Parametern durchführen, sofern die Matrizen $\underline{A}$ und $\underline{C}$ genügend oft differenzierbar sind. Dabei kann einige Schreibarbeit gespart werden, wenn man den Operator

$$L_{\underline{A}}\{\,.\,\} := \quad .\ \underline{A}(t) + \frac{d}{dt}\ . \tag{1.24}$$

verwendet. Eine Matrix, auf die dieser Operator angewandt wird, muß mit $\underline{A}$ nachmultipliziert und außerdem einmal nach t differenziert werden, worauf die beiden Teilergebnisse zu addieren sind. Es gilt z.B.:

$$\begin{aligned}\dot{\underline{y}}(t) &= \underline{C}(t)\dot{\underline{x}}(t) + \dot{\underline{C}}(t)\underline{x}(t)\\ &= [\underline{C}(t)\underline{A}(t) + \dot{\underline{C}}(t)]\underline{x}(t)\\ &= L_{\underline{A}}\{\underline{C}(t)\}\,\underline{x}(t)\end{aligned}$$

Die Verallgemeinerung der Beobachtbarkeitsmatrix zweiter Art auf zeitvariable Systeme lautet also[1)]

$$\bar{\underline{M}}(t) := \begin{bmatrix} \underline{C}(t)\\ L_{\underline{A}}\{\underline{C}(t)\}\\ L^2_{\underline{A}}\{\underline{C}(t)\}\\ \vdots\\ L^{n-1}_{\underline{A}}\{\underline{C}(t)\}\end{bmatrix} \tag{1.25}$$

Hier ist es <u>hinreichend</u> für vollständige Beobachtbarkeit, wenn $\bar{\underline{M}}(t)$ den Rang n hat. Näheres, insbesondere über die Notwendigkeit siehe [1.14], [1.15] und [2.12].

Im Zusammenhang mit der Filtertheorie ist das eingangs aufgestellte, allgemeine Beobachtungsgesetz (1.16), (1.17) bedeutend interessanter. Allerdings ist es in der dortigen Form noch recht unpraktisch, weil es die Auswertung zweier komplizierter Integrale vorschreibt. Wir leiten daher im folgenden ein äquivalentes System von Differentialgleichungen ab, das für numerische Rechnungen wesentlich brauchbarer ist. Wir gehen in vier Hauptschritten vor.

---

1) Es gilt $L^{k+1}_{\underline{A}}\{\,.\,\} := L_{\underline{A}}\{L^k_{\underline{A}}\{.\}\}$, $k = 1,2,3,\ldots$

i) In der Gleichung (1.16) wird die feste Endzeit t_1 durch die laufende Zeit t ersetzt, und beide Seiten werden nach t differenziert. Dabei ist zu beachten, daß der Integrand selbst auch von t abhängt. Um diese Schwierigkeit am schnellsten zu erledigen, multiplizieren wir beide Seiten vor dem Ableiten mit $\underline{\Phi}'(t,t_0)$ vor und mit $\underline{\Phi}(t,t_0)$ nach. Diese Faktoren können unter das Integral genommen werden, da sie nicht von τ abhängen. Es gilt also:

$$\underline{\Phi}'(t,t_0)\underline{M}(t,t_0)\underline{\Phi}(t,t_0) = \int_{t_0}^{t} \underline{\Phi}'(\tau,t_0)\underline{C}'(\tau)\underline{C}(\tau)\underline{\Phi}(\tau,t_0)d\tau$$

Beim Ableiten dieser Gleichung nach t benutzen wir auf der linken Seite die Produktregel und die Eigenschaft der Transitionsmatrix, daß $d\underline{\Phi}(t,t_0)/dt = \underline{A}(t)\underline{\Phi}(t,t_0)$ ist. Es ergibt sich:

$$\underline{\Phi}'(t,t_0)\{\underline{A}'(t)\underline{M}(t,t_0) + \frac{d}{dt}\underline{M}(t,t_0) + \underline{M}(t,t_0)\underline{A}(t)\}\underline{\Phi}(t,t_0) =$$

$$= \underline{\Phi}'(t,t_0)\underline{C}'(t)\underline{C}(t)\underline{\Phi}(t,t_0)$$

Da die Transitionsmatrix stets regulär ist, muß die geschweifte Klammer gleich $\underline{C}'\underline{C}$ sein. Durch Umordnen der Terme erhalten wir die gewünschte Differentialgleichung für $\underline{M}$:

$$\frac{d}{dt}\underline{M}(t,t_0) = -\underline{A}'(t)\underline{M}(t,t_0) - \underline{M}(t,t_0)\underline{A}(t) + \underline{C}'(t)\underline{C}(t) \quad (1.26)$$

Die Anfangsbedingung $\underline{M}(t_0,t_0)$ ist gemäß Gleichung (1.16) gleich $\underline{O}$. Diese bilineare Matrix-Differentialgleichung für die Beobachtbarkeitsmatrix erster Art ist der Integralform (1.16) äquivalent. Sie hat den Vorteil, daß die Transitionsmatrix nicht mehr benötigt wird.

ii) In der Gleichung (1.17) wird t_1 ebenfalls durch die laufende Zeit t ersetzt. Vor dem Differenzieren nach t multiplizieren wir beide Seiten aus dem gleichen Grunde wie oben mit $\underline{\Phi}'(t,t_0)$ vor:

$$\underline{\Phi}'(t,t_0)\underline{M}(t,t_0)\underline{x}(t) = \int_{t_0}^{t} \underline{\Phi}'(\tau,t_0)\underline{C}'(\tau)\underline{y}(\tau)d\tau$$

Wir gehen beim Ableiten dieser Gleichung nach t die gleichen Schritte wie oben durch, lassen dabei jedoch das Produkt $\underline{M}\ \underline{x} := \underline{z}$ beisammen und erhalten

$$\dot{\underline{z}}(t) = - \underline{A}'(t)\underline{z}(t) + \underline{C}'(t)\underline{y}(t) \tag{1.27}$$

Dies ist eine dem Beobachtungsgesetz (1.17) äquivalente Differentialgleichung für den Vektor

$$\underline{z}(t) := \underline{M}(t,t_0)\underline{x}(t) \tag{1.28a}$$

mit der Anfangsbedingung $\underline{z}(t_0) = \underline{0}$. Sobald $\underline{M}(t,t_0)$ als Lösung der Differentialgleichung (1.26) regulär geworden ist, liegt vollkommene Beobachtbarkeit vor. Dann ist $\underline{x}(t)$ gemäß (1.28a) eindeutig gegeben durch

$$\underline{x}(t) = \underline{M}^{-1}(t,t_0)\underline{z}(t) \tag{1.28b}$$

(iii) Bei Fortsetzung des Beobachtungsvorgangs bleibt $\underline{M}$ weiterhin regulär. Angesichts der Lösung (1.28b) wäre es sehr angenehm, unmittelbar eine Differentialgleichung für $\underline{M}^{-1}$ zu bekommen. Zu diesem Zweck betrachten wir das Produkt

$$\underline{M}^{-1}(t,t_0)\underline{M}(t,t_0) = \underline{I}$$

Wir differenzieren diese Gleichung unter Beachtung der Produktregel nach t, verwenden die Differentialgleichung (1.26) für $\dot{\underline{M}}$, multiplizieren mit $\underline{M}^{-1}$ nach und erhalten

$$\begin{aligned}\frac{d}{dt}\underline{M}^{-1}(t,t_0) &= \underline{A}(t)\underline{M}^{-1}(t,t_0)+\underline{M}^{-1}(t,t_0)\underline{A}'(t)-\\ &\quad - \underline{M}^{-1}(t,t_0)\underline{C}'(t)\underline{C}(t)\underline{M}^{-1}(t,t_0)\end{aligned} \tag{1.29}$$

Das ist eine nichtlineare Matrix-Differentialgleichung vom Riccati-Typ für $\underline{M}^{-1}(t,t_0)$. Sie löst die bilineare Differentialgleichung (1.26) für $\underline{M}(t,t_0)$ zeitlich ab, sobald die vollkommene Beobachtbarkeit eingetreten ist. Die Anfangsbedingung von (1.29) ergibt sich durch Inversion des Endwertes von (1.26).

(iv) Sobald $\underline{M}$ regulär geworden ist, kann auch die Differentialgleichung (1.27) so umgeformt werden, daß sie nicht mehr $\underline{z}(t)$, sondern $\underline{x}(t)$ selbst liefert. Zur Betonung dessen, daß es sich dabei im Prinzip ja nur um einen Schätzwert für $\underline{x}(t)$ handelt (die Unterscheidung wird relevant, wenn wir an das bei dieser Betrachtung vernachlässigte Stör- und Meßgeräusch denken), wird im folgenden die Bezeichnung $\hat{\underline{x}}(t)$ eingeführt. Anwendung der Produktregel auf der linken Seite von (1.27) und Zusammenfassen der Terme mit $\hat{\underline{x}}(t)$ ergibt:

$$\underline{M}(t,t_0)\frac{d}{dt}\ \hat{\underline{x}}(t) = \left\{ - \frac{d}{dt}\,\underline{M}(t,t_0)-\underline{A}'(t)\underline{M}(t,t_0)\right\}\hat{\underline{x}}(t)+\underline{C}'(t)\underline{y}(t)$$

Die Ableitung von $\underline{M}$ in der geschweiften Klammer wird nun gemäß Gleichung (1.26) substituiert. Die verbleibenden Terme werden neu zusammengefaßt und mit $\underline{M}^{-1}$ vormultipliziert:

$$\frac{d}{dt}\,\hat{\underline{x}}(t) = \underline{A}(t)\hat{\underline{x}}(t)+\underline{M}^{-1}(t,t_0)\underline{C}'(t)\left\{\underline{y}(t)-\underline{C}(t)\hat{\underline{x}}(t)\right\} \qquad (1.30)$$

Die Anfangsbedingung ist gegeben durch die Lösung (1.28b). Dieses Beobachtungsgesetz hat die inzwischen geläufige Form eines Modells der Strecke mit gewichteter Rückführung der Differenz zwischen den Ausgangsgrößen von Strecke und Modell, vergl. Gleichung (1.8). Die Verstärkungsmatrix für die Rückführung lautet hier

$$\underline{K}(t) := \underline{M}^{-1}(t,t_0)\underline{C}'(t), \qquad (1.31)$$

Nun ist man zur Bestimmung von $\underline{K}(t)$ nicht mehr auf Probier- oder Spezialverfahren angewiesen: Die Berechnung der Verstärkungsmatrix des Beobachters geschieht im wesentlichen durch Integration der bilinearen Differentialgleichung (1.26), gefolgt durch Inversion von $\underline{M}$ und anschließender Integration der Matrix-Riccati-Differentialgleichung (1.29). Zur Berechnung des Schätzwertes für den Zustand werden die Gleichungen (1.27), (1.28b) und (1.30) in der genannten Reihenfolge gelöst. Wird bereits in der ersten Phase, solange $\underline{M}$ noch singulär ist, ein Schätzwert für $\underline{x}$ verlangt, so kann man in Gleichung (1.28b) anstelle der echten Kehrmatrix die Pseudo-Inverse von Penrose nehmen [1.17], siehe u.a. auch [1.18], [1.5], [3.24].

Wir werden später sehen, daß wir mit diesem rein deterministisch orientierten Stoff dem Kalman-Bucy-Filter schon ziemlich nahe gekommen sind. Deshalb ist die Behandlung an dieser Stelle so ausführlich gewesen.

1.4 Das Dualitätsprinzip

Beobachtung und Filterung einerseits sowie Steuerung und Regelung andererseits stehen zueinander in einer bemerkenswerten Wechselbeziehung. Diese drückt sich z.B. in der Spiegelbildlichkeit der Beobachtungsnormalform und der Regelungsnormalform aus, siehe [1.20]. In diesem Zusammenhang ist auch das adjungierte System zu nennen, das auch in der Theorie der Differentialgleichungen und der optimalen Regelung sowie in der analogen Rechentechnik verwendet wird [1.18], [1.19]. Das ganze Ausmaß der besagten Wechselbeziehung wurde aber erst um 1960 von Kalman erkannt und von ihm als Dualitätsprinzip formuliert [1.4], [1.5], [2.10], [2.11]. Anlaß dazu war die Spiegelbildlichkeit der von ihm entwickelten Gleichungen für die lineare optimale Beobachtung bzw. Filterung im Bezug zu den schon vorher bekannten Gleichungen der linearen optimalen Steuerung.

Das Dualitätsprinzip läßt sich in loser Form wie folgt wiedergeben. Es sei

$$\dot{\underline{x}}(t) = \underline{A}(t)\underline{x}(t) + \underline{B}(t)\underline{u}(t)$$

$$\underline{y}(t) = \underline{C}(t)\underline{x}(t)$$

das ursprüngliche System (Gleichung (1.1)). Dann erhält man das duale System durch folgende Maßnahmen

$$\left.\begin{array}{ll}\text{(i)} & \text{Umkehrung des Zeitablaufes}\\ \text{(ii)} & \text{Vertauschung von Ein- und Ausgangsmatrizen}\\ \text{(iii)} & \text{Transposition der Matrizen } \underline{A},\ \underline{B} \text{ und } \underline{C}.\end{array}\right\} \qquad (1.32)$$

Es seien $\underline{\xi}$, $\underline{v}$ und $\underline{\eta}$ respektive der Zustand, die Eingangsgröße und die Ausgangsgröße des dualen Systems. Dieses hat nun gemäß (1.32) eine Form, bei der das Tripel $\underline{A}$, $\underline{B}$ und $\underline{C}$ um die Hauptdiagonale von $\underline{A}$ gespiegelt erscheint:

$$-\dot{\underline{\xi}}(t) = \underline{A}'(t)\underline{\xi}(t) + \underline{C}'(t)\underline{\nu}(t) \tag{1.33a}$$

$$\underline{\eta}(t) = \underline{B}'(t)\underline{\xi}(t) \tag{1.33b}$$

Die Beobachtung und Filterung des usprünglichen Systems (1.1) entspricht der Steuerung und Regelung des dualen Systems (1.33) und umgekehrt. -

Diese Dualität ist von großer Tragweite sowohl in theoretischer als auch in praktischer Beziehung: Konzepte, Definitionen, Kriterien und sonstige Theoreme können unter Ausnutzung der Dualität formal unmittelbar vom Beobachtungsbereich auf den Steuerungsbereich und umgekehrt "übersetzt" werden. Auch bei den gegebenenfalls noch notwendigen Beweisen ist die Dualität eine wirksame Hilfe. So wurde die Entwicklung der Beobachtungs- und Filtertheorie, die jünger ist als die optimale Regelungstheorie, erheblich beschleunigt. Die praktische Bedeutung der Dualität besteht u.a. darin, daß zur Synthese von optimalen Filtern die gleichen Rechenprogramme benutzt werden können wie für optimale Regler (insbesondere das Programm für die Matrix-Riccati-Gleichungen).

Auch für die Transitionsmatrizen dualer Systeme gilt das Gesetz der Spiegelbildlichkeit. Das adjungierte System (1.33a) habe die Transitionsmatrix $\underline{\Psi}$, d.h.:

$$\frac{d}{dt}\underline{\Psi}(t,t_0) = -\underline{A}'(t)\underline{\Psi}(t, t_0) \tag{1.34}$$

Wir bringen alles auf die linke Seite und multiplizieren mit der transponierten Transitionsmatrix $\underline{\Phi}'$ des ursprünglichen Systems (1.1a) vor:

$$\underline{\Phi}'(t,t_0)\frac{d}{dt}\underline{\Psi}(t,t_0) + \underline{\Phi}'(t,t_0)\underline{A}'(t)\underline{\Psi}(t,t_0) = \underline{0}$$

$$\underline{\Phi}'(t,t_0)\frac{d}{dt}\underline{\Psi}(t,t_0) + \frac{d}{dt}\underline{\Phi}'(t,t_0)\cdot\underline{\Psi}(t,t_0) = \underline{0}$$

Nun wird nach t integriert (Umkehren der Produktregel des Differenzierens). Das Resultat ist

$$\underline{\Phi}'(t,t_0)\underline{\Psi}(t,t_0) = \underline{I} \tag{1.35}$$

Die Integrationskonstante auf der rechten Seite muß deshalb gleich der Einheitsmatrix sein, weil sowohl $\underline{\Phi}'$ als auch $\underline{\Psi}$ für $t = t_0$ gleich $\underline{I}$ ist. Aus (1.35) folgt, daß die Transitionsmatrix des adjungierten Systems in der Tat dual zu der des ursprünglichen Systems ist:

$$\underline{\Psi}(t,t_0) = \underline{\Phi}'(t_0,t) \tag{1.36}$$

Aus (1.35) folgt weiter, daß das Skalarprodukt der Zustände zweier dualer Systeme zeitlich konstant ist:

$$\underline{x}'(t)\underline{\xi}(t) = \underline{x}'(t_0)\underline{\Phi}'(t,t_0)\underline{\Psi}(t,t_0)\underline{\xi}(t_0) = \underline{x}'(t_0)\underline{\xi}(t_0) \tag{1.37}$$

Wir werden im folgenden noch mehrfach auf die Dualität zurückkommen. Besonders im nächsten Abschnitt wird intensiv davon Gebrauch gemacht.

1.5 Steuerbarkeit in kontinuierlicher Zeit

Während die Frage der Beobachtbarkeit unmittelbare und zentrale Bedeutung bei jeder Beobachtungs- und Filteraufgabe hat, gehört der Begriff der Steuerbarkeit nur am Rande hierher. Wenn die Steuerbarkeit in diesem Bändchen dennoch behandelt wird, so hat das zwei Gründe. Zum einen läßt sich die Steueraufgabe wegen ihrer Dualität zur Beobachtungsaufgabe ohne größeren Mehraufwand kurz anreißen. Zum anderen wird die vollkommene Steuerbarkeit in bestimmten Sätzen der Filtertheorie als Voraussetzung verlangt. Im übrigen interessiert sich der Regelungstechniker letztlich für den geschlossenen Regelkreis, d.h. die Verbindung von Beobachtung und Steuerung zur Regelung. Die Eigenschaften der vollkommenen Beobachtbarkeit und der vollkommenen Steuerbarkeit der Strecke stellen zusammen sicher, daß die Regelaufgabe sinnvoll gestellt und grundsätzlich lösbar ist.

Es genügt hier, nur die wichtigsten Begriffe und Kriterien ohne Beweis anzugeben. Die dualen Beweise und weitere Schlußfolgerungen möge der Leser in der angegebenen Literatur nachschlagen (oder ggf. als Übung selbst vollziehen). Da es bei der Steuerung nicht auf die Ausgangsgröße $\underline{y}$, wohl aber auf die Stellgröße $\underline{u}$ ankommt, betrachten wir das inhomogene System n-ter Ordnung ohne Ausgangsgleichung:

$$\dot{\underline{x}}(t) = \underline{A}(t)\underline{x}(t) + \underline{B}(t)\underline{u}(t) \tag{1.38}$$

Die Matrizen $\underline{A}$ und $\underline{B}$ seien für alle $t_0 \leq t \leq t_1$ gegeben. Die Eingangsgröße $\underline{u}(t)$ ist wie bisher p-dimensional.
Es sei der Anfangszustand $\underline{x}(t_0)$ bekannt und ein gewünschter Endzustand $\underline{x}(t_1)$ vorgegeben. Die Steueraufgabe bestehe darin, im Steuerintervall $[t_0,t_1]$ die Steuergröße $\underline{u}(t)$ so zu wählen, daß der Anfangszustand in den Endzustand überführt wird.

Definition 1.2: (i) Ein Zustand $\underline{x}(t_0)$ des Systems (1.38) heißt "steuerbar im Intervall $[t_0,t_1]$", wenn eine Steuerfunktion $\underline{u}(t)$ im Intervall $[t_0,t_1]$ existiert, so daß $\underline{x}(t_1) = \underline{0}$.

(ii) Genau dann, wenn jeder Zustand $\underline{x}(t_0)$ in diesem Sinne steuerbar ist, heißt das System (1.38) "vollkommen steuerbar im Intervall $[t_0,t_1]$".

(iii) Genau dann, wenn es für jedes t_0 ein t_1 gibt, so daß (ii) erfüllt ist, wird das System (1.38) "vollkommen steuerbar" schlechthin genannt. -

In dieser Definition wird, wie allgemein üblich, der Endzustand gleich Null gesetzt. Das bedeutet im Hinblick auf die allgemeine Steuerungsaufgabe und bei vollkommener Steuerbarkeit (Punkte (ii) und (iii)) jedoch keine Einschränkung. Denn der Übergang von $\underline{x}(t_0)$ auf $\underline{x}(t_1)$ genügt der allgemeinen Lösungsgleichung des Systems (1.38):

$$\underline{x}(t_1) = \underline{\Phi}(t_1,t_0)\underline{x}(t_0) + \int_{t_0}^{t_1} \underline{\Phi}(t_1,\tau)\underline{B}(\tau)\underline{u}(\tau)d\tau \tag{1.39}$$

oder:

$$\int_{t_0}^{t_1} \underline{\Phi}(t_1,\tau)\underline{B}(\tau)\underline{u}(\tau)d\tau = \underline{x}(t_1) - \underline{\Phi}(t_1,t_0)\underline{x}(t_0) \tag{1.40}$$

Die vollkommene Steuerbarkeit besagt, daß diese Gleichung für $\underline{x}(t_1) = \underline{0}$ und jedes beliebige $\underline{x}(t_0)$ eine Lösung für $\underline{u}(\tau)$ hat.

Weil $\underline{\Phi}$ regulär ist, muß eine solche Lösung also für jedes beliebige $\underline{z} := -\underline{\Phi}(t_1,t_0)\underline{x}(t_0)$ existieren. Da $\underline{z}$ beliebig gewählt werden kann, muß eine Lösung auch für $\underline{z}^* = \underline{z} + \underline{x}(t_1)$ mit $\underline{x}(t_1) \neq \underline{0}$ existieren. Ist daher ein System vollkommen steuerbar, dann kann sein Zustand durch geeignete Wahl von $\underline{u}$ gezwungen werden, sich von jedem beliebigen Punkt im Zustandsraum zu jedem beliebigen anderen Punkt zu bewegen.

Im folgenden wird der Einfachheit wegen stets $\underline{x}(t_1) = \underline{0}$ gesetzt. Vormultiplikation des restlichen Teils der Gleichung (1.40) mit $\underline{\Phi}(t_0,t_1)$ und Hereinziehen dieses Faktors unter das Integral ergibt unmittelbar

$$\int_{t_0}^{t_1} \underline{\Phi}(t_0,\tau)\underline{B}(\tau)\underline{u}(\tau)d\tau = -\underline{x}(t_0) \tag{1.41}$$

Man vergleiche diese Beziehung mit der dualen Gleichung (1.17). Wir bilden den zur Gleichung (1.16) dualen Ausdruck und erhalten die symmetrische Steuerbarkeitsmatrix (erster Art):

$$\underline{W}(t_1,t_0) := \int_{t_0}^{t_1} \underline{\Phi}(t_0,\tau)\underline{B}(\tau)\underline{B}'(\tau)\underline{\Phi}'(t_0,\tau)d\tau \tag{1.42}$$

Wenn $\underline{W}$ regulär ist, dann läßt sich die Steueraufgabe offenbar mit der folgenden Steuerfunktion lösen:

$$\underline{u}(\tau) = -\underline{B}'(\tau)\underline{\Phi}'(t_0,\tau)\underline{W}^{-1}(t_1,t_0)\underline{x}(t_0), \quad t_0 \leq \tau \leq t_1 \tag{1.43}$$

Das ist leicht zu bestätigen durch Substitution dieses Steuergesetzes in die Gleichung (1.41) und durch Bezugnahme auf (1.42).

Multipliziert man die Gleichung (1.41) beidseitig mit $-\underline{x}'(t_0)\underline{W}^{-1}(t_1,t_0)$ vor und vereinfacht links mittels der transponierten Gleichung (1.43), dann ergibt sich die "Steuerenergie" des Gesetzes (1.43):

$$\int_{t_0}^{t_1} \underline{u}'(\tau)\underline{u}(\tau)d\tau = \underline{x}'(t_0)\underline{W}^{-1}(t_1,t_0)\underline{x}(t_0) \tag{1.44}$$

Dieser Ausdruck ist dual zur Meßenergie (1.18).

Satz 1.4: Für die vollkommene Steuerbarkeit des Systems (1.38) im Intervall $[t_0,t_1]$ ist es notwendig und hinreichend, daß die Steuerbarkeitsmatrix $\underline{W}(t_1,t_0)$ in Gleichung (1.42) regulär ist. -

Der Nachweis des Hinreichens ist oben bereits erbracht worden, bezüglich der Notwendigkeit gilt eine duale Überlegung wie bei Satz 1.1, [1.5], [1.16], [1.18]. Bei zeitinvarianten Systemen lautet die Steuerbarkeitsmatrix zweiter Art (vergl. Gleichung (1.22)):

$$\bar{\underline{W}} := [\underline{B},\ \underline{A}\ \underline{B},\ \underline{A}^2\underline{B}\ \ldots\ \underline{A}^{n-1}\underline{B}] \qquad (1.45)$$

Satz 1.5: Für die vollkommene Steuerbarkeit eines Systems (1.38) mit zeitlich konstanten Parametern $\underline{A}$ und $\underline{B}$ ist es notwendig und hinreichend, daß die Steuerbarkeitsmatrix $\bar{\underline{W}}$ in Gleichung (1.45) den Rang n hat. (n = Ordnung des Systems bzw. der Matrix $\underline{A}$). -

Zum Beweis siehe u.a. [1.5], [1.16], [1.18]. -

Alternativ zu diesem Kriterium kann auch die Regularität von $\underline{W}(\varepsilon,0)$ überprüft werden. Die Länge ε des Steuerungsintervalls darf dabei beliebig klein gewählt werden. In der Praxis geht jedoch für $\varepsilon \to 0$ die Steuerenergie gemäß Gleichung (1.44) gegen Unendlich, weil $\lim_{\varepsilon \to 0} \underline{W}(\varepsilon,0) = \underline{0}$.

Im Abschnitt 1.3 hatten wir für die Beobachtbarkeitsmatrix erster Art eine äquivalente Matrix-Differentialgleichung abgeleitet, ebenso für ihre Inverse. Entsprechende Differentialgleichungen für die Steuerbarkeitsmatrix ergeben sich, wenn wir die dortigen Schritte in dualer Weise ausführen. Wir gehen wie folgt vor.

(i) In der Gleichung(1.42) wird die feste Anfangszeit t_0 durch die laufende Zeit t ersetzt. Dann müssen beide Seiten nach t differenziert werden. Um den Integranden wieder unabhängig von t zu machen, werden beide Seiten jedoch vorher noch mit $\underline{\Phi}(t_1,t)$ vor- und mit $\underline{\Phi}'$ nachmultipliziert. Bei der Differentiation tritt nun die Ableitung der Transitionsmatrix nach ihrem zweiten Argument auf. Diese läßt sich folgendermaßen berechnen. Es ist

$$\underline{\Phi}(t_1,t)\underline{\Phi}(t,t_1) = \underline{I} .$$

Differenzieren beider Seiten nach t:

$$\frac{d}{dt}\underline{\Phi}(t_1,t) \cdot \underline{\Phi}(t,t_1) + \underline{\Phi}(t_1,t)\underline{A}(t)\underline{\Phi}(t,t_1) = \underline{O} .$$

Also ist

$$\frac{d}{dt}\underline{\Phi}(t_1,t) = -\underline{\Phi}(t_1,t)\underline{A}(t) . \tag{1.46}$$

Das Ergebnis der Differentiation der modifizierten Gleichung (1.42) ist somit

$$\frac{d}{dt}\underline{W}(t_1,t) = \underline{A}(t)\underline{W}(t_1,t) + \underline{W}(t_1,t)\underline{A}'(t) - \underline{B}(t)\underline{B}'(t) \tag{1.47}$$

Die Randbedingung ist in diesem Fall nur am Ende des Intervalls bekannt: $\underline{W}(t_1,t_1) = \underline{O}$. Die bilineare Matrix-Differentialgleichung (1.47) muß also rückwärts integriert werden.

(ii) Das Steuergesetz (1.43) läßt sich als Regelgesetz mit Rückführung des momentanen Zustands schreiben, wenn τ und t_0 durch die laufende Zeit t ersetzt werden:

$$\underline{u}(t) = -\underline{B}'(t)\underline{W}^{-1}(t_1,t)\underline{x}(t) \tag{1.48}$$

(iii) Für die hierbei benötigte Matrix $\underline{W}^{-1}$ erhalten wir durch Ableiten des Produkts $\underline{W}\ \underline{W}^{-1} = \underline{I}$ nach t und Substitution von (1.47) eine nichtlineare Matrix-Differentialgleichung vom Riccati-Typ:

$$-\frac{d}{dt}\underline{W}^{-1}(t_1,t) = \underline{A}'(t)\underline{W}^{-1}(t_1,t)+\underline{W}^{-1}(t_1,t)\underline{A}(t)-\underline{W}^{-1}(t_1,t)\underline{B}(t)\underline{B}'(t)\underline{W}^{-1}(t_1,t) \tag{1.49}$$

Diese Differentialgleichung ist dual zur Riccati-Differentialgleichung (1.29) für die Beobachtung. Näheres siehe Abschnitt 3.1.

1.6 Beobachtung in diskreter Zeit

Beobachtung in diskreter Zeit bedeutet, daß die Ausgangsgröße des betrachteten Systems nicht mehr kontinuierlich gemessen, sondern zu diskreten Zeitpunkten abgetastet wird. Die Tastzeitpunkte t_k brauchen nicht äquidistant zu sein.

Wir werden sehen, daß die Beobachtungsaufgabe in diskreter Zeit viele Parallelen zum Fall kontinuierlicher Zeit aufweist. Um diese Parallelität auch optisch zu betonen, wird die Bezeichnungsweise so gewählt, daß die einander entsprechenden Größen bei diskreter und kontinuierlicher Zeit die gleichen Symbole erhalten. Eine Verwechslungsgefahr besteht dabei nur dann, wenn kontinuierliche und zeitlich diskrete Modelle gemeinsam betrachtet werden. In solchen Fällen werden wir den einen Satz von Größen durch Überstreichen kennzeichnen. Im vorliegenden Abschnitt, in dem die kontinuierlichen Größen nebensächlich sind, werden diese im Zweifelsfalle überstrichen.

Im übrigen ist der Fall diskreter Zeit sowohl bei der Beobachtung als auch später bei der Filterung mathematisch einfacher, weil Ableitungen durch Differenzen und Integrale durch Summen ersetzt werden.

Wir beginnen die Formulierung der Beobachtungsaufgabe in diskreter Zeit damit, daß wir ein diskretes Modell eines beobachteten Systems erstellen. Als typisches Beispiel wählen wir eine Strecke, die **ursprünglich** in kontinuierlicher Zeit gegeben ist. Wir betrachten also das System

$$\dot{\underline{x}}(t) = \bar{\underline{A}}(t)\underline{x}(t) + \bar{\underline{B}}(t)\underline{u}(t) \qquad (1.50a)$$

$$\underline{y}(t) = \underline{C}(t)\underline{x}(t) \qquad (1.50b)$$

Der Zustand $\underline{x}(t)$ ist wie bisher n-dimensional, die Stellgröße $\underline{u}(t)$ ist wieder ein p-Vektor. Die m-gliedrige Meßgröße werde zu den diskreten, nicht unbedingt äquidistanten Zeitpunkten t_k abgetastet.

Der Zusammenhang zwischen den Werten des Zustands $\underline{x}$ an zwei aufeinanderfolgenden Tastzeitpunkten wird durch die allgemeine

Lösungsformel der Differentialgleichung (1.50a) beschrieben ($\underline{\Phi}$ ist die Transitionsmatrix zu $\bar{\underline{A}}$.):

$$\underline{x}(t_{k+1}) = \underline{\Phi}(t_{k+1},t_k)\underline{x}(t_k) + \int_{t_k}^{t_{k+1}} \underline{\Phi}(t_{k+1},\tau)\underline{\bar{B}}(\tau)\underline{u}(\tau)d\tau \quad (1.50c)$$

Die Beziehung zwischen der abgetasteten Meßgröße und dem Zustand lautet gemäß (1.50b):

$$\underline{y}(t_k) = \underline{C}(t_k)\underline{x}(t_k) \quad (1.50d)$$

Zur Aufbringung der Stellgröße getasteter Systeme sind zwei Verfahren üblich (Bild 1.5): Impulsförmige Stellgröße

$$\underline{u}(t) = \underline{\bar{u}}(t_k)\delta(t-t_k-\Delta t)$$

und stückweise konstante Stellgröße

$$\underline{u}(t) = \underline{u}(t_k) \text{ für } t_k \leq t < t_{k+1}$$

Die erste Methode wird z.B. bei der Kurskorrektur von Raumfahrzeugen angewandt, die zweite beim Abtastregler mit Halteglied.

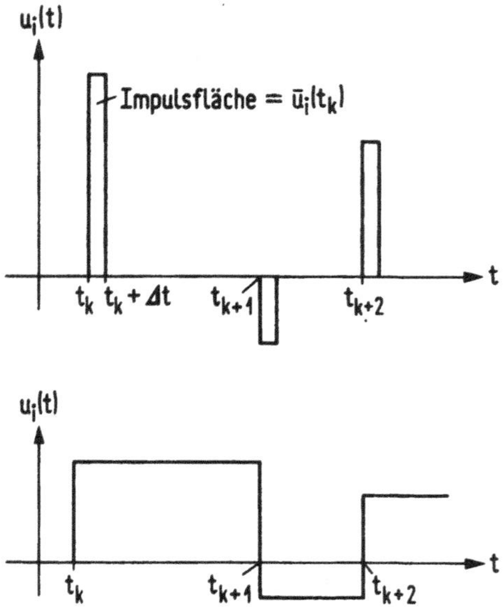

Bild 1.5
Impulsförmige und stückweise konstante Stellgröße.

Zur Vereinfachung der Bezeichnungsweise treffen wir die folgenden Absprachen:

(i) Die Zeitpunkte t_k werden durchgehend mit den ganzen Zahlen k numeriert.

(ii) Demnach gilt $\underline{x}(t_k) \equiv \underline{x}(k)$, $\underline{y}(t_k) \equiv \underline{y}(k)$,

$$\underline{C}(t_k) \equiv \underline{C}(k) \text{ und } \underline{\Phi}(t_{k+1},t_k) \equiv \underline{\Phi}(k+1,k). \tag{1.51a,b}$$

(iii) Es wird die Abkürzung eingeführt

$$\underline{\Phi}(k+1,k) := \underline{A}(k) \tag{1.52}$$

Als Transitionsmatrix ist $\underline{A}(k)$ stets regulär.

(iv) Bei impulsförmiger Stellgröße wird die Ausblendeigenschaft der Deltafunktion beim Integral in Gleichung (1.50c) benutzt; das Resultat wird mit $\underline{B}(k)\underline{u}(k)$ bezeichnet:

$$\underline{\Phi}(t_{k+1},t_k)\bar{\underline{B}}(t_k)\bar{\underline{u}}(t_k) := \underline{B}(k)\underline{u}(k) \tag{1.53}$$

(v) Bei stückweise konstanter Stellgröße kann $\underline{u}(t_k) = \underline{u}(k)$ aus dem Integral in (1.50c) herausgezogen werden und es wird definiert:

$$\int_{t_k}^{t_{k+1}} \underline{\Phi}(t_{k+1},\tau)\bar{\underline{B}}(\tau)d\tau := \underline{B}(k) \tag{1.54}$$

Anmerkung: Die soeben definierten Matrizen $\underline{A}(k)$ und $\underline{B}(k)$ sind nicht gleich $\bar{\underline{A}}(t_k)$ bzw. $\bar{\underline{B}}(t_k)$. Ebensowenig ist im Falle impulsförmiger Stellgröße $\underline{u}(k)$ gleich $\bar{\underline{u}}(t_k)$. Bei den übrigen Größen besteht keine Verwechslungsgefahr.

Gemäß (1.50c) und (1.50d) und mit den Vereinbarungen (1.51) bis (1.54) geht das kontinuierliche Modell der Strecke (1.50a,b) über in die diskrete Version:

$$\underline{x}(k+1) = \underline{A}(k)\underline{x}(k) + \underline{B}(k)\underline{u}(k) \tag{1.55a}$$

$$\underline{y}(k) = \underline{C}(k)\underline{x}(k) \tag{1.55b}$$

Der Zustand $\underline{x}$ ist nach wie vor n-dimensional, der Stellvektor $\underline{u}$ ist p-gliedrig und der Meßvektor $\underline{y}$ ist m-dimensional. -

Die Beziehung $\underline{\Phi}(t_{k+1}, t_{k_0}) = \underline{\Phi}(t_{k+1}, t_k)\underline{\Phi}(t_k, t_{k_0})$ läßt sich unter Berücksichtigung von (1.51b) und (1.52) als Matrix-Differenzengleichung für die Transitionsmatrix des diskreten Systems (1.55a) schreiben:

$$\underline{\Phi}(k+1, k_0) = \underline{A}(k)\underline{\Phi}(k, k_0),\ \underline{\Phi}(k_0, k_0) = \underline{I} \qquad (1.55c)$$

Die allgemeine Lösung der Vektordifferenzengleichung (1.55a) hat die Form

$$\underline{x}(k) = \underline{\Phi}(k, k_0)\underline{x}(k_0) + \sum_{\varkappa=k_0}^{k-1} \underline{\Phi}(k, \varkappa+1)\underline{B}(\varkappa)\underline{u}(\varkappa),\ k_0 < k \qquad (1.55d)$$

Der Nachweis hierfür kann induktiv durch rekursive Anwendung von (1.55a) oder deduktiv durch Einsetzen von (1.55d) in beide Seiten von (1.55a) erbracht werden.

<u>Beispiel 1.3:</u> Die Positionsmessung des Luftfahrzeugs, die im Beispiel 1.1 kontinuierlich erfolgte, werde nunmehr zu diskreten Zeitpunkten in Abständen von jeweils einer Sekunde durchgeführt. Ausgehend von der kontinuierlichen Form der Strecke $\dot{\underline{x}} = \bar{\underline{A}}\,\underline{x}(t) + \bar{\underline{b}}\,u(t)$ im Beispiel 1.1 soll das zeitlich diskretisierte Modell der Beobachtungssituation gebildet werden. - Die Transitionsmatrix dieses zeitinvarianten Systems ist

$$\underline{A}(k) := \underline{\Phi}(t_{k+1}, t_k) = \underline{e}^{\bar{\underline{A}}\cdot(t_{k+1}-t_k)} = \underline{I} + \bar{\underline{A}}\cdot(t_{k+1}-t_k) + \bar{\underline{A}}^2 \cdot \frac{(t_{k+1}-t_k)^2}{2!} + \ldots$$

$$= \begin{bmatrix} 1 & 0 \\ 0 & 1 \end{bmatrix} + \begin{bmatrix} 0 & 0 \\ 1 & 0 \end{bmatrix} \cdot (t_{k+1}-t_k)$$

$\bar{\underline{A}}^2$ und die höheren Potenzen verschwinden. Mit $t_{k+1}-t_k = 1$ sec für alle k (äquidistante Abtastung) ergibt sich auch im diskreten Fall eine konstante $\underline{A}$-Matrix:

$$\underline{A} = \begin{bmatrix} 1 & 0 \\ 1 & 1 \end{bmatrix}$$

Die neue Stellmatrix errechnen wir gemäß Gleichung (1.54):

$$\underline{b} = \int_{t_k}^{t_{k+1}} \begin{bmatrix} 1 & 0 \\ t_{k+1}-\tau & 1 \end{bmatrix} \begin{bmatrix} 1 \\ 0 \end{bmatrix} d\tau = \int_{t_k}^{t_k+1} \begin{bmatrix} 1 \\ t_{k+1}-\tau \end{bmatrix} d\tau = \begin{bmatrix} 1 \\ 0,5 \end{bmatrix}$$

Das Modell für die zeitlich diskrete Positionsmessung lautet also:

$$\begin{bmatrix} x_1(k+1) \\ x_2(k+1) \end{bmatrix} = \begin{bmatrix} 1 & 0 \\ 1 & 1 \end{bmatrix} \begin{bmatrix} x_1(k) \\ x_2(k) \end{bmatrix} + \begin{bmatrix} 1 \\ 0,5 \end{bmatrix} u(k)$$

$$y(k) = \begin{bmatrix} 0 & 1 \end{bmatrix} \underline{x}(k)$$

Dabei ist nach wie vor x_1 = Geschwindigkeit und x_2 = Position. (Ein Schönheitsfehler ist, daß wir die Beschleunigung zwischen zwei Tastzeitpunkten als konstant angenommen haben). Nebenbei sei bemerkt, daß das diskretisierte Modell im Gegensatz zum ursprünglichen nicht mehr in Beobachtungsnormalform ist. -

Wir wenden uns nun dem Problem der Beobachtung des zeitlich diskreten Systems (1.55) zu. Die Folge der Meßvektoren $\underline{y}(k)$ sei für alle k im Intervall $[k_0, k_1]$ gegeben. Gesucht ist der Zustand $\underline{x}$ im letzten Zeitpunkt k_1.

Wegen des Superpositionsprinzips, das sich u.a. in der allgemeinen Lösungsgleichung (1.55d) ausdrückt, kann die Wirkung der bekannten Stellfolge $\underline{u}(k_0)$, $\underline{u}(k_0+1)$, ..., $\underline{u}(k-1)$ auf $\underline{x}(k)$ und somit auf $\underline{y}(k)$ gesondert berechnet und von den Meßgrößen abgezogen werden. Es genügt also, wiederum nur das freie System

$$\underline{x}(k+1) = \underline{A}(k)\underline{x}(k) \qquad \underline{x}(k_0) = ? \tag{1.56a}$$

$$\underline{y}(k) = \underline{C}(k)\underline{x}(k) \tag{1.56b}$$

zu betrachten. Gegeben sind die Meßwerte $\underline{y}(k_0)$, $\underline{y}(k_0+1)$,..., $\underline{y}(k_1)$; gesucht ist $\underline{x}(k_1)$. Wir eliminieren die Zustandsvektoren $\underline{x}(k_0)$ etc., indem wir sie mit Hilfe des homogenen Teils der Lösungsgleichung (1.55d) durch den gesuchten Zustand $\underline{x}(k_1)$ ausdrücken:

$$\underline{x}(k_1) = \underline{\Phi}(k_1,k)\underline{x}(k) \quad \text{oder} \quad \underline{x}(k) = \underline{\Phi}(k,k_1)\underline{x}(k_1)$$

Damit ergibt sich

$$\begin{aligned}
\underline{y}(k_0) &= \underline{C}(k_0)\underline{x}(k_0) &&= \underline{C}(k_0)\underline{\Phi}(k_0,k_1)\underline{x}(k_1) \\
\underline{y}(k_0+1) &= \underline{C}(k_0+1)\underline{x}(k_0+1) &&= \underline{C}(k_0+1)\underline{\Phi}(k_0+1,k_1)\underline{x}(k_1) \\
&\vdots && \vdots \\
\underline{y}(k_1) &= \underline{C}(k_1)\underline{x}(k_1) &&= \underline{C}(k_1)\underline{\Phi}(k_1,k_1)\underline{x}(k_1)
\end{aligned}$$

Die Meßvektoren werden zu einem Vektor $\underline{z}$ zusammengefaßt. Auf der rechten Seite bildet man eine entsprechende Matrix $\underline{D}$:

$$\underline{z}(k_1,k_0) := \begin{bmatrix} \underline{y}(k_0) \\ \underline{y}(k_0+1) \\ \vdots \\ \underline{y}(k_1) \end{bmatrix}, \underline{D}(k_1,k_0) := \begin{bmatrix} \underline{C}(k_0)\underline{\Phi}(k_0,k_1) \\ \underline{C}(k_0+1)\underline{\Phi}(k_0+1,k_1) \\ \vdots \\ \underline{C}(k_1)\underline{\Phi}(k_1,k_1) \end{bmatrix} \tag{1.57}$$

Mit diesen Definitionen geht das obige Gleichungssystem über in die Matrix-Gleichung

$$\underline{z}(k_1,k_0) = \underline{D}(k_1,k_0)\underline{x}(k_1) \tag{1.58}$$

Der Vektor $\underline{z}$ hat die Dimension $(k_1-k_0+1)m$, und wir gehen im folgenden davon aus, daß dieser Wert größer oder gleich n, der Ordnung des Systems ist. Sowohl $\underline{z}$ als auch $\underline{D}$ sind bekannte Größen.

Wenn die Dimension von $\underline{z}$ gerade gleich n ist, dann stellt (1.58) ein System von n linearen algebraischen Gleichungen für die n unbekannten Zustandsvariablen $x_i(k_1)$ dar. Ist außerdem $\underline{D}$ regulär, dann läßt sich das Gleichungssystem wie üblich in eindeutiger Weise nach $\underline{x}(k_1)$ auflösen.

Sind mehr als n skalare Messungen akkumuliert worden, dann könnten die überzähligen Gleichungen natürlich einfach weggelassen werden. Das wird gewöhnlich jedoch nicht getan. Vielmehr werden alle einmal gewonnenen Meßwerte beibehalten. Dadurch wird es möglich, die bisher vernachlässigten Meßfehler auszugleichen und die Genauigkeit der Lösung für $\underline{x}$ zu erhöhen. Die Meßfehler bewirken auch, daß nicht alle Gleichungen des Systems (1.58) untereinander verträglich sind, d.h. es wird im allgemeinen keinen Wert von $\underline{x}$ geben, der sämtliche Einzelgleichungen exakt erfüllt. Man muß sich daher mit einem Schätzwert $\hat{\underline{x}}$ für $\underline{x}$ begnügen, der dem System (1.58) in einer möglichst guten Näherung genügt. Das älteste Verfahren zur Lösung dieses Problems ist die klassische Ausgleichsrechnung von Gauß (1801), auch Methode der kleinsten Quadrate genannt. Wir gehen auf dieses Verfahren im folgenden etwas näher ein.

Die Ausgleichsrechnung: Gegeben sei ein lineares algebraisches Gleichungssystem, bei dem die Zahl der Gleichungen die Zahl der Unbekannten übertrifft. Das Gleichungssystem habe die Form

$$\underline{z} = \underline{D}\,\underline{x} \tag{1.59}$$

Dabei ist $\underline{x}$ der Vektor der n unbekannten Größen und $\underline{z}$ ein r-Vektor von gegebenen Zahlen (Messungen) mit $r > n$. Die $r \cdot n$-Matrix $\underline{D}$ besteht aus bekannten Elementen. Zum Ausgleich der in $\underline{z}$ enthaltenen Ungenauigkeiten soll der Schätzwert $\hat{\underline{x}}$ von $\underline{x}$ so bestimmt werden, daß der Fehlervektor

$$\tilde{\underline{z}} := \underline{z} - \underline{D}\,\hat{\underline{x}} \tag{1.60}$$

möglichst "klein" wird. Als Maß für die Größe von $\tilde{\underline{z}}$ wird die Euklidische Norm $\|\tilde{\underline{z}}\|_2$ gewählt, siehe Anhang A, Gleichung (A.54). Ihr Quadrat ist die Summe der Fehlerquadrate:

$$\|\tilde{\underline{z}}\|_2^2 = \tilde{\underline{z}}'\tilde{\underline{z}} = \tilde{z}_1^{\,2} + \tilde{z}_2^{\,2} + \ldots + \tilde{z}_r^{\,2}$$

Dieser Ausdruck soll ein Minimum annehmen. Die Bedingung dafür ist, daß alle seine partiellen Ableitungen nach den $\hat{x}_i$ verschwinden. Anders ausgedrückt, sein Gradient bezüglich $\hat{\underline{x}}$ muß Null sein :

$$\frac{\partial}{\partial \hat{\underline{x}}} (\tilde{\underline{z}}'\tilde{\underline{z}}) = \underline{0}'$$

$$\frac{\partial}{\partial \hat{\underline{x}}} ([\underline{z} - \underline{D}\,\hat{\underline{x}}]'[\underline{z} - \underline{D}\,\hat{\underline{x}}]) = \underline{0}'$$

$$\frac{\partial}{\partial \hat{\underline{x}}} (\underline{z}'\underline{z} - 2\,\underline{z}'\underline{D}\,\hat{\underline{x}} + \hat{\underline{x}}'\underline{D}'\underline{D}\,\hat{\underline{x}}) = \underline{0}'$$

Das erste Glied in der runden Klammer ist unabhängig von $\hat{\underline{x}}$, das zweite ist eine lineare und das dritte eine quadratische Form in $\hat{\underline{x}}$. Anwendung der entsprechenden Regeln für die Bildung des Gradienten (siehe Anhang A.9) ergibt

$$-2\,\underline{z}'\underline{D} + 2\,\hat{\underline{x}}'\underline{D}'\underline{D} = \underline{0}'$$

Daraus entsteht durch Transponieren ein Gleichungssystem n-ter Ordnung für $\hat{\underline{x}}$:

$$\underline{D}'\underline{z} = \underline{D}'\underline{D}\,\hat{\underline{x}} \tag{1.61}$$

Dieses Ergebnis läßt sich leicht merken: das ursprüngliche Gleichungssystem (1.59) braucht nur mit $\underline{D}'$ vormultipliziert zu werden (Gaußsche Transformation). Die Matrix $\underline{D}'\underline{D}$ wird Gaußsche Normalmatrix genannt [1.13]. Sie ist stets symmetrisch und positiv-semidefinit. Wenn sie positiv-definit (regulär) ist, kann die Gleichung (1.61) mit einem der üblichen Verfahren, z.B. mit dem Algorithmus von Gauß bzw. Cholesky [1.13], nach dem gesuchten $\hat{\underline{x}}$ aufgelöst werden. Soweit die Grundzüge der Ausgleichsrechnung; eine ausführlichere Erörterung findet im nächsten Kapitel statt. -

Wir wenden nun die Ausgleichsformel (1.61) auf die akkumulierten Beobachtungen unserer diskreten Strecke an. Dazu müssen wir $\underline{x}(k_1)$ in Gleichung (1.58) durch $\hat{\underline{x}}(k_1)$ ersetzen und die Gleichung mit $\underline{D}'(k_1,k_0)$ vormultiplizieren. Das ergibt in ausführlicher Schreibweise (mit (1.57)):

$$\begin{bmatrix} \underline{\Phi}'(k_0,k_1)\underline{C}'(k_0),\ldots,\ \underline{\Phi}'(k_1,k_1)\underline{C}'(k_1) \end{bmatrix} \begin{bmatrix} \underline{y}(k_0) \\ \vdots \\ \underline{y}(k_1) \end{bmatrix} =$$

$$= \begin{bmatrix} \underline{\Phi}'(k_0,k_1)\underline{C}'(k_0),\ldots,\ \underline{\Phi}'(k_1,k_1)\underline{C}'(k_1) \end{bmatrix} \begin{bmatrix} \underline{C}(k_0)\underline{\Phi}(k_0,k_1) \\ \vdots \\ \underline{C}(k_1)\underline{\Phi}(k_1,k_1) \end{bmatrix} \hat{\underline{x}}(k_1) \tag{1.62}$$

Die Normalmatrix $\underline{D}'(k_1,k_0)\underline{D}(k_1,k_0)$ auf der rechten Seite von (1.62) kann offenbar in der Form der folgenden Summe geschrieben werden. Wir bezeichnen diese Summe mit $\underline{M}(k_1,k_0)$:

$$\underline{M}(k_1,k_0) := \sum_{\varkappa=k_0}^{k_1} \underline{\Phi}'(\varkappa,k_1)\underline{C}'(\varkappa)\underline{C}(\varkappa)\underline{\Phi}(\varkappa,k_1) \tag{1.63}$$

Das ist die Beobachtbarkeitsmatrix (erster Art) für diskrete Zeit. Ein Blick auf Gleichung (1.16) zeigt die vollkommene Analogie zum Fall kontinuierlicher Zeit.

Die Schätzgleichung(1.62) nimmt nun die Form an

$$\sum_{\varkappa=k_0}^{k_1} \underline{\Phi}'(\varkappa,k_1)\underline{C}'(\varkappa)\underline{y}(\varkappa) = \underline{M}(k_1,k_0)\hat{\underline{x}}(k_1) \tag{1.64}$$

Dieses Beobachtungsgesetz entspricht genau der Gleichung (1.17). Der Schätzwert $\hat{\underline{x}}(k_1)$ läßt sich dann und nur dann eindeutig bestimmen, wenn die Beobachtbarkeitsmatrix $\underline{M}(k_1,k_0)$ regulär ist.

Wegen der Analogie zwischen zeitlich kontinuierlichem und diskretem Fall gelten praktisch alle Überlegungen, insbesondere die Definition der Beobachtbarkeit und die diesbezüglichen Kriterien in ganz äquivalenter Weise. Wir können uns Wiederholungen ersparen und uns ziemlich kurz fassen.

Die Beobachtbarkeitsmatrix zweiter Art für diskrete, zeitinvariante Systeme geht aus den Gleichungen (1.57) und (1.58) hervor, wenn man dort $k_0 = 0$, $k_1 = n-1$ und $\underline{x}(k_1) = \underline{\Phi}(k_1,k_0)\underline{x}(0)$ setzt. In ausführlicher Schreibweise erhält man

$$\begin{bmatrix} \underline{y}(0) \\ \underline{y}(1) \\ \vdots \\ \underline{y}(n-1) \end{bmatrix} = \begin{bmatrix} \underline{C} \\ \underline{C}\,\underline{A} \\ \vdots \\ \underline{C}\,\underline{A}^{n-1} \end{bmatrix} \underline{x}(0)$$

Die Beobachtbarkeitsmatrix zweiter Art ist erklärt durch

$$\bar{\underline{M}} := \begin{bmatrix} \underline{C} \\ \underline{C}\,\underline{A} \\ \vdots \\ \underline{C}\,\underline{A}^{n-1} \end{bmatrix} \qquad (1.65)$$

Ein System der Form (1.56) mit konstanten Parametern $\underline{A}$ und $\underline{C}$ ist dann und nur dann vollkommen beobachtbar, wenn $\bar{\underline{M}}$ den Rang n hat.

Der Rang von $\bar{\underline{M}}$ kann durch Hinzufügen weiterer Untermatrizen der Form $\underline{C}\,\underline{A}^n$, $\underline{C}\,\underline{A}^{n+1}$ usw. nicht mehr gesteigert werden. Das folgt ebenso wie im Abschnitt 1.3 aus dem Satz von Cayley-Hamilton.

Einer der bemerkenswerten Unterschiede zwischen zeitlich diskretem und kontinuierlichem Fall besteht in der Beobachtungsdauer, die zur Ermittlung von $\underline{x}$ mindestens erforderlich ist. Bei kontinuierlicher Zeit kann das entsprechende Beobachtungsintervall $[t_0, t_1]$ unter Umständen beliebig klein werden. Das trifft z.B. immer dann zu, wenn das betrachtete System konstante Parameter hat und vollkommen beobachtbar ist, siehe Satz 1.3. Bei diskreter Zeit dagegen sind zur Berechnung von $\underline{x}$ je nach der Art von $\underline{C}$ und $\underline{A}$ zwischen einem und n Tastzeitpunkten erforderlich, vollkommene Beobachtbarkeit vorausgesetzt . Ein einziger Tastzeitpunkt genügt, wenn $\underline{C}$ quadratisch-regulär ist; n Tastzeitpunkte sind notwendig, wenn das beobachtete System nur eine einzelne Ausgangsgröße hat.

Wir kehren nun zum allgemeinen Beobachtungsgesetz (1.64) zurück und fragen uns ähnlich wie bei kontinuierlicher Zeit, ob es sich in ein äquivalentes System von Differenzengleichungen umformen läßt. Eine solche rekursive Variante des Beobachtungsgesetzes würde sich besonders gut für eine fortschreitende Beobachtungssituation eignen. Denn angenommen, zur Zeit k sei der Schätzwert $\hat{\underline{x}}(k)$ bereits berechnet worden und im nächsten Tastzeitpunkt kommen in Gestalt des Vektors $\underline{y}(k+1)$ m neue Beobachtungen hinzu. Es wäre nun mit hohem Rechenaufwand verbunden, wenn die Gleichungen (1.63) und (1.64) erneut ganz von vorne an ausgewertet werden müßten, um so mehr, wenn sich das Eintreffen neuer Messungen ständig wiederholt. Glücklicherweise gibt es eine solche rekursive Lösung, die es erlaubt, den alten Schätzwert durch geringe Korrekturen zu erneuern. Sie ist in ihrer ursprünglichen Form sogar schon 1821 von Gauß angegeben worden [1.2]. Sie galt für eine einzelne zusätzliche Beobachtung (y skalar). Plackett hat diese Methode im Jahre 1950 auf ein m-Tupel gleichzeitiger Zusatzmessungen ($\underline{y}$ m-gliedrig vektoriell) erweitert [1.3].

Um in unserem Fall zum gewünschten rekursiven Beobachtungsgesetz zu gelangen, formen wir die Gleichungen (1.63) und (1.64) in ähnlicher Weise um, wie es bei kontinuierlicher Zeit im Abschnitt 1.3 geschehen ist.- Einen ähnlichen Weg mit der verallgemeinerten Ausgleichsrechnung werden wir im nächsten Kapitel kennenlernen.- Die notwendigen Schritte sind:

(i) In der Gleichung (1.63) wird die feste Endzeit k_1 durch die laufende Zeit k+1 ersetzt. Danach wird der letzte Summand abgespalten:

$$\underline{M}(k+1,k_0) = \sum_{\varkappa=k_0}^{k} \underline{\Phi}'(\varkappa,k+1)\underline{C}'(\varkappa)\underline{C}(\varkappa)\underline{\Phi}(\varkappa,k+1)+\underline{C}'(k+1)\underline{C}(k+1)$$

In der Restsumme wird die Matrix $\underline{\Phi}(\varkappa,k+1)$ durch $\underline{\Phi}(\varkappa,k)\underline{\Phi}(k,k+1)$ ersetzt, wonach $\underline{\Phi}(k,k+1) = \underline{A}^{-1}(k)$ nach rechts herausgezogen wird. Mit der Matrix $\underline{\Phi}'(\varkappa,k+1)$ links in der Restsumme geschieht das gleiche in transponierter Weise:

$$\underline{M}(k+1,k_0) = \underline{A}^{-1}(k)' \sum_{\varkappa=k_0}^{k} \underline{\Phi}'(\varkappa,k)\underline{C}'(\varkappa)\underline{C}(\varkappa)\underline{\Phi}(\varkappa,k)\underline{A}^{-1}(k)+\underline{C}'(k+1)\underline{C}(k+1)$$

Die nun noch verbliebene Summe ist gleich dem alten $\underline{M}(k,k_0)$, also:

$$\underline{M}(k+1,k_0) = \underline{A}^{-1}(k)'\underline{M}(k,k_0)\underline{A}^{-1}(k) + \underline{C}'(k+1)\underline{C}(k+1) \qquad (1.66)$$

Das ist eine Matrix-Differenzengleichung für die Beobachtbarkeitsmatrix $\underline{M}$, mit der Anfangsbedingung $\underline{M}(k_0,k_0) = \underline{C}'(k_0)\underline{C}(k_0)$. Diese Gleichung ist das zeitlich diskrete Gegenstück zur bilinearen Matrix-Differentialgleichung (1.26).

(ii) In der Gleichung (1.64) wird k_1 gleichfalls durch k+1 ersetzt und der letzte Summand abgespalten. Aus der Restsumme wird $\underline{A}^{-1}(k)'$ wie oben nach links herausgezogen:

$$\underline{A}^{-1}(k)' \sum_{\varkappa=k_0}^{k} \underline{\Phi}'(\varkappa,k)\underline{C}'(\varkappa)\underline{y}(\varkappa) + \underline{C}'(k+1)\underline{y}(k+1) = \underline{M}(k+1,k_0)\hat{\underline{x}}(k+1)$$

Die jetzt verbliebene Summe ist gleich dem alten Produkt $\underline{M}(k,k_0)\hat{\underline{x}}(k)$, so daß gilt

$$\underline{M}(k+1,k_0)\hat{\underline{x}}(k+1) = \underline{A}^{-1}(k)'\underline{M}(k,k_0)\hat{\underline{x}}(k) + \underline{C}'(k+1)\underline{y}(k+1) \qquad (1.67)$$

Diese Differenzengleichung für $\underline{M}\,\hat{\underline{x}}$, die der Differentialgleichung (1.27) entspricht, hat die Anfangsbedingung $\underline{M}(k_0,k_0)\hat{\underline{x}}(k_0) = \underline{C}'(k_0)\underline{y}(k_0)$. Sobald $\underline{M}$ regulär geworden ist, kann nach $\hat{\underline{x}}$ aufgelöst werden.

(iii) Für die anschließenden Intervalle werden Differenzengleichungen für $\hat{\underline{x}}$ selbst und für die benötigte Inverse $\underline{M}^{-1}$ gesucht. Dazu führen wir als Hilfsgröße den extrapolierten Schätzwert $\underline{x}^*$ ein.

$$\underline{x}^*(k+1) := \underline{A}(k)\hat{\underline{x}}(k) \qquad (1.I)$$

Wir ersetzen $\hat{\underline{x}}(k)$ in (1.67) durch $\underline{A}^{-1}(k)\underline{x}^*(k+1)$ und verwenden die Gleichung (1.66):

$$\underline{M}(k+1,k_0)\hat{\underline{x}}(k+1) = \{\underline{M}(k+1,k_0) - \underline{C}'(k+1)\underline{C}(k+1)\}\underline{x}^*(k+1)+\underline{C}'(k+1)\underline{y}(k+1)$$

Wir multiplizieren mit $\underline{M}^{-1}(k+1,k_0)$ vor, fassen neu zusammen und erhalten das gewünschte Ergebnis:

$$\hat{\underline{x}}(k+1) = \underline{x}^*(k+1)+\underline{M}^{-1}(k+1,k_0)\underline{C}'(k+1)\{\underline{y}(k+1)-\underline{C}(k+1)\underline{x}^*(k+1)\} \qquad (1.II)$$

Diese Gleichung bildet zusammen mit Gleichung (1.I) das Beobachtungsgesetz in rekursiver Form, vergl. Differentialgleichung(1.30).

Es hat die bekannte Gestalt eines Modells der Strecke mit gewichteter Rückführung der Ausgangsdifferenzen (Bild 1.6). Die Verstärkungsmatrix der Rückführung ist offenbar

$$\underline{K}(k+1) := \underline{M}^{-1}(k+1,k_0)\underline{C}'(k+1). \qquad (1.68)$$

Sie ist die einzige noch fehlende Größe im rekursiven Beobachtungsalgorithmus und wird im nächsten und letzten Schritt berechnet.

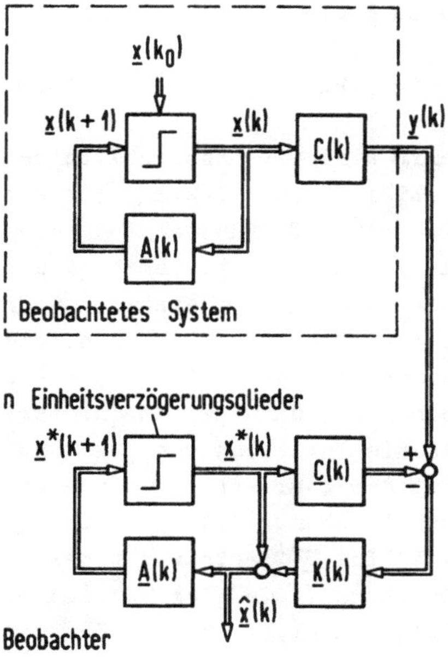

Bild 1.6
Beobachtetes System und Beobachter in diskreter Zeit (gestrichelter Bereich unzugänglich).

(iv) Ausgehend von Gleichung (1.66) führen wir wiederum eine Hilfsgröße ein, deren praktische Bedeutung wir im nächsten Kapitel kennenlernen werden:

$$\underline{P}^*(k+1) := \underline{A}(k)\underline{M}^{-1}(k,k_0)\underline{A}'(k) \qquad (1.III)$$

Wir multiplizieren beide Seiten von (1.66) mit $\underline{P}^*(k+1)$ nach. Dabei verwenden wir beim mittleren Term die rechte Seite von (1.III):

$$\underline{M}(k+1,k_0)\underline{P}^*(k+1) = \underline{I}_n + \underline{C}'(k+1)\underline{C}(k+1)\underline{P}^*(k+1)$$

Beide Seiten werden mit $\underline{M}^{-1}(k+1,k_0)$ vormultipliziert:

$$\underline{P}^*(k+1) = \underline{M}^{-1}(k+1,k_0) + \underline{M}^{-1}(k+1,k_0)\underline{C}'(k+1)\cdot\underline{C}(k+1)\underline{P}^*(k+1) \qquad (1.69)$$

Nun wird mit $\underline{C}'(k+1)$ nachmultipliziert und nach $\underline{M}^{-1}\underline{C}' = \underline{K}$ aufgelöst:

$$\underline{K}(k+1) = \underline{P}^*(k+1)\underline{C}'(k+1)\{\underline{C}(k+1)\underline{P}^*(k+1)\underline{C}'(k+1)+\underline{I}\}^{-1} \quad (1.IV)$$

Das ist ein Ausdruck für die gesuchte Verstärkungsmatrix des Beobachters. Wenn wir schließlich $\underline{M}^{-1}\underline{C}'$ in Gleichung (1.69) durch $\underline{K}$ ersetzen, können wir nach $\underline{M}^{-1}$ auflösen:

$$\underline{M}^{-1}(k+1,k_0) = \underline{P}^*(k+1) - \underline{K}(k+1)\underline{C}(k+1)\underline{P}^*(k+1) \quad (1.V)$$

Damit sind wir hinsichtlich der rekursiven Berechnung von $\underline{M}^{-1}$ am Ziel. Wenn $\underline{M}^{-1}(k,k_0)$ für ein bestimmtes k gegeben ist, wird die Matrix $\underline{P}^*$ für den folgenden Tastzeitpunkt mit Gleichung (1.III) berechnet. Damit sind alle Matrizen auf der rechten Seite von (1.IV) bekannt, so daß wir auch $\underline{K}$ im nächsten Tastzeitpunkt bestimmen können. Die Inverse in der geschweiften Klammer hat die Ordnung m = Zahl der simultanen Messungen y_i. Wenn $m < n$, dann ist das Auswerten dieser Kehrmatrix einfacher als die Inversion von $\underline{M}$ selbst, das die Ordnung n hat. Der neue Wert der Kehrmatrix von $\underline{M}$ ergibt sich schließlich sehr einfach aus Gleichung (1.V). Das Differenzengleichungssystem (1.III, IV,V) für $\underline{M}^{-1}$ entspricht der Matrix-Riccati-Differentialgleichung (1.29) bei kontinuierlicher Zeit. Die Gleichungen (1.I) und (1.II) bilden den Beobachter.

Zusammenfassung: Der Algorithmus für die rekursive Gaußsche Beobachtung des zeitlich diskreten, freien Systems

$$\underline{x}(k+1) = \underline{A}(k)\underline{x}(k)$$

$$\underline{y}(k) = \underline{C}(k)\underline{x}(k)$$

lautet:

(i) Beobachter (Bild 1.6):

$$\underline{x}^*(k+1) = \underline{A}(k)\hat{\underline{x}}(k) \quad (1.70a)$$

$$\hat{\underline{x}}(k) = \underline{x}^*(k)+\underline{K}(k)\{\underline{y}(k)-\underline{C}(k)\underline{x}^*(k)\} \quad (1.70b)$$

(ii) Verstärkungsmatrix und Inverse der Beobachtbarkeitsmatrix:

$$\underline{P}^*(k+1) = \underline{A}(k)\underline{M}^{-1}(k,k_0)\underline{A}'(k) \quad (1.71a)$$

$$\underline{K}(k) \quad = \underline{P}^*(k)\underline{C}'(k)\{\underline{C}(k)\underline{P}^*(k)\underline{C}'(k) + \underline{I}\}^{-1} \qquad (1.71b)$$

$$\underline{M}^{-1}(k,k_0) = \underline{P}^*(k) - \underline{K}(k)\underline{C}(k)\underline{P}^*(k) \qquad (1.71c)$$

(iii) Anfangsbedingungen:

Die Beobachtung beginnt zum Zeitpunkt k_0 beim Eintreffen der ersten Messungen $\underline{y}(k_0)$. Solange $\underline{M}(k,k_0)$ noch singulär ist, werden anstelle der hier zusammengestellten Gleichungen (1.70) und (1.71) die Gleichungen (1.66) und (1.67) gerechnet, mit den dort angegebenen Anfangsbedingungen. Sobald $\underline{M}(k,k_0)$ regulär geworden ist, wird die Inverse $\underline{M}^{-1}(k,k_0)$ gebildet und als Anfangswert in Gleichung (1.71a) eingesetzt. Der gleichzeitig errechnete Schätzwert $\hat{\underline{x}}(k)$ bildet die Anfangsbedingung der Gleichung (1.70a). -

Eingangsgrößen des beobachteten Systems:

Sowohl meßbare als auch nicht meßbare stochastische Eingangsgrößen werden erst im nächsten Kapitel berücksichtigt. Beispiele werden im Abschnitt 2.3 gerechnet.

1.7 Literatur

1.7.1 *Zitierte Stellen*

[1.1] Gauß, C.F.: Theory of the motion of the heavenly bodies moving about the sun in conic sections, 1809. Nachdruck Dover Publications, New York, 1963.

[1.2] Gauß, C.F.: Theoria combinationis observationum erroribus minimis obnoxiae, 1821. Gesammelte Werke Bd. 4, Göttingen, 1873.

[1.3] Plackett, R.L.: Some theorems in least squares. Biometrika Bd. 37 (1950), S. 149 - 157.

[1.4] Kalman, R.E.: On the general theory of control systems. In: Automatic and Remote Control. Proceedings of the First International Congress of Automatic Control (IFAC), Moskau 1960. Hrsg.: J.F. Coales u.a. Bd. I, S. 481 - 491. R. Oldenbourg, München und Butterworth, London, 1961.

[1.5] Kalman, R.E.: Contributions to the theory of optimal control. Bol. Soc. Math. Mexicana, 1960, S. 102 - 119.

[1.6] Smith, G.L., Schmidt, S.F. und McGee, L.A.: Application of statistical filter theory to the optimal estimation of position and velocity on-board a circumlunar vehicle. NASA Tech. Rep. Nr. R-135, 1962.

[1.7] Battin, R.H.: Astronautical Guidance. McGraw-Hill, New York, 1964.

[1.8] Carathéodory, C.C.: Variationsrechnung und partielle Differentialgleichungen erster Ordnung. Teubner, Leipzig, 1935.

[1.9] Bellman, R. und Dreyfus, S.E.: Applied dynamic programming. Princeton Univ. Press, 1962.

[1.10] Pontrjagin, L.S., Boltjanskij, V.G., Gamkrelidze, R.V. und Misčenko, E.F.: Mathematische Theorie optimaler Prozesse. R. Oldenbourg, München, 1964.

[1.11] Morgan, B.S.: Sensitivity analysis and synthesis of multivariable systems. IEEE Trans. on Autom. Control, Bd. AC-11 (1966), S. 506 - 512.

[1.12] Luenberger, D.G.: Observers for multivariable systems. IEEE Trans. on Autom. Control, Bd. AC-11 (1966), S. 190 - 197.

[1.13] Zurmühl, R. und Falk, S.: Matrizen und ihre Anwendungen. 5. erw. Aufl., Springer, Berlin, Teil 1 1984.

[1.14] Silverman, L.M.: Transformation of time-variable systems to canonical (phase-variable) form. IEEE Trans. on Autom. Control, Bd. AC-11 (1966), S. 300 - 303.

[1.15] Silverman, L.M.: Representation and realization of time-variable linear systems. Tech. Rep. Nr. 94, Office of Naval Research, Columbia Univ., New York, 1966.

[1.16] Athans, M. und Falb, P.L.: Optimal Control. McGraw-Hill, New York, 1966.

[1.17] Penrose, R.: A generalized inverse for matrices. Proc. Cambridge Phil. Soc. Bd.51 (1955), S. 406 - 413.

[1.18] Zadeh, L.A. und Desoer, C.A.: Linear system theory. McGraw-Hill, New York, 1963.

[1.19] Laning, J.H. und Battin, R.H.: Random processes in automatic control. McGraw-Hill, New York, 1956.

[1.20] Brammer, K. und Siffling, G.: Stochastische Grundlagen des Kalman-Bucy-Filters. 2. Aufl., Oldenbourg, München,1986.

1.7.2 *Zusätzliche Bibliographie*

[1.21] Barnett, S.: Matrices in control theory. Van Nostrand - Reinhold, London, 1971.

[1.22] Schneeweiss, W.G.: Zufallsprozesse in dynamischen Systemen. Springer, Berlin, 1974.

[1.23] Eykhoff, P.: System identification; parameter and state estimation. Wiley, London, 1974.

[1.24] Kailath, T. (Hrsg.): Linear least-squares estimation. Dowden, Hutchinson & Ross, Stroudsburg, Penns., 1977.

[1.25] Winkler, G.: Stochastische Systeme. Akademische Verlagsgesellschaft, Wiesbaden, 1977.

[1.26] Chui, C.K. und Chen, G.: Linear systems and optimal control. Springer, New York, 1989.

2. Lineare optimale Filterung

Die Beobachtungsaufgabe im vorigen Kapitel ist in rein deterministischer Weise formuliert und gelöst worden. Im vorliegenden Kapitel wird das Problem, den Zustandsvektor eines linearen Systems auf Grund von Beobachtungen der Ausgangsgröße abzuschätzen, unter ausdrücklicher Einbeziehung stochastischer Störgrößen und Meßfehler behandelt. Der unbekannte Zustand wird dabei als vektorielle Zufallsvariable bzw. als vektorieller Zufallsprozeß in diskreter oder kontinuierlicher Zeit betrachtet. Wird die Beobachtungsaufgabe in dieser Weise in einen stochastischen Rahmen gestellt, so sprechen wir von einer Filteraufgabe. Insofern bildet dieses Kapitel die Verallgemeinerung des ersten Kapitels von der deterministischen auf eine stochastische Beobachtungssituation.

Die mathematische Behandlung der Filteraufgabe geschieht weitgehend mit den Hilfsmitteln der Wahrscheinlichkeitslehre und der Theorie stochastischer Prozesse, die im Buch "Stochastische Grundlagen des Kalman-Bucy-Filters" [1.20] eingeführt werden.

2.1 Entstehung der Filtertheorie

Als Ausgangspunkt der modernen Filtertheorie werden allgemein die um 1940 unabhängig voneinander entstandenen Verfahren von Kolmogoroff [2.1] und Wiener [2.2] angesehen (Wieners Arbeiten hatten die Vermessung von Flugbahnen mit Radar zum Anlaß und wurden erst nach 1945 publiziert). Kolmogoroff und Wiener betrachteten stationäre Prozesse, unendlich lange Beobachtungsintervalle und zeitinvariante Filter. Das Gütekriterium bestand aus dem mittleren Fehlerquadrat. Gesucht wurde die Gewichtsfunktion oder Gewichtsfolge des Filters, welche das Kriterium möglichst klein macht. Bei kontinuierlicher Zeit ergab sich als notwendige und hinreichende Bedingung für die optimale Gewichtsfunktion die Wiener-Hopfsche Integralgleichung. Das Gegenstück in diskreter Zeit ist eine entsprechende Summengleichung für die optimale Gewichtsfolge. - Wir werden diese beiden Gleichungen in verallgemeinerter Form noch kennenlernen. - Wiener gab auch eine elegante Methode zur Lösung der Wiener-Hopfschen Integralgleichung an. Sie besteht darin, die Gleichung in den Frequenzbereich zu transformieren und das Filter durch eine spezielle Zerlegung der vorkommenden Spektraldichten als Frequenzgang zu bestimmen.

Die Zerlegung der Spektraldichte eines Zufallsprozesses in zwei spiegelbildliche Faktoren entspricht der Konstruktion des Frequenzganges eines gedachten Übertragungssystems, das den gegebenen Prozeß aus weißem Rauschen erzeugt. Diese Deutung ist 1950 von Bode und Shannon in Anlehnung an die Wienersche Lösung gegeben worden [2.3]. Noch heute ist dieses sogenannte Formfilterkonzept von zentraler Bedeutung in der Filtertheorie.

Schon recht bald versuchte man, die ziemlich einschränkenden Voraussetzungen der Wiener-Kolmogoroffschen Theorie aufzuheben, um ihren Anwendungsbereich zu erweitern. Im Jahre 1952 hat Booton die ursprüngliche Wiener-Hopfsche Integralgleichung auf <u>instationäre</u> Prozesse und zeitvariable Filter verallgemeinert [2.4]. Damit war das Problem zwar im mathematischen Sinne gelöst, aber technisch gesehen führte das Ergebnis nicht weiter. Denn im Gegensatz zum Wienerschen Verfahren fand sich hier weder eine praktikable Methode zur Auswertung der Integralgleichung noch zur Realisierung zeitvariabler Gewichtsfunktionen.

Etwa um 1955 untersuchten Follin und andere das Filterproblem bei <u>endlicher Beobachtungszeit</u>. Sie erkannten, daß die Parameter des entsprechenden Filters schon bei stationären Prozessen zeitlich variabel sind und bestimmten <u>Differentialgleichungen</u> genügen. Weiter erwies sich, daß die Lösung dieses Systems von Differentialgleichungen für $t \to \infty$ mit dem Parametersatz des Wienerschen Filters übereinstimmt. Bucy zeigte ferner, daß die Berechnung der Filterparameter mit Hilfe von Differentialgleichungen auch bei <u>instationären</u> Prozessen möglich ist [2.5], [2.6], [2.7].

Ähnliche Untersuchungen wurden um 1958 von Swerling für diskrete Zeit angestellt [2.8]. Kalman verband seine im Zustandsraum formulierte Theorie der Beobachtung linearer Systeme mit dem Konzept der orthogonalen Projektion von Zufallsvariablen [2.9] und veröffentlichte 1960 einen rekursiven Algorithmus in der Form eines Systems von Differenzengleichungen für das Filter und seine Verstärkungsgrade [2.10]. Dieses Ergebnis, das auf instationäre Vektorprozesse in diskreter Zeit, zeitvariable Filter und beliebige Beobachtungsdauer zutrifft, wurde wegen seiner Allgemeingültigkeit und mathematischen Eleganz weithin beachtet. Gemeinsam mit Bucy leitete Kalman 1961 die entsprechende Lösung für kontinuierliche Zeit ab [2.11]. Dabei wurde die Filteraufgabe in Zustandsdarstellung formuliert, eine matrixwertige, zeitvariable Variante der Wiener-Hopfschen Integralgleichung aufgestellt und diese in ein äquivalentes System von Differentialgleichungen umgewandelt.

Seit diesen bahnbrechenden Arbeiten sind zahlreiche Publikationen erschienen, die das Kalman-Bucysche Filterverfahren in der einen oder anderen Weise zum Gegenstand haben. Auffallend ist dabei die Vielzahl der verschiedenen Wege zur Herleitung der Lösungsgleichungen. Im Laufe der Zeit wurden immer weitere Zusammenhänge mit anderen Schätzverfahren aufgedeckt, z.B. mit der Bayes'schen Schätzung, mit dem Maximum-Likelihood-Verfahren sowie mit den Methoden der minimalen Varianz und der kleinsten Quadrate, siehe u.a. die Lehrbücher [2.12], [2.13] und insbesondere [2.14].

Wir werden hier dem einfachsten Weg folgen und das Filterproblem als Verallgemeinerung der Gaußschen Ausgleichsrechnung betrachten [2.2]. Die Gaußsche Schätzung ist bereits zu Anfang dieses Jahrhunderts durch die Einführung von Gewichtsfaktoren verfeinert worden, um eine bessere Bewertung von Messungen mit unterschiedlichen Fehlerstreuungen zu erreichen (Gauß-Markoffsche Schätzung). Ausgehend von diesem elementaren und klassischen Verfahren und mit Hilfe der Rekursionsmethode von Plackett [1.3] kann der Kalmansche Filteralgorithmus in wenigen Schritten abgeleitet werden [2.15]. Voraussetzung dabei ist allerdings, daß mehr Messungen als Unbekannte vorliegen, denn die rekursive Gauß-Markoff-Schätzung kann erst einsetzen, wenn genügend Messungen angesammelt worden sind. Diesen Nachteil haben wir bereits bei der rekursiven Beobachtung im ersten Kapitel kennengelernt. Er läßt sich beheben, wenn eine gewisse statistische a-priori-Kenntnis des Anfangszustands gegeben ist. Dann ist bereits in den ersten Tastzeitpunkten eine Schätzung möglich. Dazu benötigen wir aber in weiterer Verallgemeinerung das Verfahren der minimalen Varianz. Wir beginnen daher mit der Einführung und Diskussion dieses Verfahrens, lösen mit seiner Hilfe zunächst den zeitlich diskreten Fall und gehen schließlich zum kontinuierlichen Fall über.

2.2 Das Verfahren der minimalen Varianz

Gegeben sei ein lineares System von r algebraischen Gleichungen für n Unbekannte. Die Zahl der Gleichungen darf kleiner, gleich oder größer als die Zahl der Unbekannten sein. Jeder Gleichung seien additive Beobachtungsfehler überlagert. Das Gleichungssystem lautet in Vektor-Matrix-Form:

$$\underline{z} = \underline{D}\,\underline{x} + \underline{s} \tag{2.1}$$

Dabei ist $\underline{x}$ der Vektor der n gesuchten Unbekannten und $\underline{z}$ der Vektor der r gegebenen Messungen. $\underline{D}$ ist eine bekannte r x n - Matrix. Die Komponenten des r-Vektors $\underline{s}$ sind die unbekannten Meßfehler.

Die unbekannten Größen $\underline{x}$ und $\underline{s}$ werden als <u>stochastische Variable</u> aufgefaßt, die durch bestimmte statistische Parameter gekennzeichnet werden. Das gesuchte $\underline{x}$ sei ein Zufallsvektor mit dem Erwartungswert Null und der Kovarianzmatrix $\underline{P}$:

$$E\{\underline{x}\} = \underline{0} \qquad E\{\underline{x}\,\underline{x}'\} = \underline{P} \tag{2.2a,b}$$

Die unbekannten Meßfehler $\underline{s}$ haben ebenfalls den Erwartungswert Null und eine Kovarianzmatrix $\underline{S}$:

$$E\{\underline{s}\} = \underline{0} \qquad E\{\underline{s}\,\underline{s}'\} = \underline{S} \tag{2.2c,d}$$

Im übrigen seien $\underline{x}$ und $\underline{s}$ unkorreliert:

$$E\{\underline{x}\ \underline{s}'\} = \underline{0} \tag{2.2e}$$

Wir nehmen zunächst einmal an, daß mehr Gleichungen als Unbekannte vorhanden sind ($r > n$) und analysieren kurz die Methode der kleinsten Quadrate (Ausgleichsrechnung). Laut Gleichung (1.61) hat der Gaußsche Schätzwert die Form:

$$\underline{\hat{x}} = (\underline{D}'\underline{D})^{-1}\underline{D}'\underline{z} \tag{2.3}$$

Dieser Schätzwert ist offenbar eine lineare, algebraische Funktion der Beobachtungen $\underline{z}$. Substitution von Gleichung (2.1) zeigt, wie der Schätzwert $\underline{\hat{x}}$ mit dem wahren Wert $\underline{x}$ und den Beobachtungsfehlern $\underline{s}$ zusammenhängt:

$$\underline{\hat{x}} = \underline{x} + (\underline{D}'\underline{D})^{-1}\underline{D}'\underline{s} \tag{2.4}$$

Nimmt man den Erwartungswert beider Seiten dieses Ausdrucks, dann verschwindet der letzte Summand wegen $E\{\underline{s}\} = \underline{0}$, und es verbleibt

$$E\{\underline{\hat{x}}\} = E\{\underline{x}\}$$

Der Gaußsche Schätzwert ist also erwartungstreu (unbiased).

Der Schätzfehler ist definiert als Differenz zwischen Schätzwert und wahrem Wert:

$$\underline{\tilde{x}} := \underline{x} - \underline{\hat{x}} \tag{2.5}$$

Er ergibt sich unmittelbar aus Gleichung (2.4):

$$\underline{\tilde{x}} = -(\underline{D}'\underline{D})^{-1}\underline{D}'\underline{s} \tag{2.6}$$

Der Erwartungswert des Schätzfehlers verschwindet offenbar. Für seine Kovarianzmatrix erhalten wir mit (2.2d) den Ausdruck

$$E\{\underline{\tilde{x}}\ \underline{\tilde{x}}'\} = (\underline{D}'\underline{D})^{-1}\underline{D}'\underline{S}\ \underline{D}\ (\underline{D}'\underline{D})^{-1} \tag{2.7}$$

Falls $\underline{S}$ gleich der Einheitsmatrix ist, d.h. wenn alle Beobachtungsfehler normiert (Varianzen $E\{s_j^2\} = 1$) und gegenseitig unkorreliert sind (Kovarianzen $E\{s_j s_k\} = 0$ für $j \neq k$), vereinfacht sich die Gleichung (2.7) auf

$$E\{\tilde{\underline{x}}\,\tilde{\underline{x}}'\} = (\underline{D}'\underline{D})^{-1} \tag{2.8}$$

Für den Spezialfall $\underline{S} = \underline{I}$ erfahren wir somit eine neue Deutung für die Beobachtbarkeitsmatrix $\underline{M}$ in Gleichung (1.63), die ja gleich der dortigen Normalmatrix $\underline{D}'\underline{D}$ war: Die Kehrmatrix von $\underline{M}$ ist die Kovarianzmatrix des Gaußschen Schätzfehlers. -

Wir betrachten nun die Spur der Kovarianzmatrix von $\tilde{\underline{x}}$:

$$\text{Spur } E\{\tilde{\underline{x}}\,\tilde{\underline{x}}'\} = \sum_{i=1}^{n} E\{\tilde{x}_i^{\,2}\} \tag{2.9a}$$

$$= E\{\sum_{i=1}^{n} \tilde{x}_i^{\,2}\} = E\{\tilde{\underline{x}}'\tilde{\underline{x}}\} \tag{2.9b}$$

Auf der rechten Seite der Gleichung (2.9a) steht die Summe der Fehlervarianzen. Wie (2.9b) zeigt, ist sie gleich der Erwartung des Quadrats der Euklidischen Länge von $\tilde{\underline{x}}$. Wir fragen uns nun, ob der Gaußsche Schätzwert, der das Quadrat der Norm $\|\underline{z} - \underline{D}\,\hat{\underline{x}}\|_2$ minimiert, auch den Mindestwert von $E\{\|\underline{x} - \hat{\underline{x}}\|_2^2\}$ liefert. Mit anderen Worten, erhalten wir bei der Forderung nach der kleinsten Summe der Quadrate $\tilde{z}_j^{\,2}$ auch die minimale Summe der Varianzen $E\{\tilde{x}_i^{\,2}\}$? Die Antwort ist im allgemeinen nein, denn der Schätzwert der minimalen Varianz hat, wie im folgenden gezeigt wird, eine andere Form als der Gaußsche Schätzwert.

Wir kehren zurück zur ursprünglichen Aufgabenstellung, die durch die Gleichungen (2.1) und (2.2) definiert war. Wir lassen wieder zu, daß r nicht nur größer oder gleich n, sondern auch kleiner als n sein kann. Gesucht ist ein Schätzwert $\hat{\underline{x}}$ von $\underline{x}$ mit den folgenden Eigenschaften:

i) Linearität,
ii) Erwartungstreue,
iii) Minimale Varianzen der Schätzfehler $\tilde{x}_i$.

Die Beschränkung auf Linearität bedingt den folgenden Ansatz für $\hat{\underline{x}}$:

$$\hat{\underline{x}} = \underline{g} + \underline{G}\,\underline{z} \tag{2.10}$$

Der reelle n-Vektor $\underline{g}$ und die reelle n x r - Gewichtsmatrix $\underline{G}$ sind noch frei wählbar.

Die Forderung nach Erwartungstreue bedeutet, daß gelten soll

$$E\{\hat{\underline{x}}\} = \underline{g} + \underline{G}\,E\{\underline{z}\} = E\{\underline{x}\}$$

Hieraus folgt, daß $\underline{g}$ verschwinden muß, weil sowohl $\underline{z}$ als auch $\underline{x}$ die Erwartung Null hat. Der Ansatz für $\hat{\underline{x}}$ geht damit über in die einfachere Form

$$\hat{\underline{x}} = \underline{G}\,\underline{z} \tag{2.11}$$

Die Matrix $\underline{G}$ wird bestimmt durch die Vorschrift, daß die Varianzen der Schätzfehler $\tilde{x}_i := x_i - \hat{x}_i$ minimal sein sollen. Jede Schätzkomponente $\hat{x}_i$ hängt gemäß (2.11) außer von $\underline{z}$ nur von der i-ten Zeile der Matrix $\underline{G}$ ab, die wir mit $\underline{g}^i$ bezeichnen: $\hat{x}_i = \underline{g}^i\underline{z}$. Die Forderung nach minimalen Varianzen besagt also:

$$E\{\tilde{x}_i^2\} \xrightarrow[\underline{g}^i]{} \text{Min} \quad \text{für } i = 1 \ldots n$$

Es gilt

$$E\{\tilde{x}_i^2\} = E\{(x_i - \hat{x}_i)^2\} = E\{(x_i - \underline{g}^i\underline{z})^2\}$$

$$= E\{x_i^2 - 2x_i\underline{g}^i\underline{z} + (\underline{g}^i\underline{z})^2\}$$

$$= E\{x_i^2\} - 2\,E\{x_i\underline{z}'\}\underline{g}^{i'} + \underline{g}^i\,E\{\underline{z}\,\underline{z}'\}\,\underline{g}^{i'} \tag{2.12}$$

Die Varianz des i-ten Schätzfehlers setzt sich somit additiv aus einem von $\underline{g}^i$ unabhängigen Anteil sowie aus einer linearen und einer quadratischen Form in $\underline{g}^{i'}$ zusammen ($\underline{g}^{i'}$ ist ein Spaltenvektor). Notwendig für einen Extremwert dieses Ausdrucks ist, daß alle seine partiellen Ableitungen nach den Elementen g_{ik} verschwinden. Anders ausgedrückt: der Gradient bezüglich $\underline{g}^{i'}$ muß null sein, d.h.

$$\frac{\partial}{\partial \underline{g}^{i'}}\,E\{\tilde{x}_i^2\} = \underline{0}'$$

Anwendung der Regel für die Bildung des Gradienten – Anhang A.9, Gleichung (A.61) – auf die rechte Seite der Gleichung (2.12) ergibt:

$$-2\,E\{x_i \underline{z}'\} + 2\,\underline{g}^i\,E\{\underline{z}\,\underline{z}'\} = \underline{0}'$$

Oder

$$E\{x_i \underline{z}'\} - \underline{g}^i\,E\{\underline{z}\,\underline{z}'\} = \underline{0}' \qquad (2.13)$$

Diese Bedingung gilt für alle i = 1...n. Jeder Term ist eine r-gliedrige Zeile. Stellt man die einzelnen Zeilen für i = 1,2,..n untereinander, dann erhält man in kompakter Form das Ergebnis

$$E\{\underline{x}\,\underline{z}'\} - \underline{G}\,E\{\underline{z}\,\underline{z}'\} = \underline{0} \qquad (2.14)$$

Das ist ein lineares algebraisches Gleichungssystem für die gesuchte Gewichtsmatrix $\underline{G}$. Es ist die notwendige Bedingung dafür, daß jede einzelne Fehlervarianz $E\{\tilde{x}_i^{\,2}\}$ einen Extremwert annimmt. Hinreichend für ein Minimum ist, daß die zweiten partiellen Ableitungen von $E\{\tilde{x}_i^{\,2}\}$ nach den g_{ik} eine positiv definite Matrix bilden. Anders gesagt: die Hessesche Matrix bezüglich $\underline{g}^{i'}$ muß für alle i positiv definit sein, also

$$\frac{\partial^2}{\partial(\underline{g}^{i'})^2}\,E\{\tilde{x}_i^{\,2}\} = \text{positiv definit}$$

Nochmaliges partielles Differenzieren der linken Seite von (2.13) nach $\underline{g}^{i'}$ liefert die gewünschte Hessesche Matrix – siehe auch Anhang A.9, Gleichung (A.62) –, so daß die obige Vorschrift übergeht in

$$E\{\underline{z}\,\underline{z}'\} = \text{positiv definit} \qquad (2.15)$$

Diese Bedingung ist hinreichend dafür, daß der durch (2.14) bestimmte Extremwert der Varianzen ein Minimum ist. Die Bedingung (2.15) ist auch notwendig und hinreichend dafür, daß die Gleichung (2.14) in eindeutiger Weise nach $\underline{G}$ aufgelöst werden kann.

Die Gleichung (2.14) kann als Vorläufer der Wiener-Hopf-Gleichung bei diskreten Bobachtungen angesehen werden, vergl. Gleichung (2.81b). Sie läßt sich noch in eine kürzere Form bringen.

Durch Zusammenfassen der Erwartungen und Ausklammern von $\underline{z}'$ geht sie über in

$$E\{(\underline{x} - \underline{G}\,\underline{z})\,\underline{z}'\} = \underline{0}$$

Oder, mit $\underline{x} - \underline{G}\,\underline{z} = \underline{x} - \hat{\underline{x}} = \tilde{\underline{x}}$:

$$E\{\tilde{\underline{x}}\,\underline{z}'\} = \underline{0} \tag{2.16}$$

Dieses Ergebnis ist sehr interessant. Es besagt, daß die Kreuzkovarianzen der Schätzfehler und der Beobachtungen sämtlich verschwinden müssen. Man sagt dazu auch, daß die $\tilde{x}_i$ orthogonal bezüglich der z_j seien. Da $\tilde{\underline{x}}$ und $\underline{z}$ die Erwartung null haben, kann man es auch so formulieren, daß $\tilde{\underline{x}}$ und $\underline{z}$ unkorreliert sind. Wenn wir (2.16) mit $\underline{G}'$ nachmultiplizieren, erhalten wir noch

$$E\{\tilde{\underline{x}}\,\hat{\underline{x}}'\} = \underline{0}$$

Das heißt, daß der Schätzfehler nicht nur mit den Beobachtungen, sondern auch mit dem Schätzwert selbst unkorreliert sein muß. Mit dieser Beziehung formen wir die Kovarianzmatrix des Schätzfehlers um:

$$E\{\tilde{\underline{x}}\,\tilde{\underline{x}}'\} = E\{\tilde{\underline{x}}\,(\underline{x} - \hat{\underline{x}})'\}$$

$$= E\{\tilde{\underline{x}}\,\underline{x}'\} \tag{2.17a}$$

$$= E\{(\underline{x} - \underline{G}\,\underline{z})\,\underline{x}'\}$$

$$= E\{\underline{x}\,\underline{x}'\} - \underline{G}\,E\{\underline{z}\,\underline{x}'\} \tag{2.17b}$$

Die kleinste Summe der Varianzen ist gegeben durch die Spur eines dieser Ausdrücke für die Fehlerkovarianzmatrix. -

Um das optimale $\underline{G}$ in Gleichung (2.14) endgültig zu bestimmen, müssen die dortigen Kovarianzmatrizen ausgewertet werden. Mit den Maßgaben (2.2b), (2.2d) und (2.2e) erhalten wir

$$E\{\underline{x}\,\underline{z}'\} = E\{\underline{x}\,(\underline{x}'\underline{D}' + \underline{s}')\} = \underline{P}\,\underline{D}' \tag{2.18a}$$

$$E\{\underline{z}\,\underline{z}'\} = E\{(\underline{D}\,\underline{x} + \underline{s})(\underline{x}'\underline{D}' + \underline{s}')\} = \underline{D}\,\underline{P}\,\underline{D}' + \underline{S} \qquad (2.18b)$$

Damit geht die Gleichung (2.14) über in

$$\underline{G}\cdot(\underline{D}\,\underline{P}\,\underline{D}' + \underline{S}) = \underline{P}\,\underline{D}' \qquad (2.19)$$

Die runde Klammer umschließt eine Matrix vom Typ r·r. Wenn die Zahl r der Beobachtungen kleiner als die Zahl n der Unbekannten x_i ist, dann ist (2.19) die bestgeeignete Form zur Berechnung von $\underline{G}$. In diesem Falle erhalten wir

$$\underline{G} = \underline{P}\,\underline{D}'\,(\underline{D}\,\underline{P}\,\underline{D}' + \underline{S})^{-1} \qquad (2.20)$$

Einsetzen in Gleichung (2.11) ergibt die <u>erste Form des linearen, erwartungstreuen Schätzwertes minimaler Varianz:</u>

$$\hat{\underline{x}} = \underline{P}\,\underline{D}'(\underline{D}\,\underline{P}\,\underline{D}' + \underline{S})^{-1}\,\underline{z} \qquad (2.21)$$

Die Kovarianzmatrix des entsprechenden Schätzfehlers ist gegeben durch Gleichung (2.17b) mit den Maßgaben (2.2b) und (2.18a):

$$E\{\tilde{\underline{x}}\,\tilde{\underline{x}}'\} = \underline{P} - \underline{G}\,\underline{D}\,\underline{P} \qquad (2.22)$$

Einsetzen von (2.20) ergibt

$$E\{\tilde{\underline{x}}\,\tilde{\underline{x}}'\} = \underline{P} - \underline{P}\,\underline{D}'\,(\underline{D}\,\underline{P}\,\underline{D}' + \underline{S})^{-1}\underline{D}\,\underline{P} \qquad (2.23)$$

Die Spur dieses Ausdrucks bildet den Mindestwert der Summe der Fehlervarianzen.

Ein interessanter Spezialfall des obigen Schätzwertes entsteht, wenn wir die folgenden Annahmen treffen:

i) $\underline{P} = \underline{I}$, d.h. die Unbekannten x_i sind normiert und gegenseitig unkorreliert.

ii) $\underline{S} = \underline{O}$, d.h. die Beobachtungen sind fehlerfrei,

iii) $\underline{D}$ habe den Rang r.

Dann geht die Gleichung (2.21) über in

$$\hat{\underline{x}} = \underline{D}'(\underline{D}\,\underline{D}')^{-1}\,\underline{z} \qquad (2.24)$$

Diese Schätzung hat eine zur Gaußschen Ausgleichsrechnung spiegelbildliche Form. Die Kovarianzmatrix des Schätzfehlers gemäß Gleichung (2.23) lautet jetzt

$$E\{\underline{\tilde{x}}\,\underline{\tilde{x}}'\} = \underline{I} - \underline{D}'\,(\underline{D}\,\underline{D}')^{-1}\,\underline{D} \tag{2.25}$$

Wir kehren nun zurück zur Gleichung (2.19). Zu dieser Bedingung existiert noch eine zweite Form, die sich besser zur Berechnung von $\underline{G}$ eignet, sobald die Zahl der Beobachtungen die Zahl der Unbekannten übersteigt, $r > n$. Wir stellen zunächst zwei bemerkenswerte Symmetrieeigenschaften fest. In Gleichung (2.22) sind die ersten beiden Terme symmetrisch. Also muß auch der letzte Term symmetrisch sein.

$$\underline{G}\,\underline{D}\,\underline{P} = \underline{P}\,\underline{D}'\underline{G}' \tag{2.26}$$

Vormultiplizieren von (2.19) mit $\underline{D}$ ergibt

$$\underline{D}\cdot\underline{G}\,\underline{D}\,\underline{P}\cdot\underline{D}' + \underline{D}\,\underline{G}\,\underline{S} = \underline{D}\,\underline{P}\,\underline{D}'$$

Der erste Term hiervon ist symmetrisch wegen (2.26), beim letzten Term ist die Symmetrie ohnehin klar. Daraus folgt, daß auch der mittlere Term symmetrisch sein muß:

$$\underline{D}\,\underline{G}\,\underline{S} = \underline{S}\,\underline{G}'\underline{D}' \tag{2.27}$$

Um die Gleichung (2.19) in die gewünschte zweite Form bringen zu können, muß vorausgesetzt werden, daß die Kovarianzmatrizen $\underline{P}$ und $\underline{S}$ <u>regulär</u> sind. Wir multiplizieren die linke Seite von (2.19) aus und benutzen im ersten Summanden die Symmetrieeigenschaft (2.26):

$$\underline{P}\,\underline{D}'\underline{G}'\underline{D}' + \underline{G}\,\underline{S} = \underline{P}\,\underline{D}'$$

Das Produkt $\underline{G}'\underline{D}'$ im ersten Summanden wird mittels Gleichung (2.27) umgeformt:

$$\underline{P}\,\underline{D}'\underline{S}^{-1}\underline{D}\,\underline{G}\,\underline{S} + \underline{G}\,\underline{S} = \underline{P}\,\underline{D}'$$

Schließlich werden beide Seiten mit $\underline{P}^{-1}$ vor- und mit $\underline{S}^{-1}$ nachmultipliziert. Das gewünschte Ergebnis ist

$$(\underline{D}'\underline{S}^{-1}\underline{D} + \underline{P}^{-1})\ \underline{G} = \underline{D}'\underline{S}^{-1} \tag{2.28}$$

Die runde Klammer stellt eine Matrix vom Typ n x n dar. Diese Lösungsform ist der Gleichung (2.19) äquivalent. Sie ist jedoch einfacher auszuwerten, wenn $n \ll r$ und $\underline{S}$ diagonal ist. Mit dem $\underline{G}$ aus Gleichung (2.28) entsteht die <u>zweite Form des linearen, erwartungstreuen Schätzwertes minimaler Varianz:</u>

$$\hat{\underline{x}} = (\underline{D}'\underline{S}^{-1}\underline{D} + \underline{P}^{-1})^{-1}\ \underline{D}'\underline{S}^{-1}\underline{z} \tag{2.29}$$

Die Fehlerkovarianzmatrix aus Gleichung (2.22) läßt sich hier wie folgt umformen:

$$E\{\tilde{\underline{x}}\,\tilde{\underline{x}}'\} = [\underline{I} - \underline{G}\,\underline{D}]\,\underline{P}$$

$$= [\underline{I} - (\underline{D}'\underline{S}^{-1}\underline{D} + \underline{P}^{-1})^{-1}\underline{D}'\underline{S}^{-1}\underline{D}]\,\underline{P}$$

$$= (\underline{D}'\underline{S}^{-1}\underline{D} + \underline{P}^{-1})^{-1}\ [(\underline{D}'\underline{S}^{-1}\underline{D} + \underline{P}^{-1}) - \underline{D}'\underline{S}^{-1}\underline{D}]\,\underline{P}$$

$$E\{\tilde{\underline{x}}\,\tilde{\underline{x}}'\} = (\underline{D}'\underline{S}^{-1}\underline{D} + \underline{P}^{-1})^{-1} \tag{2.30}$$

Der bekannteste Spezialfall des Schätzwertes (2.29) tritt ein, wenn die folgenden Voraussetzungen gegeben sind.

i) $\underline{P} \rightarrow \infty$ bzw. $\underline{P}^{-1} = \underline{0}$. Das bedeutet, daß die Streuungen der Unbekannten x_i über alle Grenzen wachsen. Anders ausgedrückt: es liegen keinerlei a-priori-Kenntnisse über die x_i vor.

ii) rang $\underline{D} = n$, d.h. es müssen mindestens n linear unabhängige Messungen vorhanden sein.

Unter diesen Voraussetzungen erhalten wir den <u>Gauß-Markoffschen-Schätzwert:</u>

$$\hat{\underline{x}} = (\underline{D}'\underline{S}^{-1}\underline{D})^{-1}\ \underline{D}'\underline{S}^{-1}\underline{z} \tag{2.31}$$

Der zugehörige Schätzfehler hat gemäß (2.30) die Kovarianzmatrix

$$E\{\tilde{\underline{x}}\,\tilde{\underline{x}}'\} = (\underline{D}'\underline{S}^{-1}\underline{D})^{-1} \tag{2.32}$$

In der Hauptdiagonalen dieser Matrix stehen die kleinsten Werte der Varianzen, die sich bei den gegebenen a-priori-Kenntnissen erreichen lassen.

Wenn neben den obigen Voraussetzungen außerdem noch zutrifft, daß $\underline{S}$ gleich der Einheitsmatrix ist, dann haben wir schließlich die Gaußsche Schätzung, Gleichungen (2.3) und (2.8), vor uns. Wir erkennen jetzt, daß die Forderung nach der kleinsten Summe der Quadrate $\tilde{z}_j^2$ nur dann auch die minimale Summe der Varianzen $E\{\tilde{x}_i^2\}$ ergibt, wenn die Beobachtungsfehler $\underline{s}$ normiert und unkorreliert sind und wenn keinerlei statistische Vorkenntnisse über die Unbekannten $\underline{x}$ vorliegen.

Wie eben gezeigt wurde, ist die Gauß-Markoffsche Schätzung eine Verallgemeinerung der Ausgleichsrechnung. Mit einer heuristischen Überlegung kann man die Gauß-Markoffschen Formeln auch einfacher finden. Dazu gehen wir aus von der klassischen Ausgleichslösung und nehmen an, $\underline{S}$ sei bekannt und diagonal mit unterschiedlichen Hauptelementen s_{jj}. D.h. die Beobachtungsfehler sind gegenseitig unkorreliert, streuen aber ungleich stark. Es ist wohl sofort plausibel, daß es vorteilhaft sein muß, die Messungen erst auf gleiche Güte zu justieren, ehe die Gaußsche Ausgleichsformel angewandt wird. Zu diesem Zweck dividieren wir jede Meßgleichung durch die Wurzel aus der Varianz ihres Meßfehlers. Das läßt sich darstellen als Vormultiplikation der Gleichung (2.1) mit einer Matrix $\underline{S}^{-1/2}$. Diese Matrix ist diagonal und hat die Hauptelemente $1/\sqrt{s_{jj}}$. Wir transformieren die Gleichung (2.1) also wie folgt:

$$\underline{S}^{-1/2}\underline{z} = \underline{S}^{-1/2}(\underline{D}\,\underline{x} + \underline{s})$$

Dadurch wird erreicht, daß die transformierten Beobachtungsfehler $\underline{S}^{-1/2}\underline{s}$ die Kovarianzmatrix $\underline{I}$ haben. Wir verallgemeinern nun weiter, indem wir annehmen, $\underline{S}$ sei beliebig positiv definit, d.h. die Beobachtungsfehler seien noch untereinander korreliert.
Nun liegt es nahe, das ursprüngliche Gleichungssystem $\underline{z} = \underline{D}\,\underline{x} + \underline{s}$ so zu transformieren, daß diese Korrelation beseitigt wird. Dazu zerlegen wir - in Gedanken - die Matrix $\underline{S}$ in ihre Eigenvektormatrix $\underline{V}$ und ihre Jordansche Normalform $\underline{J}$, siehe Gleichung (A.46):

$$\underline{S} = \underline{V}\,\underline{J}\,\underline{V}^{-1}$$

Bei reellen symmetrischen Matrizen wie $\underline{S}$ ist die Jordansche Normalform bekanntlich diagonal. In unserem Falle ist $\underline{S}$ außerdem positiv definit, so daß die Hauptelemente von $\underline{J}$ sämtlich positiv sind. Die Wurzeln daraus bilden die Matrix $\underline{J}^{1/2}$. - Die Eigenvektormatrix reeller, symmetrischer Matrizen ist orthonormal, d.h. $\underline{V}'\underline{V} = \underline{I}$. Daraus folgt, daß $\underline{V}^{-1} = \underline{V}'$. Es gilt also

$$\underline{S} = \underline{V}\,\underline{J}^{1/2} \cdot \underline{J}^{1/2}\underline{V}'$$

Diese Aufspaltung von $\underline{S}$ kann als matrixwertiges Wurzelziehen aufgefaßt werden. Nun wird die Meßgleichung (2.1) mit der inversen "Wurzel" aus $\underline{S}$ vormultipliziert:

$$(\underline{V}\,\underline{J}^{1/2})^{-1}\underline{z} = (\underline{V}\,\underline{J}^{1/2})^{-1}(\underline{D}\,\underline{x} + \underline{s}) \qquad (2.33)$$

Die transformierten Beobachtungsfehler haben die matrixwertige Kovarianz

$$\underline{J}^{-1/2}\underline{V}^{-1}E\{\underline{s}\,\underline{s}'\}\underline{V}^{-1\,'}\underline{J}^{-1/2} = \underline{J}^{-1/2}\underline{V}^{-1}\{\underline{V}\,\underline{J}\,\underline{V}^{-1}\}\underline{V}\,\underline{J}^{-1/2} = \underline{I}$$

Wie gewünscht hat die transformierte Meßgleichung (2.33) demnach normierte und unkorrelierte "Beobachtungsfehler". Jetzt wird die Ausgleichsformel (2.3) angewandt, wobei die gemäß (2.33) abgeänderten Werte von $\underline{z}$ und $\underline{D}$ eingesetzt werden.

$$\hat{\underline{x}} = (\underline{D}'\underline{V}^{-1\,'}\underline{J}^{-1/2} \cdot \underline{J}^{-1/2}\underline{V}^{-1}\underline{D})^{-1}\;\underline{D}'\underline{V}^{-1\,'}\underline{J}^{-1/2} \cdot \underline{J}^{-1/2}\underline{V}^{-1}\underline{z}$$

$$= (\underline{D}'\;[\underline{V}\,\underline{J}\,\underline{V}^{-1}]^{-1}\underline{D})^{-1}\underline{D}'[\underline{V}\,\underline{J}\,\underline{V}^{-1}]^{-1}\underline{z}$$

$$\hat{\underline{x}} = (\underline{D}'\underline{S}^{-1}\underline{D})^{-1}\;\underline{D}'\underline{S}^{-1}\underline{z}$$

Das ist genau der Gauß-Markoffsche Schätzwert aus Gleichung (2.31).

Die Gauß-Markoffsche Schätzformel läßt sich noch mit einer zweiten heuristischen, aber im Wesen identischen Betrachtungsweise erreichen. Dieser Philosophie zufolge müssen die kleinsten Quadrate mit einer Gewichtsmatrix gewogen werden, die gleich $\underline{S}^{-1}$ zu wählen ist. Anstelle von $\|\underline{z} - \underline{D}\,\hat{\underline{x}}\|_2^2$ ist demnach zu minimieren:

$$\| \underline{z} - \underline{D}\,\hat{\underline{x}} \|^2_{\underline{S}^{-1}} = (\underline{z} - \underline{D}\,\hat{\underline{x}})'\underline{S}^{-1}(\underline{z} - \underline{D}\,\hat{\underline{x}}) \qquad (2.34)$$

Ausmultiplizieren, Bilden des Gradienten nach $\hat{\underline{x}}$ und Nullsetzen desselben führt, in ähnlicher Weise wie bei der Ausgleichsrechnung im Abschnitt 1.6, ohne Schwierigkeiten sofort auf die Gauß-Markoffsche Lösung (2.31).

<u>Anmerkung:</u> Ebenso wie die Gaußsche Lösung läßt sich auch die spiegelbildliche Lösung (2.24) mit rein deterministischen Methoden herleiten. Dabei haben wir davon auszugehen, daß das Gleichungssystem $\underline{z} = \underline{D}\,\underline{x}$ weniger unabhängige Gleichungen als Unbekannte hat, $r < n$. Es existieren also unendlich viele Lösungen für $\underline{x}$. Unter diesen soll diejenige herausgegriffen und zum Schätzwert erklärt werden, welche die <u>kleinste</u> Euklidische <u>Norm</u> hat. Wir minimisieren also $\hat{\underline{x}}'\hat{\underline{x}}$ unter der Nebenbedingung $\underline{z} - \underline{D}\,\hat{\underline{x}} = \underline{0}$. Das geht am schnellsten mit dem Verfahren der Lagrange'schen Multiplikatoren ($\underline{\lambda}$ ist hier ein r-Vektor):

$$\hat{\underline{x}}'\hat{\underline{x}} + 2\underline{\lambda}'\,(\underline{z} - \underline{D}\,\hat{\underline{x}}) \rightarrow \min_{\hat{\underline{x}}}$$

Differenzieren nach $\hat{\underline{x}}$, Nullsetzen der partiellen Ableitungen und Transponieren ergibt

$$\hat{\underline{x}} = \underline{D}'\underline{\lambda}$$

Daraus folgt

$$\underline{D}\,\hat{\underline{x}} = \underline{D}\,\underline{D}'\underline{\lambda} = \underline{z}$$

Mit Hilfe der letzten Gleichung wird $\underline{\lambda}$ in $\underline{z}$ ausgedrückt und in die vorletzte Gleichung eingesetzt:

$$\hat{\underline{x}} = \underline{D}'(\underline{D}\,\underline{D}')^{-1}\underline{z}$$

Dieses Ergebnis ist identisch mit dem Schätzwert gemäß Gleichung (2.24).

2.3 Das Kalmansche Optimalfilter (diskrete Zeit)

Die Filteraufgabe in diskreter Zeit läßt sich mit den Mitteln des vorigen Abschnittes ohne weitere Schwierigkeiten lösen. Wir beginnen damit, die Aufgabenstellung in ihrer üblichen Form zu definieren. Dann wird auf etwas heuristische, aber sehr elementare Art gezeigt, daß der Kalmansche Filteralgorithmus einer rekursiven Gauß-Markoffschen Schätzung entspricht. Schließlich leiten wir diesen Algorithmus in einer zweiten, strengen Weise als rekursiven Schätzwert minimaler Varianz ab. Diese zweite Betrachtungsweise ist außerdem allgemeiner und umfaßt auch die ersten Beobachtungszeitpunkte, wo die Gesamtzahl der Beobachtungen noch kleiner als die Zahl der Zustandsvariablen ist ($r < n$).

2.3.1 *Aufgabenstellung*

Wie bei der deterministischen Beobachtung im Abschnitt 1.6 betrachten wir ein lineares System in diskreter Zeit. Der Einfluß der bekannten Eingangsgrößen sei bereits eliminiert worden[1]. Jetzt werden jedoch stochastische Störgrößen am Eingang und stochastische Meßfehler am Ausgang des Systems ausdrücklich berücksichtigt. Das mathematische Modell des beobachteten Systems lautet (siehe auch Bild 2.1, oberer Teil):

$$\underline{x}(k+1) = \underline{A}(k)\underline{x}(k) + \underline{v}(k) \qquad k \geq k_0 \qquad (2.35a)$$

$$\underline{y}(k) = \underline{C}(k)\underline{x}(k) + \underline{w}(k) \qquad (2.35b)$$

Der unzugängliche Zustandsvektor $\underline{x}(k)$ ist n-dimensional, sein Anfangswert $\underline{x}(k_0)$ sei ein Zufallsvektor mit dem Erwartungswert Null[1] und gegebener Kovarianzmatrix $\underline{P}(k_0)$. Diese Kovarianzmatrix ist - in allgemeiner Fassung - wie folgt definiert:

$$E\left\{[\underline{x}(k_0) - E\{\underline{x}(k_0)\}][\underline{x}(k_0) - E\{\underline{x}(k_0)\}]'\right\} = \underline{P}(k_0) \qquad (2.36a)$$

Die Meßgröße $\underline{y}(k)$ ist m-dimensional; die Systemparameter $\underline{A}(k)$ und $\underline{C}(k)$ sind bekannte Matrizen passenden Typs. Die n-gliedrige

1) Diese Voraussetzung wird später aufgehoben.

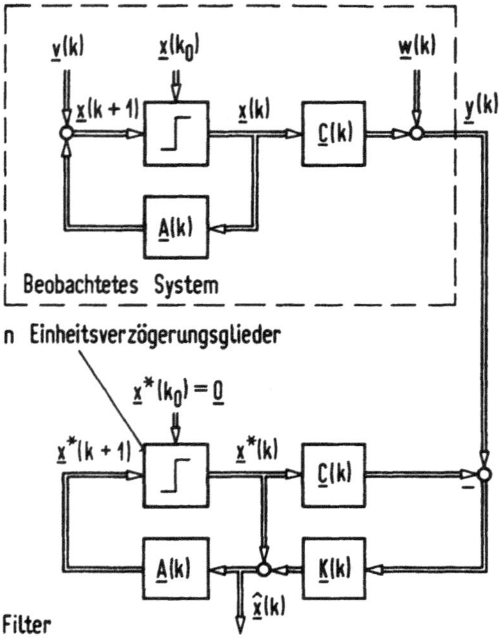

Bild 2.1
Beobachtetes System und Kalman-Filter in diskreter Zeit (gestrichelter Bereich unzugänglich).

Störgröße $\underline{v}(k)$ und der m-gliedrige Meßfehler $\underline{w}(k)$ sind vektorielle weiße[2)] Zufallsprozesse in diskreter Zeit, mit gegebenen symmetrischen, positiv semidefiniten Kovarianzmatrizen:

$$E\{\underline{v}(k)\} \equiv \underline{0}, \quad E\{\underline{v}(k)\underline{v}'(\varkappa)\} = \underline{Q}(k)\,\delta_{k\varkappa} \tag{2.36b}$$

$$E\{\underline{w}(k)\} \equiv \underline{0}, \quad E\{\underline{w}(k)\underline{w}'(\varkappa)\} = \underline{R}(k)\,\delta_{k\varkappa} \tag{2.36c}$$

Hierbei ist $\delta_{k\varkappa}$ das Kronecker-Delta: $\delta_{k\varkappa} = 1$ für $k = \varkappa$ und $\delta_{k\varkappa} = 0$ für $k \neq \varkappa$. Der Anfangszustand, der Stör- und der Meßprozeß seien gegenseitig unkorreliert:

$$E\{\underline{x}(k_0)\underline{v}'(k)\} \equiv \underline{0} \tag{2.36d}$$

$$E\{\underline{x}(k_0)\underline{w}'(k)\} \equiv \underline{0} \tag{2.36e}$$

$$E\{\underline{v}(k)\,\underline{w}'(\varkappa)\} \equiv \underline{0}\ ^{2)} \tag{2.36f}$$

Gesucht ist ein <u>linearer</u>, erwartungstreuer Schätzwert von $\underline{x}(k)$

2) Diese Voraussetzung kann aufgehoben werden.

auf der Basis der Musterfolge $\underline{y}(k_0)$, $\underline{y}(k_0+1)$, ..., $\underline{y}(k)$. Dieser Schätzwert wird wieder mit $\hat{\underline{x}}(k)$ bezeichnet; der Schätzfehler wird - wie bisher - erklärt als Differenz von $\underline{x}$ und $\hat{\underline{x}}$:

$$\tilde{\underline{x}}(k) := \underline{x}(k) - \hat{\underline{x}}(k) \tag{2.37}$$

Seine Kovarianzmatrix ist - bei erwartungstreuer Schätzung - definiert durch:

$$\tilde{\underline{P}}(k) := E\{\tilde{\underline{x}}(k)\tilde{\underline{x}}'(k)\} \tag{2.38}$$

Anmerkung: Beim Verfahren der minimalen Varianz ist vorausgesetzt worden, daß die betrachteten Zufallsvariablen den Erwartungswert Null haben. Dementsprechend wurde hier zunächst angenommen, daß die Erwartung des Anfangszustands $\underline{x}(k_0)$ des Modells (2.35a) verschwindet. Die Folge der Störgrößen $\underline{v}(k_0)$, $\underline{v}(k_0+1)$, ... ist ebenfalls um den Nullpunkt zentriert, so daß auch die Sequenz $\underline{x}(k_0+1)$, $\underline{x}(k_0+2)$, ... für alle Tastzeitpunkte biasfrei ist. Weiterhin gilt gemäß (2.35b) und in Anbetracht dessen, daß alle $\underline{w}(k)$ die Erwartung Null haben, daß der Erwartungswert der Folge $\underline{y}(k_0)$, $\underline{y}(k_0+1)$, ... ebenfalls verschwindet. Anders ausgedrückt: die obigen Annahmen sind derart, daß die Zufallsprozesse $\{\underline{v}(k)\}$, $\{\underline{w}(k)\}$, $\{\underline{x}(k)\}$ und $\{\underline{y}(k)\}$ sämtlich den Erwartungswert Null für alle k haben. Für die Geräusche $\underline{v}(k)$ und $\underline{w}(k)$ bleibt diese Annahme in allen weiteren Ausführungen bestehen. Die Biasfreiheit von $\underline{x}(k)$ und $\underline{y}(k)$ wird jedoch später im Abschnitt 2.3.5 aufgehoben.

2.3.2 *Rekursive Gauß-Markoffsche Schätzung*

Es gilt die obige Aufgabenstellung. Zusätzlich wird angenommen, daß über den Anfangszustand des Systems keinerlei a-priori-Kenntnisse vorliegen ($\underline{P}(k_0) \rightarrow \infty$), und daß die Kovarianzmatrix der Meßfehler, $\underline{R}(k)$, regulär ist.

Beginnend mit dem Zeitpunkt k_0 sind anfangs so viele Tastzeitpunkte abzuwarten, bis insgesamt mehr als n Einzelmeßwerte $y_j(x)$ beisammen sind. Dann kann der Schätzwert erstmalig bestimmt werden. Wir wollen das hier nicht explizit durchführen, sondern nur die Vorgehensweise erläutern: Ähnlich wie im Abschnitt 1.6, Gleichung (1.57), sind die angesammelten Beobachtungen zu einem

Gleichungssystem zusammenzustellen, wobei wieder alle vergangenen Zustandswerte durch den gegenwärtigen Zustand $\underline{x}(k)$ ausgedrückt werden. Dabei sind jetzt noch die Anteile zu berücksichtigen, die von der Störgröße $\underline{v}(\varkappa)$ stammen. Es entsteht auf diese Weise die gleiche Matrix $\underline{D}$ wie im Abschnitt 1.6. Neu ist die Kovarianzmatrix $\underline{S}$, die durch $\underline{Q}(\varkappa)$ und $\underline{R}(\varkappa)$ ausgedrückt werden kann, wobei $k_0 \leq \varkappa \leq k$. Mit den so ermittelten Werten für $\underline{D}$ und $\underline{S}$ kann der Schätzwert $\hat{\underline{x}}(k)$ nach der Gauß-Markoffschen Formel (2.31) erstmalig bestimmt werden. Gleichzeitig ist der erste Wert von $\tilde{\underline{P}}(k)$ gemäß Gleichung (2.32) zu errechnen.

Bei fortschreitender Beobachtung kommt in jedem folgenden Tastzeitpunkt ein neuer Satz von Messungen $\underline{y}$ hinzu. Wie im Abschnitt 1.6 wollen wir es jedoch vermeiden, den eben geschilderten mühsamen Rechenvorgang in jedem Intervall zu wiederholen. Vielmehr sollen der neue Schätzwert $\hat{\underline{x}}$ und die neue Varianz $\tilde{\underline{P}}$ durch eine relativ einfache Korrektur jeweils aus den alten Werten hervorgebracht werden.

Um die gesuchte Rekursionslösung zu finden, gehen wir davon aus, daß $\hat{\underline{x}}$ und $\tilde{\underline{P}}$ zum Zeitpunkt k bekannt sind. Wir extrapolieren zunächst $\hat{\underline{x}}$ gemäß dem Modell (2.35a). Das unbekannte, biasfreie $\underline{v}(k)$ bleibt dabei unberücksichtigt, so daß gilt

$$\underline{x}^*(k+1) = \underline{A}(k)\hat{\underline{x}}(k) \qquad (2.I)$$

Das ist die erste der fünf Gleichungen des Filteralgorithmus, die wir vorläufig römisch numerieren (vergl. auch (1.70a)). Das extrapolierte $\underline{x}^*(k+1)$ enthält sozusagen das Resumee aller bisherigen Kenntnisse über das zu erwartende $\underline{x}(k+1)$. Der Zusammenhang zwischen diesen beiden Größen wird klar, wenn $\hat{\underline{x}}(k)$ in Gleichung (2.I) durch $\underline{x}(k) - \tilde{\underline{x}}(k)$ ersetzt und $\underline{A}(k)\underline{x}(k)$ anschließend gemäß (2.35a) substituiert wird:

$$\underline{x}^*(k+1) = \underline{x}(k+1) - \underline{A}(k)\tilde{\underline{x}}(k) - \underline{v}(k)$$

Auf der rechten Seite steht das gesuchte $\underline{x}(k+1)$, mit additiv überlagerten "Fehlern" $\underline{A}\,\tilde{\underline{x}}$ und $\underline{v}$. Die Kovarianzmatrix der Summe dieser Fehler wird mit $\underline{P}^*(k+1)$ bezeichnet. Es gilt demnach

$$\underline{P}^*(k+1) = E\left\{ [\underline{A}(k)\tilde{\underline{x}}(k) + \underline{v}(k)][\tilde{\underline{x}}'(k)\underline{A}'(k) + \underline{v}'(k)] \right\}$$

Der Zustand $\underline{x}(k)$ hängt gemäß (2.35a) nur von $\underline{x}(k_0)$ und den Werten $\underline{v}(k_0) \ldots \underline{v}(k-1)$ ab. Wegen (2.36b) und (2.36d) sind $\underline{x}(k)$ und $\underline{v}(k)$ also unkorreliert. Der Schätzwert $\hat{\underline{x}}(k)$ ist eine Funktion von $\underline{y}(k_0), \ldots, \underline{y}(k)$ und hängt somit nur von $\underline{x}(k_0) \ldots \underline{x}(k)$ und der Musterfolge $\underline{w}(k_0) \ldots \underline{w}(k)$ ab. Alle diese Sequenzen haben keine Korrelation mit dem Wert $\underline{v}(k)$. Also ist $\hat{\underline{x}}(k)$ ebenso wie $\underline{x}(k)$ nicht mit $\underline{v}(k)$ korreliert. Deshalb verschwindet die Kreuzkovarianz zwischen $\tilde{\underline{x}}(k)$ und $\underline{v}(k)$ in der obigen Gleichung für $\underline{P}^*(k+1)$ und es verbleibt:

$$\underline{P}^*(k+1) = \underline{A}(k)\tilde{\underline{P}}(k)\underline{A}'(k) + \underline{Q}(k) \qquad (2.II)$$

Das ist die zweite Gleichung des rekursiven Filteralgorithmus, vergl. auch (1.71a). Die Matrix $\underline{P}^*(k+1)$ kann auch als Kovarianzmatrix der Differenz $\underline{x}(k+1) - \underline{x}^*(k+1)$, also des Extrapolationsfehlers interpretiert werden.

Die obige Gleichung für $\underline{x}^*(k+1)$ kann als erster, bereits vorhandener Satz von Beobachtungen für das gesuchte $\underline{x}(k+1)$ aufgefaßt werden. Zusätzliche Beobachtungen treffen ein in Gestalt der Meßgleichung (2.35b), genommen zum Zeitpunkt k + 1. Diese beiden Beobachtungssätze werden zu einem Verbundsystem zusammengestellt:

$$\begin{bmatrix} \underline{x}^*(k+1) \\ \\ \underline{y}(k+1) \end{bmatrix} = \begin{bmatrix} \underline{I} \\ \\ \underline{C}(k+1) \end{bmatrix} \underline{x}(k+1) + \begin{bmatrix} -\underline{A}(k)\tilde{\underline{x}}(k) - \underline{v}(k) \\ \\ \underline{w}(k+1) \end{bmatrix}$$

oder

$$\underline{z} = \underline{D}\,\underline{x}(k+1) + \underline{s}$$

wobei $\underline{z}$, $\underline{D}$ und $\underline{s}$ durch direkten Vergleich definiert sind. Die Kovarianzmatrix des oberen Teils von $\underline{s}$ war oben bereits als $\underline{P}^*(k+1)$ erklärt und berechnet worden. Die Kovarianzmatrix des unteren Teils, also von $\underline{w}(k+1)$, ist $\underline{R}(k+1)$. Die Kreuzkovarianzen zwischen $\underline{w}(k+1)$ einerseits und $\tilde{\underline{x}}(k)$ bzw. $\underline{v}(k)$ andererseits verschwinden. Es gilt also

$$E\{\underline{s}\,\underline{s}'\} = \underline{S} = \begin{bmatrix} \underline{P}^*(k+1) & \underline{O} \\ \underline{O} & \underline{R}(k+1) \end{bmatrix}$$

Die Gauß-Markoffsche Schätzung für $\underline{x}(k+1)$ erfolgt nun mit den passenden Versionen der Gleichungen (2.31) und (2.32). Es gilt

$$\hat{\underline{x}}(k+1) = \tilde{\underline{P}}(k+1) \cdot \underline{D}'\underline{S}^{-1}\underline{z},$$

mit

$$\tilde{\underline{P}}(k+1) = (\underline{D}'\underline{S}^{-1}\underline{D})^{-1} .$$

Hierbei ist

$$\underline{D}'\underline{S}^{-1} = \begin{bmatrix} \underline{I}, & \underline{C}'(k+1) \end{bmatrix} \begin{bmatrix} \underline{P}^{*-1}(k+1) & \underline{O} \\ \underline{O} & \underline{R}^{-1}(k+1) \end{bmatrix}$$

$$= \begin{bmatrix} \underline{P}^{*-1}(k+1), & \underline{C}'(k+1)\underline{R}^{-1}(k+1) \end{bmatrix}$$

$$\underline{D}'\underline{S}^{-1}\cdot\underline{D} = \begin{bmatrix} \underline{P}^{*-1}(k+1), & \underline{C}'(k+1)\underline{R}^{-1}(k+1) \end{bmatrix} \begin{bmatrix} \underline{I} \\ \underline{C}(k+1) \end{bmatrix}$$

$$\underline{D}'\underline{S}^{-1}\cdot\underline{z} = \begin{bmatrix} \underline{P}^{*-1}(k+1), & \underline{C}'(k+1)\underline{R}^{-1}(k+1) \end{bmatrix} \begin{bmatrix} \underline{x}^*(k+1) \\ \underline{y}(k+1) \end{bmatrix}$$

Substitution dieses Ausdrucks für $\underline{D}'\underline{S}^{-1}\underline{z}$ in die obige Schätzgleichung ergibt

$$\hat{\underline{x}}(k+1) = \tilde{\underline{P}}(k+1)\{\underline{P}^{*-1}(k+1)\underline{x}^*(k+1) + \underline{C}'(k+1)\underline{R}^{-1}(k+1)\underline{y}(k+1)\} \tag{2.39a}$$

Auswerten des Ausdrucks $\underline{D}'\underline{S}^{-1}\underline{D}$ führt auf

$$\tilde{\underline{P}}^{-1}(k+1) = \underline{P}^{*-1}(k+1) + \underline{C}'(k+1)\underline{R}^{-1}(k+1)\underline{C}(k+1) \tag{2.39b}$$

Da die Argumente in diesen beiden Zwischenergebnissen überall gleich k+1 sind, können sie formal durch k ersetzt werden, wobei k jetzt die um eins weitergezählte Nummer des nächsten Tastzeitpunkts darstellt. Der Vorfaktor von $\underline{y}(k+1)$ in Gleichung (2.39a) wird zur Verstärkungsmatrix $\underline{K}$ erklärt (vergl. (1.68)):

$$\underline{K}(k) := \underline{\tilde{P}}(k)\underline{C}'(k)\underline{R}^{-1}(k) \qquad (2.40)$$

Die Gleichung (2.39b) wird mit $\underline{\tilde{P}}$ vormultipliziert. Die Zwischenergebnisse gehen dadurch über in

$$\underline{\hat{x}}(k) = \underline{\tilde{P}}(k)\underline{P}^{*-1}(k)\underline{x}^{*}(k) + \underline{K}(k)\underline{y}(k)$$

$$\underline{I} = \underline{\tilde{P}}(k)\underline{P}^{*-1}(k) + \underline{K}(k)\underline{C}(k)$$

Die letzte Zeile wird nach $\underline{\tilde{P}}\,\underline{P}^{*-1}$ aufgelöst und in die vorletzte eingesetzt (vergl. (1.70b)):

$$\underline{\hat{x}}(k) = \underline{x}^{*}(k) + \underline{K}(k)\{\underline{y}(k) - \underline{C}(k)\underline{x}^{*}(k)\} \qquad (2.III)$$

Außerdem wird besagte Zeile mit $\underline{P}^{*}$ nachmultipliziert (vergl. (1.71c)):

$$\underline{P}^{*}(k) = \underline{\tilde{P}}(k) + \underline{K}(k)\underline{C}(k)\underline{P}^{*}(k) \qquad (2.IV)$$

Schließlich multiplizieren wir noch mit $\underline{C}'$ nach, erweitern dann den ersten Summanden der rechten Seite mit $\underline{R}^{-1}\underline{R}$, berücksichtigen (2.40) und lösen auf nach $\underline{K}$(vergl. (1.71b)):

$$\underline{K}(k) = \underline{P}^{*}(k)\underline{C}'(k)\{\underline{C}(k)\underline{P}^{*}(k)\underline{C}'(k) + \underline{R}(k)\}^{-1} \qquad (2.V)$$

Damit ist das Ziel erreicht: der gesuchte Rekursionsalgorithmus besteht aus den Gleichungen (2.I) und (2.III) für das Filter an sich und aus den Gleichungen (2.II), (2.IV) und (2.V) für die Fehlerkovarianzmatrizen der Schätzwerte $\underline{x}^{*}$ und $\underline{\hat{x}}$ sowie für die Verstärkungsmatrix $\underline{K}$ des Filters. <u>Die Ergebnisse sind identisch mit dem Kalmanschen Filteralgorithmus.</u>

<u>Zusammenfassung:</u> Der Algorithmus für die rekursive Gauß-Markoffsche Filterung des zeitlich diskreten, stochastisch gestörten Systems

$$\underline{x}(k+1) = \underline{A}(k)\underline{x}(k) + \underline{v}(k)$$
$$\underline{y}(k) = \underline{C}(k)\underline{x}(k) + \underline{w}(k)$$

lautet:

Filter (Bild 2.1):

$$\underline{x}^*(k+1) = \underline{A}(k)\hat{\underline{x}}(k) \tag{2.41a}$$

$$\hat{\underline{x}}(k) = \underline{x}^*(k) + \underline{K}(k)\{\underline{y}(k) - \underline{C}(k)\underline{x}^*(k)\} \tag{2.41b}$$

Fehler-Kovarianzmatrizen und Verstärkungsmatrix:

$$\underline{P}^*(k+1) = \underline{A}(k)\tilde{\underline{P}}(k)\underline{A}'(k) + \underline{Q}(k) \tag{2.42a}$$

$$\underline{K}(k) = \underline{P}^*(k)\underline{C}'(k)\{\underline{C}(k)\underline{P}^*(k)\underline{C}'(k) + \underline{R}(k)\}^{-1} \tag{2.42b}$$

$$\tilde{\underline{P}}(k) = \underline{P}^*(k) - \underline{K}(k)\underline{C}(k)\underline{P}^*(k) \tag{2.42c}$$

Anfangsbedingungen:

Zum ersten Tastzeitpunkt k_0 treffen die ersten Messungen $\underline{y}(k_0)$ ein. Es werden soviele Tastzeitpunkte abgewartet, bis die Gesamtzahl der Einzelmeßwerte $y_j(\varkappa)$ größer oder gleich der Zahl n der Zustandsvariablen ist. Dann wird der erste Schätzwert $\hat{\underline{x}}(k)$ und der erste Wert der Kovarianzmatrix $\tilde{\underline{P}}(k)$ gemäß den Gauß-Markoffschen Regeln (2.31) und (2.32) en bloc bestimmt. Diese Werte bilden die Anfangsbedingungen für die Rekursionsformeln (2.41a) und (2.42a).

Vorkenntnisse über den Anfangszustand:

Biasfreiheit: $E\{\underline{x}(k_0)\} = \underline{0}$ und unendliche Streuung: $\underline{P}^{-1}(k_0) = \underline{0}$. -

Ein Vergleich dieser Ergebnisse mit den Gleichungen (1.70) und (1.71) zeigt, daß die rekursive Gauß-Markoffsche Filterung eine Verallgemeinerung der rekursiven Gaußschen Beobachtung vom Fall

$$\underline{Q}(k) = \underline{0}, \quad \underline{R}(k) = \underline{I}$$

auf beliebige, zeitlich variable Werte von $\underline{Q}$ und $\underline{R}$ ist. Die eigentlichen Beobachtungs- bzw. Filtergleichungen sind in beiden Fällen identisch, siehe auch Bilder 1.6 und 2.1. Die Verstärkungsmatrix $\underline{K}$ nimmt jedoch beim Beobachter im allgemeinen andere Werte an als beim Filter.

Die numerische Auswertung des Filteralgorithmus kann in der Reihenfolge (2.41a), (2.42a); (2.42b), (2.41b); (2.42c) geschehen: In den ersten beiden Schritten wird der vorhandene Schätzwert und seine Fehler-Kovarianzmatrix ins nächste Intervall extrapoliert. Im dritten Schritt wird die optimale Verstärkungsmatrix $\underline{K}$ berechnet und der extrapolierte Schätzwert mit den neuen Daten $\underline{y}$ aufgebessert. Der letzte Schritt erbringt die Kovarianzmatrix des korrigierten, neuen Schätzwertes.

Das System der Varianzgleichungen (2.42) ist jedoch vollkommen unabhängig von den aktuellen Werten der Beobachtungen $\underline{y}$ und der Schätzungen $\hat{\underline{x}}$. Sofern $\underline{A}$, $\underline{C}$, $\underline{R}$ und $\underline{Q}$ rechtzeitig zur Verfügung stehen, kann dieser Teil des Algorithmus zeitlich vor den eigentlichen Filtergleichungen (2.41) ausgewertet werden, insbesondere vor der Inbetriebnahme des Filters. Tatsächlich bildet dieser Teil des Algorithmus nichts anderes als die rechnergestützte Synthese des Optimalfilters. Die Elemente in der Hauptdiagonalen von $\tilde{\underline{P}}(k)$ geben ein Maß für die Güte des Filters ab. Die errechnete Sequenz der Verstärkungsmatrizen $\underline{K}(k)$ wird beim anschließenden Betrieb des Filters bis auf Abruf zum Zeitpunkt k gespeichert. Bei stationären Beobachtungssituationen, also bei konstanten Parametern $\underline{A}$, $\underline{C}$, $\underline{Q}$ und $\underline{R}$ schwingen gewöhnlich auch die Werte für die k_{ij} nach einer gewissen Zahl von Intervallen (5 ...20) auf einen konstanten Wert ein, so daß der Speicherbedarf nur noch durch die Ordnung des Filters bestimmt ist. Die stationäre Lösung für K entspricht dem Wiener-Kolmogoroffschen Filter.
Beispiele siehe unten.

2.3.3 *Rekursive Schätzung mit minimaler Varianz*

Im vorigen Unterabschnitt ist der Kalmansche Filteralgorithmus als rekursive Variante der entsprechenden Gauß-Markoffschen Schätzung abgeleitet worden. Das war die konzeptuell einfachste Betrachtungsweise. Sie hat jedoch den Nachteil, daß die erste Schätzung und die anschließende Rekursion erst dann einsetzen können, wenn mehr als n Einzelbeobachtungen $y_j(\varkappa)$ beisammen sind.

Das Verfahren der minimalen Varianz erlaubt es dagegen, sofort nach Erhalt der ersten Beobachtung $\underline{y}(k_0)$ eine Schätzung für $\underline{x}(k_0)$ vorzunehmen. Voraussetzung ist allerdings, daß die Kovarianzmatrix von $\underline{x}(k_0)$ im Gegensatz zu oben endlich und bekannt ist, d.h. es muß das entsprechende Maß an a-priori-Information über den Anfangszustand vorhanden sein.

Im folgenden beginnen wir damit, den Minimum-Varianz-Schätzwert $\hat{\underline{x}}(k_0)$ zu bestimmen. Für alle weiteren Tastzeitpunkte wird wieder ein Rekursionsverfahren angewandt, mit dem ein gegebener Schätzwert beim Eintreffen neuer Meßwerte derart verbessert wird, daß der korrigierte Schätzwert wiederum die kleinstmögliche Varianz aufweist. Es wird sich zeigen, daß genau der gleiche Algorithmus wie oben entsteht. Der Unterschied liegt hauptsächlich in den geänderten Anfangsbedingungen und im vorverlegten Startzeitpunkt. In mathematischer Hinsicht hat die Minimum-Varianz-Methode noch zwei weitere Vorteile: (i) Die Kovarianzmatrix $\underline{R}(k)$ der Meßfehler braucht nicht mehr als regulär vorausgesetzt zu werden. $\underline{R}^{-1}$ kommt ja auch im Filteralgorithmus (2.41), (2.42) gar nicht mehr vor . (ii) Die Optimalität der Extrapolation (2.I) kann streng nachgewiesen werden.

Im ersten Tastzeitpunkt treffen die folgenden Messungen ein:

$$\underline{y}(k_0) = \underline{C}(k_0)\underline{x}(k_0) + \underline{w}(k_0), \quad \text{wobei} \quad E\{\underline{x}(k_0)\underline{x}'(k_0)\} = \underline{P}(k_0)$$

Wenn wir dies mit den Gleichungen (2.1) und (2.2b) vergleichen und die passenden Größen in die Formel (2.21) für den linearen, erwartungstreuen Schätzwert minimaler Varianz einsetzen, erhalten wir unmittelbar

$$\hat{\underline{x}}(k_0) = \underline{K}(k_0)\underline{y}(k_0) , \tag{2.43a}$$

wobei

$$\underline{K}(k_0) = \underline{P}(k_0)\underline{C}'(k_0)\{\underline{C}(k_0)\underline{P}(k_0)\underline{C}'(k_0) + \underline{R}(k_0)\}^{-1} \tag{2.43b}$$

Aus Gleichung (2.22) folgt sofort

$$\tilde{\underline{P}}(k_0) = \underline{P}(k_0) - \underline{K}(k_0)\underline{C}(k_0)\underline{P}(k_0) \tag{2.43c}$$

Diese Anfangslösung paßt ohne weiteres in den Rahmen der Filtergleichungen (2.41b), (2.42b) und (2.42c), wenn wir dort $\underline{x}^*(k_0) = \underline{0}$ und $\underline{P}^*(k_0) = \underline{P}(k_0)$ setzen.

Die Lösung für alle folgenden Tastzeitpunkte erzeugen wir durch Schluß von k auf k + 1. Dazu greifen wir am einfachsten auf die Matrix-Wiener-Hopf-Gleichung für diskrete Zeit zurück. Sie ist eine notwendige und hinreichende Bedingung für die Schätzung minimaler Varianz. Im folgenden benutzen wir sie in der Fassung der Gleichung (2.16). Im weiteren Verlauf werden wir auch die Gleichung (2.17a) benötigen. Zur leichteren Bezugnahme werden die zwei genannten Gleichungen hier nochmals angeführt:

$$E\{\tilde{\underline{x}}\,\underline{z}'\} = \underline{0} \tag{2.44a}$$

$$E\{\tilde{\underline{x}}\,\tilde{\underline{x}}'\} = E\{\tilde{\underline{x}}\,\underline{x}'\} \tag{2.44b}$$

Wir gehen nun davon aus, daß die Beobachtungen $\underline{y}(k_0)$, $\underline{y}(k_0+1)$, ..., $\underline{y}(k)$ bereits eingetroffen und zum Schätzwert $\hat{\underline{x}}(k)$ verarbeitet worden sind. Dieser Schätzwert sei optimal im Sinne minimaler Varianz. Das bedeutet, daß er der entsprechenden Form der Bedingung (2.44a) genügt:

$$E\{[\underline{x}(k) - \hat{\underline{x}}(k)][\underline{y}'(k_0),\ \underline{y}'(k_0+1)\ \dots\ \underline{y}'(k)]\} = \underline{0} \tag{2.45a}$$

Diese Gleichung ist wohlgemerkt bereits erfüllt. Jetzt suchen wir zunächst den optimal extrapolierten Schätzwert $\underline{x}^*(k+1)$. Für diesen muß die folgende Form der Bedingung (2.44a) zutreffen:

$$E\{[\underline{x}(k+1) - \underline{x}^*(k+1)][\underline{y}'(k_0),\underline{y}'(k_0+1)\ \dots\ \underline{y}'(k)]\} = \underline{0} \tag{2.45b}$$

Nach Erhalt der neuen Meßwerte $\underline{y}(k+1)$ kann der nächste Schätzwert $\hat{\underline{x}}(k+1)$ gebildet werden. Die Bedingung (2.44a) nimmt in diesem Fall die Form an:

$$E\{[\underline{x}(k+1) - \hat{\underline{x}}(k+1)][\underline{y}'(k_0),\underline{y}'(k_0+1)\ \dots\ \underline{y}'(k) \,\vdots\, \underline{y}'(k+1)]\} = \underline{0} \tag{2.45c}$$

Um die Bedingung (2.45b) zu erfüllen, vergleichen wir sie zunächst mit (2.45a). Beide Gleichungen unterscheiden sich nur im ersten Faktor. Diese Ähnlichkeit legt es nahe, $\underline{x}(k+1)$ in (2.45b) durch $\underline{A}(k)\underline{x}(k) + \underline{v}(k)$ zu ersetzen. Da $\underline{v}(k)$ mit $\underline{y}(k_0)$ ... $\underline{y}(k)$ nicht korreliert ist, siehe Abschnitt 2.3.2, kann es gestrichen werden, so daß übrig bleibt

$$E\{[\underline{A}(k)\underline{x}(k) - \underline{x}^*(k+1)][\underline{y}'(k_0), \underline{y}'(k_0+1) \ldots \underline{y}'(k)]\} = \underline{0}$$

Diese Vorschrift läßt sich offenbar mit der Wahl

$$\underline{x}^*(k+1) = \underline{A}(k)\hat{\underline{x}}(k) \tag{2.I}$$

erfüllen, denn nun können wir $\underline{A}(k)$ nach links aus der Erwartung herausziehen und haben im übrigen die bereits gültige Aussage (2.45a) vor uns.

Der Fehler bei der Extrapolation ist

$$\underline{x}(k+1) - \underline{x}^*(k+1) = \underline{A}(k)\underline{x}(k) + \underline{v}(k) - \underline{A}(k)\hat{\underline{x}}(k)$$

$$= \underline{A}(k)\tilde{\underline{x}}(k) + \underline{v}(k) \tag{2.46}$$

Seine Kovarianzmatrix ist gegeben durch

$$\underline{P}^*(k+1) := E\{[\underline{x}(k+1) - \underline{x}^*(k+1)][\underline{x}(k+1) - \underline{x}^*(k+1)]'\} =$$

$$= E\{[\underline{A}(k)\tilde{\underline{x}}(k) + \underline{v}(k)][\tilde{\underline{x}}'(k)\underline{A}'(k) + \underline{v}'(k)]\}$$

Die Störgröße $\underline{v}(k)$ ist mit dem Schätzfehler $\tilde{\underline{x}}(k)$ nicht korreliert (siehe oben). Es verbleibt also

$$\underline{P}^*(k+1) = \underline{A}(k)\tilde{\underline{P}}(k)\underline{A}'(k) + \underline{Q}(k) \tag{2.II}$$

Damit ist die Extrapolation erledigt, und wir wenden uns der Bedingung (2.45c) zu. Hier gilt es, einen passenden Ausdruck für $\hat{\underline{x}}(k+1)$ zu finden, der diese Vorschrift zu erfüllen vermag. Im Hinblick auf den Beobachtungs- und den Gauß-Markoffschen Algorithmus versuchen wir es mit dem folgenden Ansatz:

$$\hat{\underline{x}}(k+1) = \underline{x}^*(k+1) + \underline{K}(k+1)\{\underline{y}(k+1) - \underline{C}(k+1)\underline{x}^*(k+1)\} \tag{2.III}$$

Wenn wir hierin $\underline{y}$ durch $\underline{C}\ \underline{x} + \underline{w}$ ersetzen, nimmt der neue Schätzfehler die Form an

$$\underline{x}(k+1) - \hat{\underline{x}}(k+1) = [\underline{I} - \underline{K}(k+1)\underline{C}(k+1)][\underline{x}(k+1) - \underline{x}^*(k+1)] - \\ - \underline{K}(k+1)\underline{w}(k+1) \qquad (2.47)$$

Dieser Ausdruck wird in die Gleichung (2.45c) eingesetzt. Wir betrachten zunächst den ersten Teil der Erwartung, der mit den alten $\underline{y}$-Werten links von der gestrichelten Linie in (2.45c) gebildet wird. Der neue Meßfehler $\underline{w}(k+1)$ ist mit den alten Beobachtungen $\underline{y}(k_0)$ bis $\underline{y}(k)$ nicht korreliert. Das Produkt der beiden eckigen Klammern in (2.47), korreliert mit $\underline{y}(k_0)$ bis $\underline{y}(k)$ ergibt ebenfalls Null, weil (2.45b) inzwischen gültig ist. Daraus folgt, daß der Ansatz (2.III) den linken Teil der Bedingung (2.45c) erfüllt. Der verbleibende Teil der Vorschrift (2.45c) ermöglicht die Bestimmung der noch fehlenden Verstärkungsmatrix $\underline{K}$. Mit (2.47) muß gelten:

$$E\{([\underline{I}-\underline{K}(k+1)\underline{C}(k+1)][\underline{x}(k+1)-\underline{x}^*(k+1)]-\underline{K}(k+1)\underline{w}(k+1))[\underline{x}'(k+1)\underline{C}'(k+1) + \\ +\underline{w}'(k+1)]\} = \underline{0} \qquad (2.48)$$

Die Größen $\underline{x}(k+1)$ und $\underline{x}^*(k+1)$ sind nicht mit $\underline{w}(k+1)$ korreliert. Die übrigen Erwartungen lassen sich in einfacher Weise umformen. Dabei wird die Gleichung (2.44b), angewandt auf $\underline{x}^*(k+1)$ benutzt, so daß die Kreuzkovarianz zwischen $\underline{x}(k+1) - \underline{x}^*(k+1)$ und $\underline{x}(k+1)$ durch $\underline{P}^*(k+1)$ ersetzt werden kann. Das Ergebnis ist

$$[\underline{I} - \underline{K}(k+1)\underline{C}(k+1)]\,\underline{P}^*(k+1)\underline{C}'(k+1) - \underline{K}(k+1)\underline{R}(k+1) = \underline{0} \qquad (2.49)$$

Daraus folgt durch Umordnen und Auflösen nach $\underline{K}$:

$$\underline{K}(k+1) = \underline{P}^*(k+1)\underline{C}'(k+1)\{\underline{C}(k+1)\underline{P}^*(k+1)\underline{C}'(k+1) + \underline{R}(k+1)\}^{-1} \qquad (2.V)$$

Schließlich ermitteln wir $\tilde{\underline{P}}(k+1)$, indem wir die Gleichung (2.47) mit $\underline{x}'(k+1)$ nachmultiplizieren und auf beiden Seiten die Erwartungen bilden. Dabei wird wieder (2.44b) in der jeweils passenden Fassung herangezogen. Es ergibt sich unmittelbar

$$\tilde{\underline{P}}(k+1) = \{\underline{I} - \underline{K}(k+1)\underline{C}(k+1)\}\,\underline{P}^*(k+1) \qquad (2.IV)$$

Damit ist eine zweite, allgemeinere und strenge Herleitung des

Kalmanschen Filteralgorithmus vollzogen. Wir fassen die Ergebnisse (2.I) bis (2.V) in dem folgenden Satz zusammen.

Satz 2.1 (Kalman-Filter): Der lineare, erwartungstreue Schätzwert minimaler Varianz für den Zustand $\underline{x}(k)$ des zeitlich diskreten, stochastisch gestörten Systems

$$\underline{x}(k+1) = \underline{A}(k)\underline{x}(k) + \underline{v}(k) , \quad E\{\underline{x}(k_0)\} = \underline{0}$$

$$\underline{y}(k) = \underline{C}(k)\underline{x}(k) + \underline{w}(k) ,$$

bei dem die Musterfolge $\underline{y}(k_0) \ldots \underline{y}(k)$ und a-priori-Kenntnisse gemäß (2.36a...f) vorhanden sind, ist gegeben durch den folgenden rekursiven Algorithmus:

(i) Filter (Bild 2.1):

$$\underline{x}^*(k+1) = \underline{A}(k)\hat{\underline{x}}(k) , \quad \underline{x}^*(k_0) = \underline{0} \tag{2.50a}$$

$$\hat{\underline{x}}(k) = \underline{x}^*(k) + \underline{K}(k)\{\underline{y}(k) - \underline{C}(k)\underline{x}^*(k)\} \tag{2.50b}$$

(ii) Fehler-Kovarianzmatrizen und Verstärkungsmatrix:

$$\underline{P}^*(k+1) = \underline{A}(k)\tilde{\underline{P}}(k)\underline{A}'(k) + \underline{Q}(k) \tag{2.51a}$$

$$\underline{K}(k) = \underline{P}^*(k)\underline{C}'(k)\{\underline{C}(k)\underline{P}^*(k)\underline{C}'(k) + \underline{R}(k)\}^{-1} \tag{2.51b}$$

$$\tilde{\underline{P}}(k) = \underline{P}^*(k) - \underline{K}(k)\underline{C}(k)\underline{P}^*(k) \tag{2.51c}$$

(iii) Anfangsbedingung:

$$\underline{P}^*(k_0) = \underline{P}(k_0) . - \tag{2.52}$$

$\underline{P}(k_0)$ war die Kovarianzmatrix des Anfangszustandes $\underline{x}(k_0)$ und drückt die diesbezüglichen a-priori-Kenntnisse aus.
Die lineare, erwartungstreue Schätzung minimaler Varianz ist, wie ein Vergleich mit der Gauß-Markoffschen Schätzung (2.41) und (2.42) zeigt, die Verallgemeinerung vom Fall

$$\underline{P}(k_0) = \infty$$

auf beliebige, endliche Werte dieser Matrix.

Entwürfe für Filter erster und zweiter Ordnung lassen sich noch gut mit einem einfachen Taschenrechner erledigen. Für Filter höherer Ordnung benötigt man jedoch einen programmierbaren Rechner. Der größte Aufwand besteht in der Berechnung von $\underline{K}$ gemäß Gleichung (2.51b). Dabei muß in jedem Intervall ein Gleichungssystem der Form

$$\{\underline{C}\,\underline{P}^*\underline{C}' + \underline{R}\}\underline{K}' = \underline{C}\,\underline{P}^*$$

nach $\underline{K}'$ aufgelöst werden (Cholesky'scher Algorithmus [1.13]). Die Matrix in der geschweiften Klammer ist zum Glück nur vom Typ m x m, d.h. ggf. nur ein Skalar. $\underline{K}'$ und $\underline{C}\,\underline{P}^*$ haben je n Spalten mit m Elementen. - Das errechnete $\underline{K}$ wird mit dem bereits ermittelten $\underline{C}\,\underline{P}^*$ nachmultipliziert. Das ergibt das symmetrische Produkt $\underline{K}\,\underline{C}\,\underline{P}^*$, welches von $\underline{P}^*$ subtrahiert wird, um $\tilde{\underline{P}}$ zu erhalten. Daß $\underline{K}\,\underline{C}\,\underline{P}^*$ symmetrisch sein muß, ist durch Nachmultiplikation von (2.51b) mit $\underline{C}(k)\underline{P}^*(k)$ erkennbar. Es empfiehlt sich nicht, in Gleichung (2.51c) die Matrix $\underline{P}^*$ rechts auszuklammern, denn das Produkt von $\underline{I} - \underline{K}\,\underline{C}$ mit $\underline{P}^*$ ist wesentlich aufwendiger als die Multiplikation von $\underline{K}$ mit $\underline{C}\,\underline{P}^*$.

Bei manuellen Rechnungen sind Kontrollen unerläßlich. Neben den üblichen Kontrollen, z.B. mit Summenspalten und Summenzeilen [1.13], existieren hier zwei einfache, zusätzliche oder alternative <u>Kontrollen</u>:

i) Kontrolle der Matrizen $\underline{P}^*$ und $\tilde{\underline{P}}$ auf Symmetrie,

ii) Kontrolle mit Hilfe der folgenden Beziehung

$$\tilde{\underline{P}}(k)\underline{C}'(k) = \underline{K}(k)\underline{R}(k) \qquad (2.53)$$

Dieser Zusammenhang folgt sofort aus dem Zwischenergebnis (2.49), wenn dort k + 1 durch k ersetzt und der Term $[\ldots]\underline{P}^*$ mittels (2.51c) vereinfacht wird.

<u>Beispiel 2.1:</u> Der Fehler eines Sensors setze sich aus einem zeitlich konstanten, systematischen Anteil (bias) und einem zeitlich unkorrelierten stochastischen Anteil (weißes Rauschen) zusammen. Zwecks Eichung wird die Ausgangsgröße des Sensors an den Zeitpunkten 1, 2, 3, ... in Abwesenheit des Nutzsignals beobachtet. Der systematische Fehler wird als Zustandsvariable x

deklariert, der stochastische Fehler als Meßgeräusch w. Das Modell des "beobachteten Systems" lautet somit (Bild 2.2)

$$x(k+1) = x(k) \qquad k = 1,2,3,...$$

$$y(k) = x(k) + w(k)$$

Die Parameter A und C dieses Modells sind offenbar gleich 1. Eine Größe v ist nicht vorhanden, daher ist $Q = 0$. Die Streuung des weißen Geräusches w(k) sei konstant gleich 2, so daß $R = 4$. Über den systematischen Fehler sei bekannt, daß er die Streuung 3 hat. Wir setzen also $P(k_0) = 9$. Es ist ein Kalman-Filter zu entwerfen, mit dem der systematische Fehler abgeschätzt werden kann.

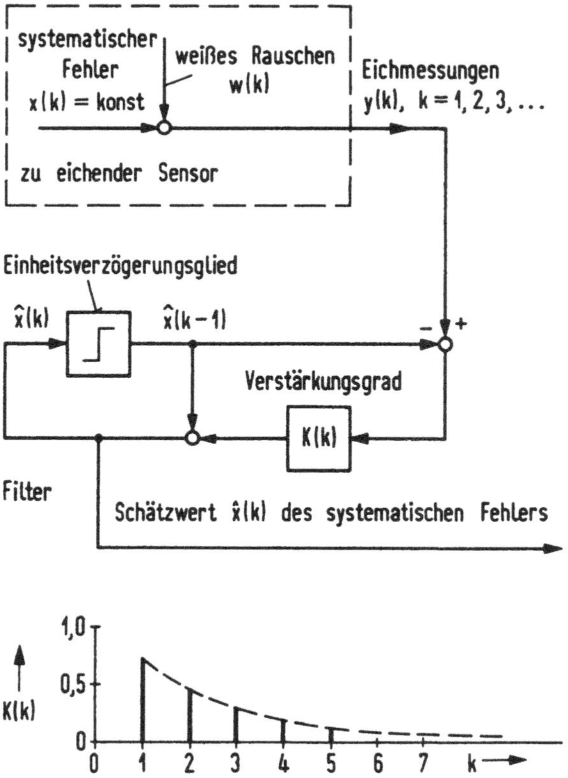

Bild 2.2 Eichung eines Sensors durch Kalman-Filterung. Oben Sensor und Filter, unten Folge der Verstärkungsfaktoren.

Die Gleichung (2.50a) lautet bei diesem Beispiel einfach $x^*(k+1) = \hat{x}(k)$. Das Filter hat also die Form (Bild 2.2):

$$\hat{x}(k) = \hat{x}(k-1) + K(k)\left\{y(k) - \hat{x}(k-1)\right\}, \quad \hat{x}(0) = 0$$

Die Sequenz der Verstärkungsgrade K(k) sowie die Varianz des Schätzfehlers $\tilde{x}(k)$ ergibt sich aus dem System der Gleichungen (2.51). Es lautet hier

$$P^*(k+1) = \tilde{P}(k), \quad P^*(1) = 9$$

$$K(k) = P^*(k)/[P^*(k) + 4]$$

$$\tilde{P}(k) = [1 - K(k)]P^*(k)$$

In diesem einfachen Fall läßt sich direkt eine Differenzengleichung für K angeben. Aus den obigen Gleichungen folgt nämlich

$$K(k+1) = P^*(k+1)\left\{P^*(k+1) + 4\right\}^{-1} = \tilde{P}(k)\left\{\tilde{P}(k) + 4\right\}^{-1}$$

Wegen Gleichung (2.53) gilt $\tilde{P}(k) = 4K(k)$, so daß

$$K(k+1) = K(k)\left\{K(k)+1\right\}^{-1}$$

Die numerischen Ergebnisse sind abgerundet im linken Teil der Tabelle 2.1 sowie in den Bildern 2.2 und 2.3 wiedergegeben. Die Differenzengleichung für K läßt erkennen, daß sich eine Gleichgewichtslösung erst für $k \to \infty$ einstellen kann. Mit $K(k+1) = K(k) = K$ ergibt sich

$$K = K\left\{K+1\right\}^{-1}$$

Daraus folgt

$$K(\infty) = 0$$

und weiter

$$P^*(\infty) = (P^* + 4)K = 0$$

$$\tilde{P}(\infty) = 0$$

Tabelle 2.1: Ergebnisse der Filteralgorithmen (2.50) und (2.51) beim Beispiel 2.1

k	P^*	K	$\tilde{P}$	w	y	$\hat{x}$
1	9,00	0,69	2,78	-2	1	0,69
2	2,78	0,41	1,64	-2	1	0,82
3	1,64	0,29	1,16	+2	5	2,03
4	1,16	0,225	0,90	+2	5	2,71
5	0,90	0,18	0,73	-2	1	2,40
∞	0	0	0			

Wenn lange genug gemessen wird, kann der systematische Fehler also exakt ermittelt werden. Bereits nach 5 Tastzeitpunkten wird seine Streuung von 3 auf $\sqrt{0{,}73} = 0{,}85$ reduziert. Der tatsächliche Verlauf der Folge $\hat{x}(k)$ hängt von der realisierten Musterfolge $y(k)$ ab. Um diese zu simulieren, muß ein zufallsbedingter Wert für x erzeugt und mit einer weißen Sequenz $w(k)$ aus einem entsprechenden Zufallsgenerator kombiniert werden. Weißes Rauschen mit der gewünschten Varianz 4 können wir auch von Hand durch Aufwerfen einer Münze herstellen: Vorderseite $\rightarrow w = 2$, Rückseite $\rightarrow w = -2$. Die Zufallsvariable x habe den Wert 3. Wir erhalten damit den im rechten Teil der Tabelle 2.1 angegebenen Satz von Musterfolgen für w, y und $\hat{x}$, siehe auch Bild 2.3.

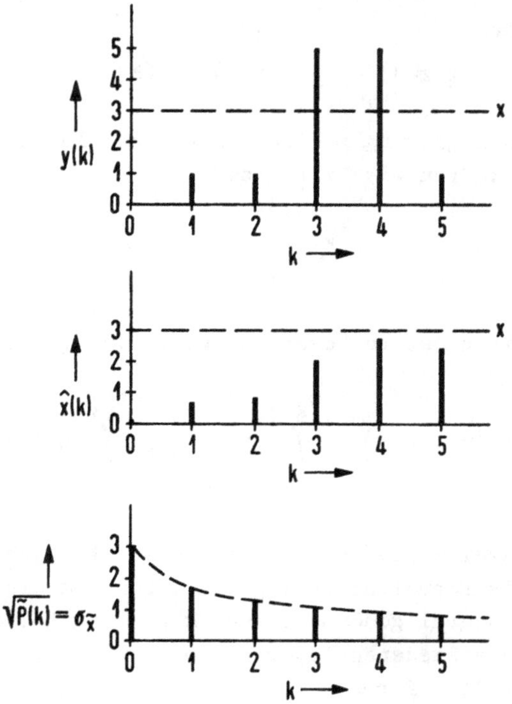

Bild 2.3
Musterfolgen für Meßwert und Schätzwert bei der Sensoreichung (Bild 2.2) sowie Streuung des Schätzfehlers.

2.3.4 *Bestimmung von $\underline{Q}(k)$*

Wenn ein zeitlich kontinuierliches System abgetastet wird, dann haben die dynamische Matrix und die Stellmatrix im kontinuierlichen und diskreten Modell verschiedene Werte, siehe Abschnitt 1.6. Dasselbe gilt, wie im folgenden gezeigt wird, auch für die Kovarianzmatrix des weißen Störgeräuschs am Eingang der Strecke. Ausgangspunkt sei das System

$$\dot{\underline{x}}(t) = \bar{\underline{A}}(t)\underline{x}(t) + \bar{\underline{v}}(t) \quad \text{mit}$$

$$E\{\bar{\underline{v}}(t)\bar{\underline{v}}'(\tau)\} = \bar{\underline{Q}}(t)\delta(t-\tau) \tag{2.54}$$

Die Bewegung des Zustandes von einem Tastzeitpunkt zum nächsten wird beschrieben durch

$$\underline{x}(t_{k+1}) = \underline{\Phi}(t_{k+1},t_k)\underline{x}(t_k) + \int_{t_k}^{t_{k+1}} \underline{\Phi}(t_{k+1},\tau)\bar{\underline{v}}(\tau)d\tau$$

oder

$$\underline{x}(k+1) = \underline{A}(k)\underline{x}(k) + \underline{v}(k)$$

In Ergänzung zu Abschnitt 1.6, Gleichungen (1.51) bis (1.54), erklären wir hier also

$$\underline{v}(k) := \int_{t_k}^{t_{k+1}} \underline{\Phi}(t_{k+1},\tau)\underline{\bar{v}}(\tau)d\tau \tag{2.55}$$

Die gesuchte Kovarianzmatrix von $\underline{v}$ ist

$$E\{\underline{v}(k)\underline{v}'(\varkappa)\} = \int_{t_k}^{t_{k+1}} \underline{\Phi}(t_{k+1},\tau) \int_{t_\varkappa}^{t_{\varkappa+1}} E\{\underline{\bar{v}}(\tau)\underline{\bar{v}}'(\sigma)\}\underline{\Phi}'(t_{\varkappa+1},\sigma)d\sigma d\tau$$

Dabei wurde das Produkt zweier Einfachintegrale der Form (2.55) als Doppelintegral geschrieben und die Erwartung unter das Integral genommen. Wenn $k \neq \varkappa$, dann liegen τ und σ in zwei verschiedenen Intervallen, und die Erwartung verschwindet wegen (2.54). Für $k = \varkappa$ wird die Ausblendeigenschaft der Deltafunktion benutzt, mit dem Ergebnis

$$\underline{Q}(k) = \int_{t_k}^{t_{k+1}} \underline{\Phi}(t_{k+1},\tau)\underline{\bar{Q}}(\tau)\underline{\Phi}'(t_{k+1},\tau)d\tau \tag{2.56}$$

<u>Beispiel 2.2:</u> Ein Luftfahrzeug bewegt sich von einem exakt bekannten Ausgangspunkt unter dem Einfluß unbekannter Störbeschleunigungen fort. Während des Fluges erhält es jede Sekunde fehlerbehaftete Positionsmessungen. Gewünscht sind optimale Schätzwerte für die laufende Position und Geschwindigkeit.

Wir wählen die Zustandsvariablen x_1 = Positionsfehler und x_2 = Geschwindigkeitsfehler. Die Störbeschleunigung wird als normiertes weißes Rauschen in kontinuierlicher Zeit angesetzt. Die Differentialgleichung des beobachteten Systems lautet somit:

$$\frac{d}{dt}\begin{bmatrix} x_1 \\ x_2 \end{bmatrix} = \begin{bmatrix} 0 & 1 \\ 0 & 0 \end{bmatrix}\begin{bmatrix} x_1 \\ x_2 \end{bmatrix} + \begin{bmatrix} 0 \\ 1 \end{bmatrix}\bar{v}, \quad E\{\bar{v}(t)\bar{v}(\tau)\} = \delta(t-\tau)$$

Die Transitionsmatrix dieses Systems wird genau so wie im Beispiel 1.3 bestimmt. Wegen $\underline{\bar{A}}^2 = \underline{0}$ gilt

$$\underline{\Phi}(t) = \underline{I} + \underline{\bar{A}}t = \begin{bmatrix} 1 & t \\ 0 & 1 \end{bmatrix} \quad \text{und } \underline{A} = \underline{\Phi}(1) = \begin{bmatrix} 1 & 1 \\ 0 & 1 \end{bmatrix}$$

Die Kovarianzmatrix $\underline{Q}$ ergibt sich aus Gleichung (2.56) mit den Maßgaben $t_k = 0$, $t_{k+1} = 1$ und $\underline{\bar{Q}}(t) = \begin{bmatrix} 0 \\ 1 \end{bmatrix} \cdot 1 \cdot [0 \quad 1]$:

$$\underline{Q} = \int_0^1 \underline{\Phi}(1-\tau) \begin{bmatrix} 0 \\ 1 \end{bmatrix} [0 \quad 1] \, \underline{\Phi}'(1-\tau) d\tau = \begin{bmatrix} 1/3 & 1/2 \\ 1/2 & 1 \end{bmatrix}$$

Der beim Abtasten der Position auftretende Meßfehler $w(k)$ sei normiertes weißes Rauschen in diskreter Zeit. Das zeitlich diskretisierte Modell des beobachteten Prozesses ist damit vollständig und lautet:

$$\underline{x}(k+1) = \begin{bmatrix} 1 & 1 \\ 0 & 1 \end{bmatrix} \underline{x}(k) + \underline{v}(k), \quad \underline{Q}(k) = \begin{bmatrix} 0{,}333 & 0{,}5 \\ 0{,}5 & 1 \end{bmatrix}$$

$$y(k) = [1 \quad 0] \, \underline{x}(k) + w(k), \quad R(k) = 1$$

Positions- und Geschwindigkeitsfehler zum Anfangszeitpunkt sind null, d.h. $\underline{P}(0) = \underline{0}$.

Das Kalman-Filter für diese Aufgabe hat die Form (Bild 2.4)

$$\underline{x}^*(k+1) = \begin{bmatrix} 1 & 1 \\ 0 & 1 \end{bmatrix} \hat{\underline{x}}(k) \qquad \underline{x}^*(0) = \underline{0}$$

$$\hat{\underline{x}}(k) = \underline{x}^*(k) + \underline{k}(k)\{y(k) - x_1^*(k)\}$$

Die beiden Verstärkungsfaktoren k_1 und k_2 ergeben sich aus dem Algorithmus (2.51) mit der Anfangsbedingung $\underline{P}^*(0) = \underline{0}$. Somit ist auch $\underline{k}(0)$ und $\underline{\tilde{P}}(0)$ gleich Null. Die numerischen Ergebnisse für $k = 1$ bis 7 sind in Tabelle 2.2 zusammengestellt. Die Varianzen der Schätzfehler von Position und Geschwindigkeit

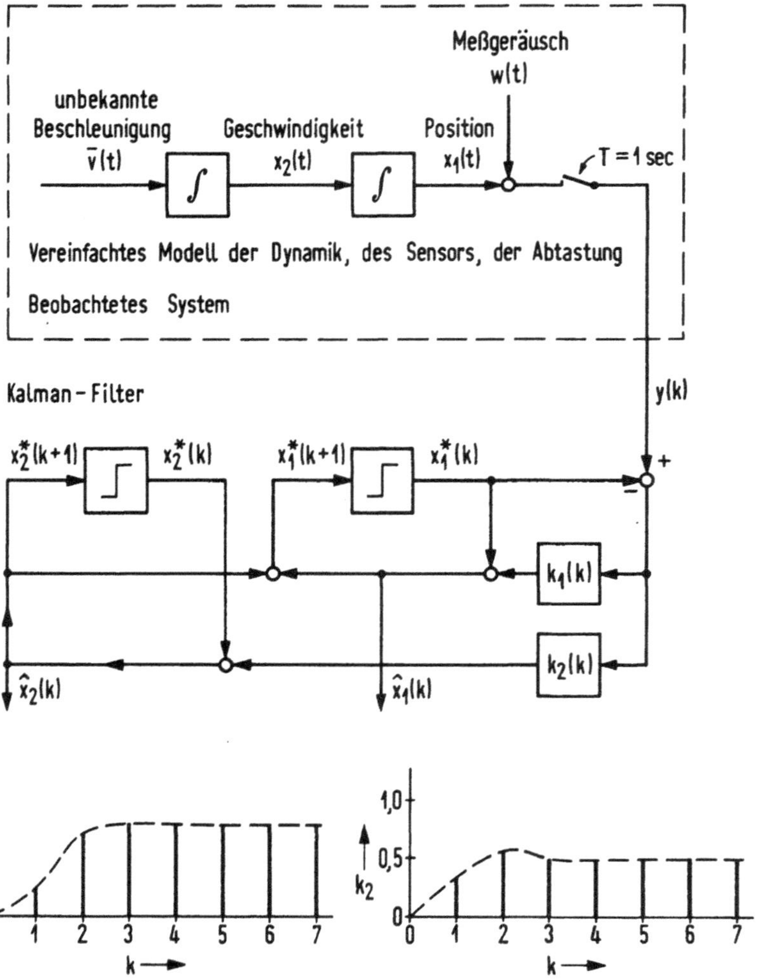

Bild 2.4 Kalman-Filterung von Position und Geschwindigkeit (Beispiel 2.2).

sind im Bild 2.6 aufgetragen. Die Kontrollgleichung (2.53) besagt in diesem Falle, daß gelten muß

$$\underline{\tilde{P}}(k) \begin{bmatrix} 1 \\ 0 \end{bmatrix} = \underline{k}(k) \cdot 1$$

Das bedeutet, daß die erste Spalte von $\underline{\tilde{P}}$ stets mit $\underline{k}$ identisch ist.

Tabelle 2.2: **Ergebnisse des Algorithmus (2.51) beim Beispiel 2.2**

k	$\underline{P}^*$		$\underline{k}$	$\tilde{\underline{P}}$	
0	0	0	0	0	0
	0	0	0	0	0
1	0,333	0,500	0,250	0,250	0,375
	0,500	1,000	0,375	0,375	0,812
2	2,145	1,687	0,682	0,682	0,536
	1,687	1,812	0,536	0,536	0,908
3	2,995	1,944	0,750	0,750	0,485
	1,944	1,908	0,485	0,485	0,964
4	3,017	1,949	0,751	0,751	0,485
	1,949	1,964	0,485	0,485	1,019
5	3,073	2,004	0,755	0,755	0,493
	2,004	2,019	0,493	0,493	1,031
6	3,105	2,024	0,756	0,756	0,493
	2,024	2,031	0,493	0,493	1,031
7	3,106	2,024	0,756	0,756	0,493
	2,024	2,031	0,493	0,493	1,031

Im 7. Intervall bleibt die Kovarianzmatrix $\tilde{\underline{P}}$ gegenüber ihrem vorangegangenen Wert unverändert. Da $\underline{A}$ und $\underline{Q}$ zeitlich konstant

sind, ist nun auch $\underline{P}^*(8) = \underline{P}^*(7)$. Wegen der Zeitinvarianz von $\underline{C}$ und $\underline{R}$ bleibt ferner auch $\underline{K}$ unverändert: $\underline{K}(8) = \underline{K}(7)$, so daß sich schließlich wiederum der alte Wert für $\tilde{\underline{P}}$ ergibt: $\tilde{\underline{P}}(8) = \tilde{\underline{P}}(7)$.

Dieser Zustand des Gleichungssystems (2.51) wird sich künftig ständig reproduzieren, er ist <u>stationär</u>. Bemerkenswert ist, daß der stationäre Zustand sich in diesem Beispiel bereits im 7. Tastzeitpunkt eingespielt hat.
Die Streuungen der stationären Positions- und Geschwindigkeitsfehler sind

$$\sigma_{x_1} = \sqrt{\tilde{p}_{11}(7)} = 0{,}87$$

$$\sigma_{x_2} = \sqrt{\tilde{p}_{22}(7)} = 1{,}015$$

2.3.5 *Nicht-zentrierte Anfangswerte und bekannte Eingangsgrößen beim beobachteten System*

Bisher ist vorausgesetzt worden, daß die Zufallsprozesse $\{\underline{x}(k)\}$ und $\{\underline{y}(k)\}$ den Erwartungswert Null für alle k haben, siehe die Aufgabenstellung und die anschließende Anmerkung im Abschnitt 2.3.1 . Sobald $E\{\underline{x}(k_0)\}$ von Null verschiedene Werte annimmt, geht die Biasfreiheit der genannten Prozesse verloren. Dasselbe gilt, wenn außer den stochastischen Störgrößen $\underline{v}(k)$ noch bekannte Eingangsgrößen $\underline{u}(k)$ in das beobachtete System eintreten. Jetzt enthalten der Zustand $\underline{x}(k)$ und die Meßgröße $\underline{y}(k)$ deterministische, bekannte Anteile, und der Schätzwert $\hat{\underline{x}}(k)$ muß entsprechend modifiziert werden.

Die hier behandelte Beobachtungssituation wird durch das folgende, erweiterte Modell beschrieben

$$\underline{x}(k+1) = \underline{A}(k)\underline{x}(k) + \underline{B}(k)\underline{u}(k) + \underline{v}(k) \quad , \qquad k \geq k_0$$

$$\underline{y}(k) = \underline{C}(k)\underline{x}(k) + \underline{w}(k)$$

Die Anfangsbedingung selbst oder ihr Erwartungswert sei gegeben:

$$E\{\underline{x}(k_0)\} = \underline{\xi} \, ,$$

wobei $\underline{\xi}$ beliebige endliche Werte annehmen darf. Die Folge der p-dimensionalen Eingangsgrößen $\underline{u}(k_0)$, $\underline{u}(k_0+1)$ ... $\underline{u}(k)$ sei exakt bekannt. Im übrigen gelten die gleichen Voraussetzungen wie bei der Aufgabenstellung 2.3.1. Gesucht ist wieder ein linearer, erwartungstreuer Schätzwert minimaler Varianz für $\underline{x}(k)$.

Es ist im Kapitel 1 festgestellt worden, daß der Einfluß der bekannten Größen auf den Zustand $\underline{x}(k)$ und die Meßgröße $\underline{y}(k)$ wegen der Linearität des beobachteten Systems getrennt von den übrigen Größen zu berechnen sei. Diese "Berechnung" könnte selbstverständlich mit einem deterministischen Modell der Strecke geschehen. Zustand und Ausgangsgröße dieses Modells werden mit dem Index 0 gekennzeichnet:

$$\underline{x}_0(k+1) = \underline{A}(k)\underline{x}_0(k) + \underline{B}(k)\underline{u}(k) \;, \quad \underline{x}_0(k_0) = \underline{\xi} \tag{2.57a}$$

$$\underline{y}_0(k) = \underline{C}(k)\underline{x}_0(k) \tag{2.57b}$$

Beim Filtern wäre dann statt $\underline{y}(k)$ jeweils der zentrierte Wert $\underline{y}(k) - \underline{y}_0(k)$ zu verwenden, um die unbekannte, zentrierte Zufallsvariable

$$\underline{x}_1(k) := \underline{x}(k) - \underline{x}_0(k) \tag{2.58}$$

abzuschätzen. Anschließend müßte der bekannte Wert $\underline{x}_0(k)$ dem zentrierten Schätzwert $\hat{\underline{x}}_1(k)$ wieder zugefügt werden. Wir werden sogleich erkennen, daß sich diese scheinbar umständlichen Manipulationen durch eine einfache Modifikation der Filtergleichungen erledigen lassen.

Dazu wird die Gleichung (2.50b) für die zentrierten Variablen $\hat{\underline{x}}_1$ und $\underline{y} - \underline{y}_0$ formuliert. Im ersten Tastzeitpunkt gilt mit $\underline{x}^*(k_0) = \underline{0}$:

$$\hat{\underline{x}}_1(k_0) = \underline{K}(k_0)\{\, \underline{y}(k_0) - \underline{y}_0(k_0) \,\}$$

Hinzufügen von $\underline{x}_0(k_0)$ auf beiden Seiten ergibt den Schätzwert für $\underline{x}(k_0)$:

$$\hat{\underline{x}}(k_0) = \underline{x}_0(k_0) + \hat{\underline{x}}_1(k_0) = \underline{x}_0(k_0) + \underline{K}(k_0)\{\underline{y}(k_0) - \underline{C}(k_0)\underline{x}_0(k_0)\}$$

Ein Vergleich mit (2.50b) zeigt, daß lediglich $\underline{x}^*(k_0)$ verändert worden ist:

$$\underline{x}^*(k_0) = \underline{x}_0(k_0) = \underline{\xi}$$

Für die weiteren Tastzeitpunkte wird die Gleichung (2.50b) zum Zeitpunkt k + 1 genommen und die Größe $\underline{x}^*(k+1)$ mittels (2.50a) eliminiert:

$$\hat{\underline{x}}_1(k+1) = \underline{A}(k)\hat{\underline{x}}_1(k) + \underline{K}(k+1)\{\underline{y}(k+1) - \underline{y}_0(k+1) - \underline{C}(k+1)\underline{A}(k)\hat{\underline{x}}_1(k)\} \tag{2.59}$$

Addition der Gleichungen (2.57a) und (2.59) ergibt mit $\underline{x}_0 + \hat{\underline{x}}_1 = \hat{\underline{x}}$:

$$\hat{\underline{x}}(k+1) = \underline{A}(k)\hat{\underline{x}}(k) + \underline{B}(k)\underline{u}(k) + \\ + \underline{K}(k+1)\{\underline{y}(k+1) - \underline{C}(k+1)\underline{x}_0(k+1) - \underline{C}(k+1)\underline{A}(k)\hat{\underline{x}}_1(k)\}$$

Die Größe $\underline{x}_0(k+1)$ in der geschweiften Klammer wird durch die rechte Seite der Gleichung (2.57a) ersetzt. Anschließend werden die Terme mit $\underline{x}_0$ und $\hat{\underline{x}}_1$ zusammengefaßt:

$$\hat{\underline{x}}(k+1) = [\underline{A}(k)\hat{\underline{x}}(k) + \underline{B}(k)\underline{u}(k)] + \\ + \underline{K}(k+1)\{\underline{y}(k+1) - \underline{C}(k+1)[\underline{A}(k)\hat{\underline{x}}(k) + \underline{B}(k)\underline{u}(k)]\}$$

Ein erneuter Vergleich mit (2.50b) zeigt, daß die Form der Gleichung und insbesondere die Verstärkungsmatrix $\underline{K}$ erhalten geblieben ist, daß jedoch der extrapolierte Schätzwert übergeht in

$$\underline{x}^*(k+1) = \underline{A}(k)\hat{\underline{x}}(k) + \underline{B}(k)\underline{u}(k)$$

Dieses Resultat ist auch unmittelbar anschaulich. - Wir sind nun in der Lage, den folgenden Satz zu formulieren, siehe auch Bild 2.5.

<u>Satz 2.2:</u> (i) Der Algorithmus für den linearen, erwartungstreuen Schätzwert minimaler Varianz des Zustands $\underline{x}(k)$ im System

$$\underline{x}(k+1) = \underline{A}(k)\underline{x}(k) + \underline{B}(k)\underline{u}(k) + \underline{v}(k), \quad E\{\underline{x}(k_0)\} = \underline{\xi} \tag{2.60a}$$

$$\underline{y}(k) = \underline{C}(k)\underline{x}(k) + \underline{w}(k) , \tag{2.60b}$$

bei dem die Musterfolge $\underline{y}(k_0) \ldots \underline{y}(k)$, die Sequenz der Eingangsgrößen $\underline{u}(k_0) \ldots \underline{u}(k-1)$ und a-priori-Kenntnisse gemäß (2.36a...f) gegeben sind, lautet

$$\underline{x}^*(k+1) = \underline{A}(k)\hat{\underline{x}}(k) + \underline{B}(k)\underline{u}(k), \quad \underline{x}^*(k_0) = \underline{\xi} \tag{2.61a}$$

$$\hat{\underline{x}}(k) = \underline{x}^*(k) + \underline{K}(k)\{\underline{y}(k) - \underline{C}(k)\underline{x}^*(k)\} \tag{2.61b}$$

(ii) Die Verstärkungsmatrix $\underline{K}(k)$ ist durch die Gleichungen (2.51) mit der Anfangsbedingung (2.52) bestimmt. -

Beweis: Die Linearität des Schätzwertes $\hat{\underline{x}}(k)$ ist offensichtlich. - Zum Nachweis der Erwartungstreue wird der Fehler des extrapolierten und des augenblicklichen Schätzwertes gebildet. Subtraktion der Gleichung (2.61a) von (2.60a) ergibt

$$\underline{x}(k+1) - \underline{x}^*(k+1) = \underline{A}(k)\tilde{\underline{x}}(k) + \underline{v}(k) \tag{2.62}$$

mit dem Anfangswert

$$\underline{x}(k_0) - \underline{x}^*(k_0) = \underline{x}(k_0) - \underline{\xi} \tag{2.63}$$

Mit den Gleichungen (2.61b) und (2.60b) erhält man

$$\tilde{\underline{x}}(k) = \underline{x}(k) - \hat{\underline{x}}(k) = \underline{x}(k) - \underline{x}^*(k) - \underline{K}(k)\{\underline{C}(k)\underline{x}(k) + \\ + \underline{w}(k) - \underline{C}(k)\underline{x}^*(k)\}$$

$$\tilde{\underline{x}}(k) = \{\underline{I} - \underline{K}(k)\underline{C}(k)\}\{\underline{x}(k) - \underline{x}^*(k)\} - \underline{K}(k)\underline{w}(k) \tag{2.64}$$

Durch Bildung der Erwartungen der Gleichungen (2.63), (2.64), (2.62) und Schluß von k auf k + 1 zeigt sich, daß die Schätzfehler $\underline{x}(k) - \underline{x}^*(k)$ und $\tilde{\underline{x}}(k)$ für alle k den Erwartungswert Null haben, gleichgültig wie groß $\underline{\xi}$ und $\underline{u}$ sind. Die Schätzung ist also erwartungstreu.

Die Kovarianzmatrix von $\underline{x}(k+1) - \underline{x}^*(k+1)$ hat gemäß (2.62) den Wert

$$\underline{P}^*(k+1) = \underline{A}(k)\tilde{\underline{P}}(k)\underline{A}'(k) + \underline{Q}(k) \tag{2.65}$$

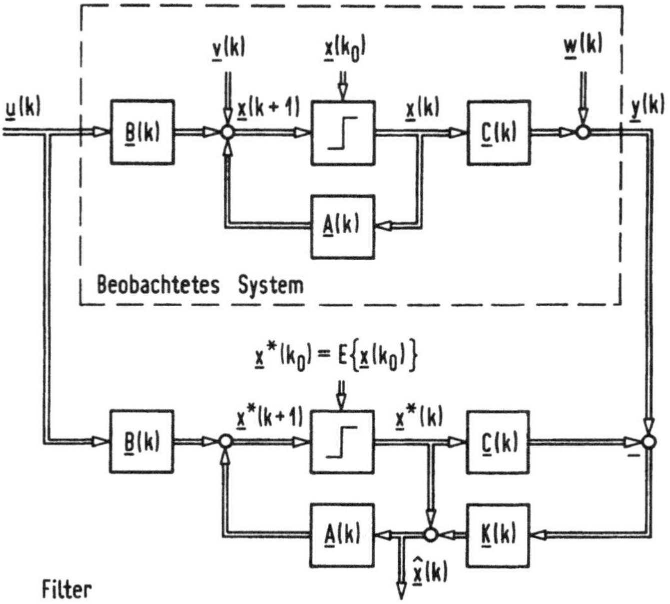

Bild 2.5 Beobachtetes System mit meßbaren Eingangsgrößen, z.B. Stellgrößen, und Kalman-Filter (gestrichelter Bereich unzugänglich).

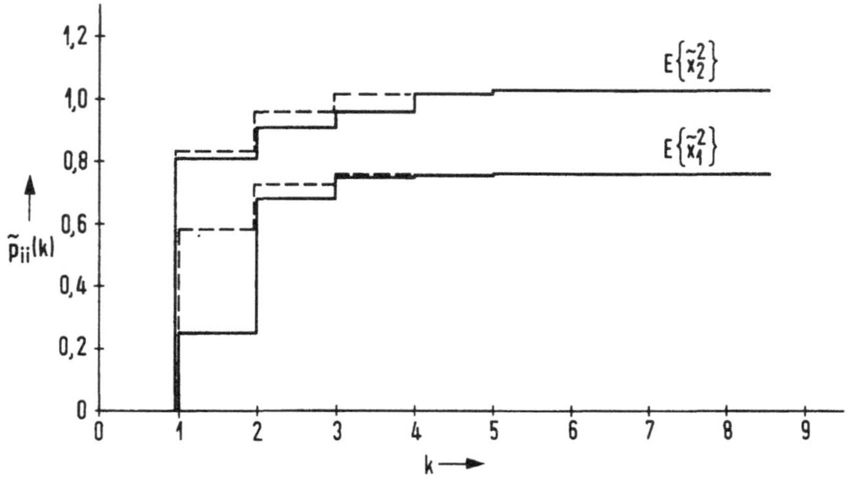

Bild 2.6 Varianzen der Schätzfehler von Position x_1 und Geschwindigkeit x_2. Durchgezogene Linie: Optimale Werte (Beispiel 2.2), gestrichelt: Suboptimale Werte (Beispiel 2.3).

Ihr Anfangswert, gebildet mit Gleichung (2.63), ist gleich $\underline{P}(k_0)$. Ihr weiterer Verlauf entspricht der Gleichung (2.51a). Für die Kovarianzmatrix von $\tilde{\underline{x}}(k)$ ergibt sich laut Gleichung (2.64):

$$\tilde{\underline{P}}(k) = \{\underline{I} - \underline{K}(k)\underline{C}(k)\}\underline{P}^*(k)\{\underline{I} - \underline{C}'(k)\underline{K}'(k)\} + \underline{K}(k)\underline{R}(k)\underline{K}'(k)$$

$$\tilde{\underline{P}}(k) = \underline{P}^*(k) - \underline{K}(k)\underline{C}(k)\underline{P}^*(k) - \underline{P}^*(k)\underline{C}'(k)\underline{K}'(k) +$$
$$+ \underline{K}(k)\{\underline{C}(k)\underline{P}^*(k)\underline{C}'(k) + \underline{R}(k)\}\underline{K}'(k) \qquad (2.66)$$

Wenn $\underline{K}(k)$ gemäß Gl. (2.51b) gewählt wird, heben sich die beiden letzten Summanden weg und der Rest ergibt den minimalen Wert der Varianz gemäß Gleichung (2.51c). -

Anmerkung: Die Gleichungen (2.65) und (2.66) für die Kovarianzmatrizen der Schätzfehler sind unbeschadet des tatsächlichen Wertes von $\underline{K}(k)$ allgemein gültig. Sie können also dazu dienen, die Güte eines vereinfachten suboptimalen Filters im Vergleich zum optimalen Filter zu bestimmen.

Beispiel 2.3: Im Beispiel 2.2 (Kalman-Filterung der Position und Geschwindigkeit) werden die Filter-Verstärkungsgrade k_1 und k_2 zur Vereinfachung des Entwurfs ab $k = 1$ konstant gleich ihrem abgerundeten stationären Endwert eingestellt:

$$\underline{k} = \begin{bmatrix} 0{,}75 \\ 0{,}50 \end{bmatrix}$$

Für $k = 0$ sollen beide Verstärkungsgrade den optimalen Wert null haben (offener Schalter). Die Leistung dieses suboptimalen Filters wird anhand der Gleichungen (2.65) und (2.66) beurteilt. Die numerischen Ergebnisse sind in Tabelle 2.3 angegeben. Die Varianzen der Schätzfehler von Position x_1 und Geschwindigkeit x_2 sind im Bild 2.6 zum Vergleich mit den optimalen Werten eingetragen. Man erkennt, daß die optimalen Varianzen naturgemäß stets kleiner sind als die suboptimalen Werte. Der Unterschied ist hier jedoch nur im ersten Intervall gravierend und verschwindet nach wenigen Tastzeitpunkten fast vollständig.

Tabelle 2.3: Varianzen beim suboptimalen Filter (Beispiel 2.3)

k	P^*		$\underline{\tilde{P}}$	
0	0	0	0	0
	0	0	0	0
1	0,333	0,500	0,583	0,458
	0,500	1,000	0,458	0,833
2	2,665	1,791	0,727	0,491
	1,791	1,833	0,491	0,960
3	3,002	1,951	0,751	0,485
	1,951	1,960	0,485	1,008

2.3.6 *Vorhersage (Extrapolation, Prädiktion)*

Wir kehren zurück zu der ursprünglichen Aufgabenstellung im Abschnitt 2.3.1. Insbesondere sei die Anfangsbedingung $\underline{x}(k_0)$ wieder biasfrei und die Eingangsfolge $\underline{u}(k)$ abwesend, so daß die Prozesse $\{\underline{x}(k)\}$ und $\{\underline{y}(k)\}$ den Erwartungswert Null haben. Gesucht werde jetzt der lineare, erwartungstreue Minimum-Varianz-Schätzwert des <u>zukünftigen</u> Zustandsvektors $\underline{x}(K)$, $K > k$. Er soll auf der Grundlage der Daten $\underline{y}(k_0) \ldots \underline{y}(k)$ gebildet werden (k Gegenwart). Der gewünschte Schätzwert wird mit

$$\underline{\hat{x}}(K|k)$$

bezeichnet. - Auch dieser Schätzwert muß der diskreten Wiener-Hopf-Gleichung (2.14) genügen, die wie im Abschnitt 2.3.3 in der Fassung (2.16) verwendet wird. Diese Bedingung lautet im Zuschnitt auf die hier vorliegende Prädiktionsaufgabe

$$E\{[\underline{x}(K) - \underline{\hat{x}}(K|k)][\underline{y}'(k_0), \underline{y}'(k_0+1) \ldots \underline{y}'(k)]\} = \underline{0} \qquad (2.67)$$

Der um einen Tastzeitpunkt extrapolierte Schätzwert ist bereits mittels Gleichung (2.45b) bestimmt worden, denn es gilt die Identität:

$$\underline{\hat{x}}(k+1|k) \equiv \underline{x}^*(k+1)$$

Es wird nun durch das dortige Vorgehen nahegelegt, die noch weiter in die Zukunft extrapolierten Schätzwerte auf das inzwischen ermittelte $\underline{x}^*(k+1)$ zurückzuführen. Dazu drücken wir $\underline{x}(K)$ mit Hilfe der allgemeinen Lösungsgleichung (1.55d) in $\underline{x}(k+1)$ und der Eingangsfolge $\underline{v}(k+1) \ldots \underline{v}(K-1)$ aus:

$$\underline{x}(K) = \underline{\Phi}(K,k+1)\underline{x}(k+1) + \sum_{\varkappa=k+1}^{K-1} \underline{\Phi}(K,\varkappa+1)\underline{v}(\varkappa) \qquad (2.68)$$

Die gegebenen Daten $\underline{y}(k_0) \ldots \underline{y}(k)$ in Gleichung (2.67) hängen nur von $\underline{x}(k_0)$, $\underline{v}(k_0) \ldots \underline{v}(k-1)$ und $\underline{w}(k_0) \ldots \underline{w}(k)$ ab. Die Daten sind deshalb mit den Werten $\underline{v}(k+1) \ldots \underline{v}(K-1)$ unter der Summe in Gleichung (2.68) nicht korreliert. Beim Einsetzen von (2.68) in die Bedingung (2.67) kann also die gesamte Summe gestrichen werden. Die Bedingung geht damit über in

$$E\{[\underline{\Phi}(K,k+1)\underline{x}(k+1) - \underline{\hat{x}}(K|k)][\underline{y}'(k_0),\underline{y}'(k_0+1) \ldots \underline{y}'(k)]\} = \underline{0}$$

Diese Vorschrift läßt sich offenbar mit der Wahl

$$\underline{\hat{x}}(K|k) = \underline{\Phi}(K,k+1)\underline{x}^*(k+1)$$

erfüllen, denn nun kann $\underline{\Phi}(K,k+1)$ vor die Erwartung gezogen werden, und die verbleibende Erwartung ist identisch mit der inzwischen längst gültigen Aussage (2.45b). Die Lösung des Vorhersageproblems ist also gegeben durch eine einfache Ergänzung zur Filterlösung.

Wir fassen zusammen:

Satz 2.3: Der lineare, erwartungstreue Schätzwert minimaler Varianz für den zukünftigen Zustand $\underline{x}(K)$, $K > k$ des zeitlich diskreten, stochastisch gestörten Systems

$$\underline{x}(k+1) = \underline{A}(k)\,\underline{x}(k) + \underline{v}(k)\,, \qquad E\{\underline{x}(k_0)\} = \underline{0}$$

$$\underline{y}(k) = \underline{C}(k)\underline{x}(k) + \underline{w}(k)\,,$$

bei dem die Musterfolge $\underline{y}(k_0)$ ... $\underline{y}(k)$ und a-priori-Kenntnisse gemäß (2.36a...f) vorhanden sind, ist gegeben durch

$$\hat{\underline{x}}(K|k) = \underline{\Phi}(K,k+1)\underline{x}^*(k+1) \qquad (2.69)$$

wobei $\underline{\Phi}$ die Transitionsmatrix zu $\underline{A}(k)$ darstellt, und $\underline{x}^*(k+1)$ gemäß dem Rekursionsalgorithmus von Satz 2.1 zu berechnen ist. -

Selbstverständlich lassen sich auch nicht-verschwindende Stellgrößen und nicht-zentrierte Anfangsbedingungen wie im Satz 2.2 berücksichtigen. Allerdings müssen zur optimalen Vorhersage die gegenwärtigen und zukünftigen Stellgrößen $\underline{u}(k)$, $\underline{u}(k+1)$ ... $\underline{u}(K-1)$ bekannt sein (oder verschwinden). In diesem Zusammenhang ist die Vorhersage um ein einziges Intervall besonders interessant und didaktisch beliebt. Dabei wird außer den vergangenen Werten der Stellgröße nur noch deren gegenwärtiger Wert $\underline{u}(k)$ benötigt, und dieser darf stets als gegeben betrachtet werden. Das Ergebnis ist implizit bereits im Satz 2.2 enthalten. Es läßt sich aber durch Substitution der Gleichung (2.61b) in die Gleichung (2.61a) noch eleganter formulieren:

$$\underline{x}^*(k+1) = \underline{A}(k)[\underline{x}^*(k) + \underline{K}(k)\{\underline{y}(k) - \underline{C}(k)\underline{x}^*(k)\}] + \underline{B}(k)\underline{u}(k)$$

Mit den Vereinbarungen

$$\underline{x}^*(k) := \hat{\underline{x}}(k|k-1) \; ,$$

$$\underline{K}^*(k) := \underline{A}(k)\underline{K}(k) \qquad (2.70)$$

geht diese Gleichung über in die Lösung

$$\hat{\underline{x}}(k+1|k) = \underline{A}(k)\hat{\underline{x}}(k|k-1) + \underline{B}(k)\underline{u}(k) + \underline{K}^*(k)\{\underline{y}(k) - \underline{C}(k)\hat{\underline{x}}(k|k-1)\} \qquad (2.71)$$

Dieses Resultat wird sehr oft zitiert. Es vermittelt sowohl eine vollkommene Analogie zum Modell des beobachteten Systems als auch zum Filter für kontinuierliche Zeit, siehe Bild 2.7 und vergleiche Abschnitt 2.4 sowie Bild 2.8. Die Matrix $\underline{K}(k)$ und damit der neue Verstärkungsgrad $\underline{K}^*(k)$ sind nach wie vor durch die Gleichung (2.51b) bestimmt. Durch Substitution von $\underline{K}(k)$ aus Gleichung (2.51b) in die Gleichung (2.51c) und weiteres

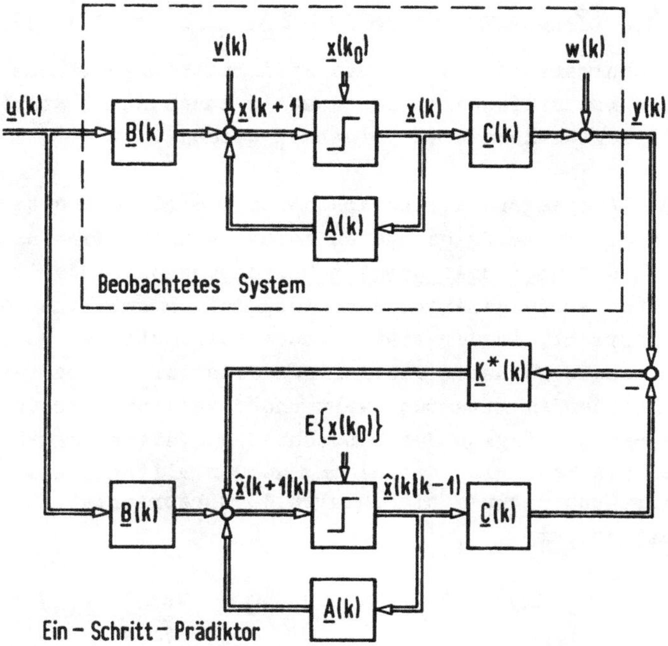

Bild 2.7 Vorhersage um ein Intervall: $\hat{\underline{x}}(k|k-1) = \underline{x}^*(k)$, $\underline{K}^*(k) = \underline{A}(k)\underline{K}(k)$, vergl. Bild 2.5.

Einsetzen des Ergebnisses in die Gleichung (2.51a) erhält man unmittelbar eine Differenzengleichung für die Kovarianzmatrix $\underline{P}^*(k)$ des Fehlers $\tilde{\underline{x}}(k|k-1)$:

$$\underline{P}^*(k+1) = \underline{A}(k)\underline{P}^*(k)\underline{A}'(k) - \underline{A}(k)\underline{P}^*(k)\underline{C}'(k)\{\underline{C}(k)\underline{P}^*(k)\underline{C}'(k) + \underline{R}(k)\}^{-1} \cdot \underline{C}(k)\underline{P}^*(k)\underline{A}'(k) + \underline{Q}(k), \quad \underline{P}^*(k_0) = \underline{P}(k_0) \qquad (2.72)$$

Das ist das zeitlich diskrete Pendant zur berühmten Matrix-Riccati-Differentialgleichung für die Filterung in kontinuierlicher Zeit.

2.3.7 *Zusammenfassung und Schlußbemerkungen*

Der Kalmansche Filter- und Prädiktionsalgorithmus für diskrete Zeit ist stufenweise bei jeweils zunehmenden statistischen a-priori-Kenntnissen aufgebaut worden.

i) Ausgangspunkt war Abschnitt 1.6 mit der deterministischen Beobachtungsaufgabe, deren Lösung bereits dort als besonderer Fall der Gaußschen Ausgleichsrechnung dargestellt worden war. Später wurde gezeigt, daß diese Aufgabenstellung einer Situation entspricht, in der statistische Vorkenntnisse vollkommen fehlen. Insbesondere haben die Anfangswerte der Zustandsvariablen verschwindenden Erwartungswert und unendliche Streuung, die Störgrößen am Eingang des beobachteten Systems werden vernachlässigt und die Meßfehler am Ausgang werden allesamt als zentriert, normiert und gegenseitig unkorreliert betrachtet. Mathematisch ausgedrückt:

$$E\{\underline{x}(k_0)\} = \underline{0}, \quad \underline{P}^{-1}(k_0) = \underline{0}, \quad \underline{Q} \equiv \underline{0}, \quad \underline{R}(k) \equiv \underline{I}.$$

ii) Bei der nächsten Stufe, dem Gauß-Markoffschen Verfahren, werden hinsichtlich des Anfangszustandes nach wie vor keinerlei Voraussetzungen getroffen. Die Einbeziehung statistischer Vorkenntnisse über die Stör- und Meßgeräusche ist jedoch in der Weise möglich, daß sie als gegenseitig unabhängige, weiße Zufallsprozesse mit gegebenen Kovarianzmatrizen postuliert werden:

$$E\{\underline{x}(k_0)\} = \underline{0}, \quad \underline{P}^{-1}(k_0) = \underline{0}; \quad \underline{Q}(k) \text{ und } \underline{R}(k) \text{ passend vorzugeben.}$$

iii) Das Verfahren der minimalen Varianz erlaubt zusätzlich die Berücksichtigung von a-priori-Kenntnissen über den Anfangszustand $\underline{x}(k_0)$, die in Form seiner Kovarianzmatrix spezifiziert werden:

$$E\{\underline{x}(k_0)\} = \underline{0}; \quad \underline{P}(k_0), \ \underline{Q}(k) \text{ und } \underline{R}(k) \text{ passend vorzugeben.}$$

iv) Schließlich wurde das letztgenannte Verfahren auf nichtzentrierte Anfangswerte und bekannte Eingangsgrößen erweitert:

$E\{\underline{x}(k_0)\}$ sowie $\underline{u}(k_0)$, $\underline{u}(k_0+1)$ ... $\underline{u}(k-1)$ beliebig.

v) Außerdem wurde die rekursive Filterung minimaler Varianz mit einer Formel für die Prädiktion ergänzt.

Damit ist die Kalmansche Filteraufgabe in ihrer Grundform gelöst. Verbleibende Fragen sind:

a) Korrelation zwischen Stör- und Meßprozeß: $E\{\underline{v}(k)\underline{w}'(k)\} \neq \underline{0}$. Der Filteralgorithmus kann ohne grundsätzliche Schwierigkeiten auf diesen Fall verallgemeinert werden; bei der Auswertung der Wiener-Hopfschen Gleichung fallen lediglich einige zusätzliche Terme an, siehe z.B. [2.14], [2.16].

b) Farbige Stör- und Meßgeräusche: Diese werden dadurch einbezogen, daß ein passendes Formfilter (shaping filter) in Gestalt einer Vektordifferenzengleichung angesetzt wird, das seinerseits durch weißes Rauschen erregt wird. Das Modell dieses Formfilters wird dem ursprünglichen Modell der beobachteten Strecke hinzugefügt. Dabei wird der ursprüngliche Zustandsvektor um die Zustandsvariablen des Formfilters erweitert, und die Matrizen $\underline{A}$, $\underline{C}$ und $\underline{Q}$ werden entsprechend vergrößert. Zur Synthese des Formfilters aus einer gegebenen matrixwertigen Kovarianzfunktion siehe Abschnitt 3.6 .

c) Systematische Störgrößen und Meßfehler: Diese Situation wird wie der Fall farbiger Geräusche durch die Definition zusätzlicher Zustandsvariablen erfaßt. Diese x_i sind nun jedoch zeitlich konstant, d.h. ihre Anregungen v_i verschwinden identisch. Somit lautet das "Formfilter" hier

$$x_i(k+1) = x_i(k) \qquad i > n$$

Die Matrizen $\underline{A}$ und $\underline{C}$ werden sinngemäß vergrößert, und die Matrix $\underline{Q}$ wird mit Nullen ergänzt. A-priori-Kenntnisse über Mittelwert und Varianz der systematischen Fehler können in der üblichen Weise spezifiziert und einbezogen werden: $E\{x_i(k_0)\} = \xi_i$ und $E\{[x_i(k_0) - \xi_i]^2\} = p_{ii}(k_0)$. - Ein Beispiel für dieses Problem ist oben bereits behandelt worden (Sensor-Eichung, Beispiel 2.1).

An dieser Stelle muß leider gesagt werden, daß die Vergrößerung des Zustandsvektors (state-vector-augmentation) bei farbigem Rauschen und systematischen Fehlern nicht selten den Hauptanteil zur rechnerischen Komplexität des Filterproblems beiträgt. Nehmen wir beispielsweise an, daß Position und Geschwindigkeit eines Fahrzeugs gemessen werden. Beide Messungen seien mit systematischen und farbigen Fehlern behaftet. Außerdem unterliege das Fahrzeug unbekannten farbigen Störbeschleunigungen. Das vergrößerte Modell dieser Beobachtungssituation weist dann die folgenden Zustandsvariablen auf:

x_1 : Position } ursprüngliche Zustandsvariable
x_2 : Geschwindigkeit
x_3 : farbige Beschleunigung
x_4 : farbiger Positionsmeßfehler
x_5 : farbiger Geschwindigkeitsmeßfehler
x_6 : systematischer Positionsmeßfehler (bias)
x_7 : systematischer Geschwindigkeitsmeßfehler

Die Ordnung des Problems hat sich hier also von 2 auf 7 erhöht! Dabei wurde für die farbigen Geräusche noch das einfachste Modell, nämlich jeweils ein Formfilter 1. Ordnung angenommen .

d) <u>Singuläre $\underline{R}$-Matrix:</u> Die Kovarianzmatrix der Meßfehler ist singulär, wenn eine oder mehrere ihrer Zeilen - und die entsprechenden Spalten - verschwinden oder linear voneinander abhängen. Im ersten Falle liegen exakte Messungen vor, d.h. $w_i = 0$. Im zweiten Falle sind einige Elemente von $\underline{z}$ perfekt korreliert. Betrachten wir z.B. die dreigliedrige Meßgleichung:

$$\begin{bmatrix} y_1 \\ y_2 \\ y_3 \end{bmatrix} = \begin{bmatrix} \underline{c}^1 \\ \underline{c}^2 \\ \underline{c}^3 \end{bmatrix} \underline{x} + \begin{bmatrix} w_1 \\ \alpha w_1 \\ 0 \end{bmatrix}$$

Dabei sind die $\underline{c}^i$ die Zeilen von $\underline{C}$, und α ist ein gegebener Beiwert. Nun ist

$$\underline{R} = E\left\{\begin{bmatrix} w_1 \\ \alpha w_1 \\ 0 \end{bmatrix} [w_1,\ \alpha w_1,\ 0]\right\} = \begin{bmatrix} r_{11}, & \alpha r_{11}, & 0 \\ \alpha r_{11}, & \alpha^2 r_{11}, & 0 \\ 0 & 0 & 0 \end{bmatrix}$$

Die Matrix $\underline{R}$ hat in diesem Beispiel also den Rang 1. -

Aus perfekt korrelierten Messungen können durch geeignete Linearkombinationen exakte Meßwerte gewonnen werden. Im obigen Beispiel sind y_1 und y_2 perfekt korreliert und die passende Linearkombination besteht aus der Differenz zwischen αy_1 und y_2. Es gilt:

$$\alpha y_1 - y_2 = (\alpha \underline{c}^1 - \underline{c}^2)\ \underline{x} + 0 \quad := y_2^{\,0}$$

Wenn wir in diesem Beispiel die Meßwerte y_1, $y_2^{\,0}$ und y_3 verwenden, wobei die zweite Zeile der Meßmatrix $\underline{C}$ entsprechend abzuwandeln ist, dann haben wir nur eine einzige fehlerbehaftete Messung neben zwei exakten Meßwerten vor uns. -

Die Funktionsfähigkeit des Kalmanschen Filteralgorithmus wird durch die Singularität von $\underline{R}$ nicht berührt, solange nur die Summe $\underline{R} + \underline{C}\ \underline{P}^*\underline{C}'$ regulär bleibt, siehe Gleichung (2.51b). Die Ordnung des Kalman-Filters ist dabei jedoch unnötig hoch. Sie läßt sich, wie auch beim Luenberger-Beobachter (Abschnitt 1.2, [1.12]), um die Zahl der exakten Messungen verringern. Entsprechende Arbeiten sind an verschiedenen Stellen für kontinuierliche Zeit [2.17], [2.18] und diskrete Zeit publiziert worden [2.19], [2.20], [2.21], siehe auch [2.14]. Wir kommen im Abschnitt 3.7 darauf zurück.

e) Glättung (Interpolation, Smoothing): Hierunter versteht man die Abschätzung vergangener Werte des Zustands auf Grund von Messungen bis zur Gegenwart, also die Bildung des Schätzwertes $\hat{\underline{x}}(K|k)$ mit $K < k$. Die Glättung ist wesentlich komplizierter, wenn auch prinzipiell in ähnlicher Weise wie reine Filterung zu bewerkstelligen. In der Wiener-Hopf-Gleichung sind jetzt nämlich erheblich mehr Terme zu berücksichtigen. Ergebnisse sind in der Literatur vorhanden, u.a. [2.22], [2.23], siehe auch [2.14].

2.4 Das Kalman-Bucy-Filter (kontinuierliche Zeit)

Die Filterung und Vorhersage in kontinuierlicher Zeit ist in mathematischem Sinne ein höherstehendes Problem als die Filteraufgabe in diskreter Zeit. Aus diesem Grunde ist letztere vorab behandelt worden. Das diskrete Filterproblem konnte mit elementaren wahrscheinlichkeitstheoretischen Begriffen und rein algebraischen Methoden formuliert und gelöst werden: Vektorielle Zufallsprozesse in diskreter Zeit werden vom theoretischen Standpunkt einfach als vieldimensionale Zufallsvariable interpretiert, wobei die Dimension gleich der Anzahl der Vektorelemente mal der Zahl der betrachteten Zeitpunkte ist. Entsprechend elementar ist die Behandlung stochastischer Differenzengleichungen und der zeitlichen Entwicklung der Kovarianzen. Weißes Rauschen wirft bei diskreter Zeit keinerlei Probleme auf. Beim Übergang zur kontinuierlichen Zeit werden Differenzengleichungen und Summen durch Differentialgleichungen und Integrale abgelöst. Die Spezifikation eines Zufallsprozesses ist bei kontinuierlicher Zeit problematischer, weil die Zahl der betrachteten Zeitpunkte in ein Kontinuum übergeht. Besonders heikel sind stochastische Differentialgleichungen; ihre mathematische Behandlung muß streng genommen mit dem Itôschen Kalkül erfolgen [2.9], [2.12], [2.13], [2.14]. Weißes Rauschen in kontinuierlicher Zeit ist eine Fiktion; existent im mathematischen und physikalischen Sinne ist nur sein Integral, die Brownsche Bewegung bzw. der Wienersche Prozeß.

Soll also die Filteraufgabe bei kontinuierlicher Zeit in mathematisch ganz strengem Sinne formuliert und gelöst werden, so ist man zur Verwendung von Itôschen Differentialen und Brownscher Bewegung gezwungen. Diese Darstellungsweise dürfte aber den wenigsten Lesern dieser Buchreihe geläufig sein. Im linearen Fall, der hier zugrunde liegt, läßt sie sich überdies leicht vermeiden, wenn nur gewisse Vorsichtsmaßnahmen getroffen werden. Wir wollen daher im folgenden die konventionelle Schreibweise mit gewöhnlichen Differentialgleichungen und weißem Rauschen beibehalten.

Ebenso wie bei der Beobachtungsaufgabe im Kapitel 1 werden wir sehen, daß das Problem der Filterung in kontinuierlicher Zeit starke Parallelen zum Fall diskreter Zeit aufweist. Diese wollen wir durch eine passende Bezeichnungsweise auch hier deutlich zum Ausdruck bringen. Insbesondere werden wieder die gleichen Symbole für die entsprechenden Matrizen im Modell des beobachteten Systems und im Filteralgorithmus gewählt. Wenn diskrete und kontinuierliche Beziehungen irgendwo nebeneinander auftreten, wird die Verwechslungsgefahr wie bisher durch Überstreichen eines der beiden Sätze von Symbolen ausgeschaltet.

2.4.1 *Aufgabenstellung*

In Analogie zur diskreten Fassung der Aufgabenstellung wird zunächst ein lineares System betrachtet, bei dem der Einfluß bekannter Eingangsgrößen ggf. bereits eliminiert worden ist.[1] Wieder werden stochastische Störgrößen am Eingang und stochastische Meßfehler am Ausgang berücksichtigt. Das Modell des beobachteten Systems lautet somit (siehe auch Bild 2.8, oberer Teil, mit $\underline{B}\,\underline{u} \equiv \underline{O}$):

$$\dot{\underline{x}}(t) = \underline{A}(t)\underline{x}(t) + \underline{v}(t) \qquad t \geq t_0 \tag{2.73a}$$

$$\underline{y}(t) = \underline{C}(t)\underline{x}(t) + \underline{w}(t) \tag{2.73b}$$

Der zu schätzende Zustandsvektor $\underline{x}(t)$ ist n-dimensional. Sein Anfangswert $\underline{x}(t_0)$ sei ein Zufallsvektor mit der <u>Erwartung Null</u>[1] und gegebener Kovarianzmatrix $\underline{P}(t_0)$:

$$E\left\{[\underline{x}(t_0) - E\{\underline{x}(t_0)\}][\underline{x}(t_0) - E\{\underline{x}(t_0)\}]'\right\} = \underline{P}(t_0) \tag{2.74a}$$

Die Meßgröße $\underline{y}(t)$ ist m-gliedrig. Die Elemente $a_{ik}(t)$ und $c_{ik}(t)$ der Matrizen $\underline{A}$ und $\underline{C}$ sind bekannte, <u>stetige</u> Funktionen der Zeit t.

Die n-dimensionale Störgröße $\underline{v}(t)$ und der m-gliedrige Meßfehler $\underline{w}(t)$ sind vektorielle weiße[2] Zufallsprozesse mit gegebenen Kovarianzmatrizen:

$$E\{\underline{v}(t)\} \equiv \underline{O} \qquad E\{\underline{v}(t)\underline{v}'(\tau)\} = \underline{Q}(t)\delta(t-\tau) \tag{2.74b}$$

$$E\{\underline{w}(t)\} \equiv \underline{O} \qquad E\{\underline{w}(t)\underline{w}'(\tau)\} = \underline{R}(t)\delta(t-\tau) \tag{2.74c}$$

1) Diese Voraussetzung wird später aufgehoben.

2) Diese Voraussetzung kann aufgehoben werden [2.14], [2.17], [2.18].

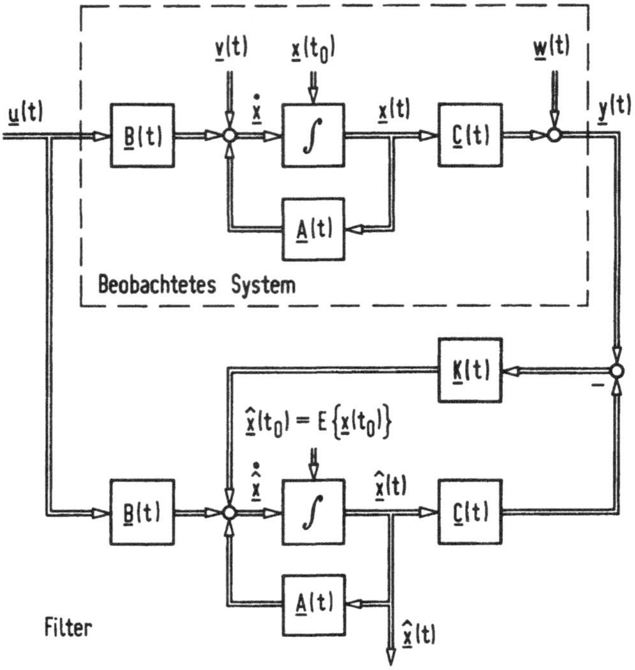

Bild 2.8 Beobachtetes System in kontinuierlicher Zeit und Kalman-Bucy-Filter (gestrichelt: Unzugänglicher Bereich).

Hierbei ist $\delta(t-\tau)$ die Diracsche Deltafunktion. $\underline{Q}$ und $\underline{R}$ sind symmetrisch, ihre Elemente sind stetige Funktionen von t. $\underline{Q}$ ist positiv semidefinit, $\underline{R}$ dagegen muß positiv definit (regulär) sein[2]. Der Anfangszustand, der Stör- und der Meßprozeß seien gegenseitig unkorreliert:

$$E\{\underline{x}(t_0)\underline{v}'(t)\} \equiv \underline{0} \qquad (2.74d)$$

$$E\{\underline{x}(t_0)\underline{w}'(t)\} \equiv \underline{0} \qquad (2.74e)$$

$$E\{\underline{v}(t)\underline{w}'(\tau)\} \equiv \underline{0}\ ^{2)} \qquad (2.74f)$$

2) Diese Voraussetzung kann aufgehoben werden [2.14], [2.17], [2.18].

Gesucht ist ein linearer, erwartungstreuer Schätzwert von $\underline{x}(t)$ auf der Basis der Musterfunktion $\underline{y}(\tau)$, $t_0 \leq \tau \leq t$. Dieser Schätzwert wird mit $\hat{\underline{x}}(t)$ bezeichnet. Der Schätzfehler wird wie üblich definiert:

$$\tilde{\underline{x}}(t) := \underline{x}(t) - \hat{\underline{x}}(t) \tag{2.75}$$

Seine Kovarianzmatrix ist - bei erwartungstreuer Schätzung - erklärt durch

$$\tilde{\underline{P}}(t) := E\{\tilde{\underline{x}}(t)\tilde{\underline{x}}'(t)\} \tag{2.76}$$

Der Schätzwert soll optimal sein in dem Sinne, daß die Komponenten des Schätzfehlers minimale Varianzen aufweisen. Das ist äquivalent mit der Forderung

$$\operatorname{spur} \tilde{\underline{P}}(t) \rightarrow \min.$$

2.4.2 *Die Matrix-Wiener-Hopf-Gleichung*

Für den gesuchten linearen, erwartungstreuen Schätzwert minimaler Varianz wird im folgenden eine notwendige und hinreichende Bedingung abgeleitet. Im Abschnitt 2.2 bei diskreter Zeit hatte dieser Schätzwert die Form $\underline{G}\ \underline{z}$, siehe Gleichung (2.11). Durch passende Aufteilung der Gewichtsmatrix $\underline{G}$ und der kumulierten Beobachtungen $\underline{z}$ kann er in eine äquivalente Summenform gebracht werden:

$$\hat{\underline{x}}(K|k) = \underline{G}(K,k)\underline{z} := \sum_{\varkappa=k_0}^{k} \bar{\underline{G}}(K,\varkappa)\underline{y}(\varkappa)$$

Bei kontinuierlicher Zeit wird für den Schätzwert des Zustands $\underline{x}(T)$ auf der Basis der Messungen bis zur Zeit t der genau entsprechende Ansatz gemacht:

$$\hat{\underline{x}}(T|t) = \int_{t_0}^{t} \underline{G}(T,\tau)\underline{y}(\tau)d\tau \qquad T,\ t \geq t_0 \tag{2.77}$$

Dabei ist $[t_0,\ t]$ das Beobachtungsintervall; $T < t$ bedeutet Glättung, $T = t$ reine Filterung und $T > t$ Prädiktion. Die matrixwertige Gewichtsfunktion $\underline{G}(T,\tau)$ ist vom Typ n x m, reell, stetig und ansonsten frei wählbar.

Der Ansatz (2.77) ist offensichtlich linear. Wir überprüfen als nächstes die Erwartungstreue. Dazu ist festzustellen, daß der Prozeß $\{\underline{x}(t)\}$, der durch die Differentialgleichung (2.73a) mit $E\{\underline{x}(t_0)\} = \underline{0}$ und $E\{\underline{v}(t)\} \equiv \underline{0}$ bestimmt ist, für alle t den Erwartungswert Null hat. Weil ferner $E\{\underline{w}(t)\} \equiv \underline{0}$ ist, hat der Prozeß $\{\underline{y}(t)\}$ gemäß (2.73b) ebenfalls die Erwartung Null, d.h. $E\{\underline{y}(\tau)\} = \underline{0}$ für alle $\tau \in [t_0, t]$. Somit verschwindet auch die Erwartung des Integrals in Gleichung (2.77), und es gilt $E\{\hat{\underline{x}}(T|t)\} = \underline{0} = E\{\underline{x}(T)\}$. Der Schätzwert ist also in der Tat erwartungstreu (unbiased).

Der Ansatz (2.77) hat übrigens prinzipiell die gleiche Form wie das Beobachtungsgesetz (1.17): Die Gewichtsfunktion ist dort gegeben durch $\underline{G}(t_1,\tau) = \underline{M}^{-1}(t_1,t_0)\underline{\Phi}'(\tau,t_1)\underline{C}'(\tau)$. Hier wie dort ist die Aufgabe nur dann sinnvoll gestellt, wenn das beobachtete System im betrachteten Intervall vollkommen beobachtbar ist.

Um eine Bedingung für den optimalen Wert der Gewichtsfunktion $\underline{G}(T,\tau)$ zu finden, gehen wir in einer Weise vor, die einigen Lesern vielleicht schon von der Wienerschen Filtertheorie her bekannt ist ([2.2], Anhang von Levinson). Die Gewichtsfunktion wird in zwei Summanden aufgespalten:

$$\underline{G}(T,\tau) = \underline{G}_0(T,\tau) + \lambda\,\underline{G}_1(T,\tau) \qquad (2.78)$$

Dabei sei $\underline{G}_0$ die gesuchte optimale Funktion, während λ und die Elemente von $\underline{G}_1$ beliebige reelle, stetige Werte annehmen dürfen. Der Schätzwert setzt sich nun ebenfalls aus zwei Teilen zusammen:

$$\hat{\underline{x}}(T|t) = \hat{\underline{x}}_0(T|t) + \lambda\,\hat{\underline{x}}_1(T|t)$$

wobei $\hat{\underline{x}}_0$ und $\hat{\underline{x}}_1$ respektive mit $\underline{G}_0$ und $\underline{G}_1$ gemäß (2.77) zu bilden sind. Der Schätzfehler geht damit über in

$$\tilde{\underline{x}}(T|t) := \underline{x}(T) - \hat{\underline{x}}(T|t) = \underline{x}(T) - \hat{\underline{x}}_0(T|t) - \lambda\,\hat{\underline{x}}_1(T|t)$$

$$= \tilde{\underline{x}}_0(T|t) - \lambda\,\hat{\underline{x}}_1(T|t)\ ,$$

wobei

$$\tilde{\underline{x}}_0(T|t) := \underline{x}(T) - \hat{\underline{x}}_0(T|t).$$

Das Gütekriterium lautet nun (Argumente T und t unterdrückt):

$$E\{\underline{\tilde{x}}'\underline{\tilde{x}}\} = E\{(\underline{\tilde{x}}_0 - \lambda\underline{\hat{x}}_1)'(\underline{\tilde{x}}_0 - \lambda\underline{\hat{x}}_1)\}$$

$$= E\{\underline{\tilde{x}}_0'\underline{\tilde{x}}_0\} - 2\lambda E\{\underline{\tilde{x}}_0'\underline{\hat{x}}_1\} + \lambda^2 E\{\underline{\hat{x}}_1'\underline{\hat{x}}_1\} \qquad (2.79)$$

Da $\underline{G}_0$ in Gleichung (2.78) der optimale Wert sein soll, muß das Kriterium (2.79) seinen Extremwert <u>für alle</u> $\underline{G}_1$ an der Stelle $\lambda = 0$ haben:

$$\frac{\partial}{\partial\lambda} E\{\underline{\tilde{x}}'\underline{\tilde{x}}\}\Big|_{\lambda=0} = -2E\{\underline{\tilde{x}}_0'\underline{\hat{x}}_1\} = 0 \qquad (2.80a)$$

Oder

$$\text{spur } E\{\underline{\tilde{x}}_0\underline{\hat{x}}_1'\} = \text{spur } E\{\underline{\tilde{x}}_0 \int_{t_0}^{t} \underline{y}'(\tau)\underline{G}_1'(T,\tau)d\tau\} =$$

$$= \text{spur} \int_{t_0}^{t} E\{\underline{\tilde{x}}_0\underline{y}'(\tau)\}\underline{G}_1'(T,\tau)d\tau = 0 \qquad (2.80b)$$

Die Spur ist eine Summe und kann als solche mit dem Integral vertauscht werden. Wir brauchen jetzt nur noch die Hauptdiagonale des Integranden $E\{\ldots\}\underline{G}_1'$ zu betrachten. Das i-te Hauptelement ist dadurch zu bilden, daß die i-te Zeile der Erwartung mit der i-ten Spalte von $\underline{G}_1'$ bzw. mit der i-ten Zeile von $\underline{G}_1$ selbst multipliziert wird. Daher muß gelten

$$\int_{t_0}^{t} \sum_{i=1}^{n} \sum_{j=1}^{m} E\{\underline{\tilde{x}}_0\underline{y}'(\tau)\}_{ij}[\underline{G}_1(T,\tau)]_{ij}d\tau = 0 \qquad (2.80c)$$

Die Bedingung soll für alle $\underline{G}_1$ erfüllt sein, wobei $\underline{G}_1$ vollkommen beliebig gewählt werden darf. Wenn die Elemente von $\underline{G}_1$ beispielsweise so spezifiziert werden, daß

$$E\{\ldots\}_{ij} \equiv [\underline{G}_1]_{ij} \quad \text{für alle } i,j,$$

dann steht in (2.80c) das Integral einer Summe von Quadraten stetiger Funktionen. Für $t - t_0 > 0$ ist das Integral daher immer positiv, es sei denn, daß <u>alle</u> Funktionen im <u>gesamten</u>

Integrationsintervall Null sind. Die Vorschrift (2.80c) läßt sich daher nur dann für alle $\underline{G}_1$ erfüllen, wenn sämtliche Elemente der Erwartung im Integrationsintervall identisch verschwinden:

$$E\{\tilde{\underline{x}}_0(T|t)\underline{y}'(\tau)\} = \underline{0} \qquad t_0 < \tau < t \qquad (2.81a)$$

Dieses Ergebnis ist das exakte Pendant zur Gleichung (2.16) und ist wie dort von zentraler Bedeutung. Es sagt aus, daß der optimale Schätzfehler mit den Beobachtungen nicht korreliert sein darf (Orthogonalitätsbedingung). Wenn wir $\tilde{\underline{x}}_0 = \underline{x} - \hat{\underline{x}}_0$ setzen und $\hat{\underline{x}}_0$ mit (2.77) ausdrücken, erhalten wir:

$$E\left\{[\underline{x}(T) - \int_{t_0}^{t} \underline{G}_0(T,\sigma)\underline{y}(\sigma)d\sigma]\underline{y}'(\tau)\right\} = \underline{0}$$

Oder

$$E\{\underline{x}(T)\underline{y}'(\tau)\} - \int_{t_0}^{t} \underline{G}_0(T,\sigma)E\{\underline{y}(\sigma)\underline{y}'(\tau)\}d\sigma = \underline{0}$$

$$t_0 < \tau < t^{1)} \qquad (2.81b)$$

Die Gleichung (2.81b) bildet die Verallgemeinerung der wohlbekannten Wiener-Hopfschen-Integralgleichung [2.2] für die skalare, stationäre Filterung mit $t_0 = -\infty$ auf die vektorielle Filterung instationärer Prozesse bei endlichem Beobachtungsintervall.

Wie eben gezeigt wurde, stellen die Gleichungen (2.81a und b) zwei äquivalente Formen einer notwendigen Bedingung für den linearen, erwartungstreuen Schätzwert minimaler Varianz dar. Daß sie auch hinreichend sind, zeigt sich wie folgt. Wenn (2.81a) gültig ist, dann ist auch (2.80b) erfüllt. Rückwärts schreitend

---

1) Wenn $\underline{y}$ weißes Rauschen umfaßt, wie z.B. in Gleichung (2.37b), dann enthält $E\{\underline{y}(\sigma)\underline{y}'(\tau)\}$ eine Deltafunktion, nämlich $\underline{R}(\sigma)\delta(\sigma-\tau)$, siehe Gleichung (2.74c). In der Erwartung $E\{\tilde{\underline{x}}_0\underline{y}'(\tau)\}$ in (2.81a) und (2.80c) tritt demnach das Integral $\int_{t_0}^{t}\delta(\sigma-\tau)d\sigma$ auf. Dieses Integral ist gleich 1, solange $t_0 < \tau < t$, springt aber auf den Wert 1/2 für $\tau = t_0$ und $\tau = t$. Wegen dieser Unstetigkeit der Kovarianz $E\{\tilde{\underline{x}}_0\underline{y}'(\tau)\}$ an den Grenzen des Beobachtungsintervalls haben wir die Gültigkeit der Bedingungen (2.81a,b) auf das offene Intervall beschränkt.

bis (2.80a) erkennt man, daß der vorletzte Summand in Gleichung (2.79) verschwindet. Der letzte Summand ist nie negativ, so daß der minimale Wert des Kriteriums für $\lambda = 0$ gegeben ist. Daraus folgt, daß $\underline{G}_0$ optimal sein muß.

Die Vorschrift (2.81a) entsprach der Gleichung (2.16) bei diskreten Beobachtungen. In der Analogie fortfahrend, wird (2.81a) mit $\underline{G}_0'(T,\tau)$ nachmultipliziert und von t_0 bis t über τ integriert:

$$\int_{t_0}^{t} E\{\tilde{\underline{x}}_0(T|t)\underline{y}'(\tau)\}\,\underline{G}_0'(T,\tau)d\tau = \underline{0}$$

Daraus folgt nach offenkundigen Umformungen

$$E\{\tilde{\underline{x}}_0(T|t)\int_{t_0}^{t} \underline{y}'(\tau)\underline{G}_0'(T,\tau)d\tau\} = \underline{0},$$

oder gemäß (2.77):

$$E\{\tilde{\underline{x}}_0(T|t)\hat{\underline{x}}_0'(T|t)\} = \underline{0} \tag{2.82}$$

Der optimale Schätzfehler ist also auch mit dem optimalen Schätzwert nicht korreliert. Mit dieser Beziehung kann die Kovarianzmatrix des optimalen Schätzfehlers umgeformt werden:

$$E\{\tilde{\underline{x}}_0(T|t)\tilde{\underline{x}}_0'(T|t)\} = E\{\tilde{\underline{x}}_0(T|t)[\underline{x}(T) - \hat{\underline{x}}_0(T|t)]'\}$$

$$= E\{\tilde{\underline{x}}_0(T|t)\underline{x}'(T)\} \tag{2.83}$$

Diese Gleichung wird im folgenden an verschiedenen Stellen benötigt.

2.4.3 *Die Lösung für reine Filterung (T = t)*

Im klassischen Fall der Filterung stationärer Prozesse wurde die Wiener-Hopfsche Integralgleichung durch Transformation in den Frequenzbereich gelöst. Dabei müssen die auftretenden Spektraldichten in bestimmter Weise faktorisiert und neu zusammengesetzt werden. Das Resultat ist der <u>Frequenzgang</u> des Filters, d.h. die Fouriertransformierte der gesuchten Gewichtsfunktion [2.2], [2.24]

[2.25], [2.26]. Bei instationären Prozessen und endlicher Beobachtungsdauer ist dieses Verfahren unmöglich. Statt dessen wird in Analogie zur Rekursionslösung bei diskreter Zeit ein System von Differentialgleichungen für das Filter, seine Verstärkungsgrade und die Fehlervarianzen abgeleitet.

Zwecks Vereinfachung der Schreibweise lassen wir den Index 0 für die optimalen Werte künftig fort und treffen die folgenden Vereinbarungen

$$\underline{\hat{x}}(t|t) := \underline{\hat{x}}(t) \quad , \qquad \underline{\tilde{x}}(t|t) := \underline{\tilde{x}}(t)$$

Am Anfangszeitpunkt t_0 gilt für den optimalen Schätzwert gemäß (2.77) offenbar

$$\underline{\hat{x}}(t_0) = \underline{0} \ .$$

Der zugehörige Schätzfehler ist daher gleich $\underline{x}(t_0)$ selbst. Der Anfangswert der Kovarianzmatrix des Schätzfehlers ist also gegeben durch

$$\underline{\tilde{P}}(t_0) = E\{\underline{x}(t_0)\underline{x}'(t_0)\} = \underline{P}(t_0)$$

In rekursiver Weise verfahrend gehen wir nun davon aus, daß der Minimum-Varianz-Schätzwert zum Zeitpunkt t bereits bestimmt worden sei und fragen nach dem neuen Schätzwert zum Zeitpunkt t + dt.

Weil der alte Schätzwert $\underline{\hat{x}}(t)$ optimal sein sollte, ist für ihn die Wiener-Hopf-Gleichung bereits erfüllt, d.h. es gilt gemäß (2.81a):

$$E\{\underline{\tilde{x}}(t)\underline{y}'(\tau)\} = \underline{0} \quad \text{für } t_0 < \tau < t \qquad (2.84a)$$

Ähnlich wie bei diskreter Zeit benutzen wir als Zwischenlösung den um das Zeitintervall dt extrapolierten Schätzwert. Für diesen soll, ebenfalls gemäß (2.81a), gelten:

$$E\{\underline{\tilde{x}}(t+dt|t)\underline{y}'(\tau)\} = \underline{0} \qquad t_0 < \tau < t \qquad (2.84b)$$

Der neue Schätzwert muß der folgenden Fassung der Wiener-Hopfschen Bedingung genügen:

$$E\{\underline{\tilde{x}}(t+dt)\underline{y}'(\tau)\} = \underline{0} \qquad t_0 < \tau < t + dt \qquad (2.84c)$$

In den Bedingungen (2.84a) und (2.84b) läuft τ beide Male nur bis t. Um die letztere Bedingung auch zu erfüllen, suchen wir jetzt einen passenden Ausdruck für $\underline{\hat{x}}(t+dt|t)$. Dazu betrachten wir zunächst den Zustand $\underline{x}(t+dt)$ selbst. Für ihn gilt gemäß der Differentialgleichung (2.73a):

$$\underline{x}(t+dt) = [\underline{I} + \underline{A}(t)dt]\underline{x}(t) + \int_t^{t+dt} \underline{v}(\sigma)d\sigma \qquad (2.85a)$$

Die Störgröße $\underline{v}(\sigma)$ hierbei ist mit $\underline{y}'(\tau)$ für $t_0 < \tau < t$ nicht korreliert. Der Beitrag des Integrals über $\underline{v}(\sigma)$ zur Erwartung in (2.84b) wird also verschwinden. Es liegt nunmehr nahe, den extrapolierten Schätzwert wie folgt zu wählen:

$$\underline{\hat{x}}(t+dt|t) = [\underline{I}+\underline{A}(t)dt]\underline{\hat{x}}(t) \qquad (2.85b)$$

Der Fehler des so extrapolierten Schätzwertes ergibt sich durch Subtraktion der Gleichung (2.85b) von Gleichung (2.85a):

$$\underline{\tilde{x}}(t+dt|t) = [\underline{I} + \underline{A}(t)dt]\underline{\tilde{x}}(t) + \int_t^{t+dt} \underline{v}(\sigma)d\sigma \qquad (2.85c)$$

Einsetzen in die linke Seite von (2.84b), Streichen des Integrals über $\underline{v}(\sigma)$ und Herausziehen von $\underline{I} + \underline{A}dt$ vor die Erwartung ergibt die linke Seite von (2.84a). Da diese bereits gleich Null war, ist die obige Wahl für $\underline{\hat{x}}(t+dt|t)$ in der Tat richtig gewesen.

Die Kovarianzmatrix des extrapolierten Schätzwertes wird in Anlehnung an die Verhältnisse bei diskreter Zeit mit $\underline{P}^*$ bezeichnet:

$$\underline{P}^*(t+dt|t) = E\{\underline{\tilde{x}}(t+dt|t)\underline{\tilde{x}}'(t+dt|t)\}$$

Mit Gleichung (2.85c) erhält man

$$\underline{P}^*(t+dt|t) = E\{([\underline{I}+\underline{A}(t)dt]\underline{\tilde{x}}(t) + \int_t^{t+dt} \underline{v}(\sigma)d\sigma)(\underline{\tilde{x}}'(t)[\underline{I}+\underline{A}'(t)dt] + \int_t^{t+dt} \underline{v}'(\lambda)d\lambda)\}$$

Die Störgröße $\underline{v}$ aus dem Intervall $[t, t+dt]$ ist weder mit $\underline{x}(t)$ noch mit $\underline{y}(t)$ bzw. $\underline{\hat{x}}(t)$ korreliert. Die Kreuzkovarianz zwischen $\underline{v}(\sigma)$ bzw. $\underline{v}(\lambda)$ einerseits und $\underline{\tilde{x}}(t)$ andererseits verschwindet also vollständig. Es verbleibt

$$\underline{P}^*(t+dt|t) = [\underline{I} + \underline{A}(t)dt]\, E\{\underline{\tilde{x}}(t)\underline{\tilde{x}}'(t)\}[\underline{I} + \underline{A}'(t)dt] + \int_t^{t+dt}\int_t^{t+dt} E\{\underline{v}(\sigma)\underline{v}'(\lambda)\}\,d\sigma d\lambda$$

Der Erwartungswert im ersten Summanden ist die Kovarianzmatrix des alten Schätzfehlers, $\underline{\tilde{P}}(t)$. Die Kovarianz unter dem Doppelintegral ist gleich $\underline{Q}(\sigma)\delta(\sigma-\lambda)$, siehe (2.74b). Bei Integration über σ erhält man infolge der Ausblendeigenschaft der Deltafunktion:

$$\int_t^{t+dt}\int_t^{t+dt} \underline{Q}(\sigma)\delta(\sigma-\lambda)d\sigma d\lambda = \int_t^{t+dt} \underline{Q}(\lambda)d\lambda = \underline{Q}(t)dt + \underline{O}(dt)^2$$

Damit geht die obige Gleichung für $\underline{P}^*$ über in

$$\underline{P}^*(t+dt|t) = \underline{\tilde{P}}(t) + \underline{A}(t)\underline{\tilde{P}}(t)dt + \underline{\tilde{P}}(t)\underline{A}'(t)\,dt + \underline{Q}(t)dt + \underline{O}(dt)^2 \qquad (2.86)$$

Dieses Ergebnis entspricht der Gleichung (2.51a) bei diskreter Zeit. -

Nachdem jetzt die optimalen Schätzwerte $\underline{\hat{x}}(t)$ und $\underline{\hat{x}}(t+dt|t)$ vorliegen, ist als nächstes der neue Schätzwert $\underline{\hat{x}}(t+dt)$ zu bestimmen. In Anlehnung an den Fall diskreter Zeit versuchen wir, die Bedingung (2.84c) mit dem folgenden Ausdruck zu erfüllen:

$$\underline{\hat{x}}(t+dt) = \underline{\hat{x}}(t+dt|t) + \underline{K}(t)\{\underline{y}(t) - \underline{C}(t)\underline{\hat{x}}(t)\}dt \qquad (2.87)$$

Der zugehörige Schätzfehler entsteht aus dieser Gleichung, wenn wir sie mit -1 multiplizieren und beiderseits $\underline{x}(t+dt)$ addieren:

$$\underline{\tilde{x}}(t+dt) = \underline{\tilde{x}}(t+dt|t) - \underline{K}(t)\{\underline{y}(t) - \underline{C}(t)\underline{\hat{x}}(t)\}dt$$

Daraus folgt mit (2.73b):

$$\underline{\tilde{x}}(t+dt) = \underline{\tilde{x}}(t+dt|t) - \underline{K}(t)\underline{C}(t)\underline{\tilde{x}}(t)dt - \int_t^{t+dt} \underline{K}(\lambda)\underline{w}(\lambda)d\lambda \qquad (2.88)$$

Dieser Ausdruck soll der Gleichung (2.84c) genügen. Wir betrachten diese Bedingung zunächst nur im alten Intervall. Gemäß (2.84b) und (2.84a) ist weder $\underline{\tilde{x}}(t+dt|t)$ noch $\underline{\tilde{x}}(t)$ mit den alten Beobachtungen korreliert. Auch die Kreuzkovarianz $E\{\underline{w}(\lambda)\underline{y}'(\tau)\}$ verschwindet für die betrachteten Werte von λ und τ. Im alten Intervall (t_0,t) ist die Bedingung (2.84c) also bereits erfüllt. Im anschließenden Intervall $(t,t+dt)$ schreiben wir sie in der Form

$$E\{\underline{\tilde{x}}(t+dt)\underline{y}'(t+d\tau)\} = \underline{0} \qquad 0 < d\tau < dt$$

Oder, mit (2.73b):

$$E\{\underline{\tilde{x}}(t+dt)[\underline{x}'(t+d\tau)\underline{C}'(t+d\tau) + \underline{w}'(t+d\tau)]\} = \underline{0}$$

Beim Ausmultiplizieren wird $\underline{\tilde{x}}(t+dt)$ im ersten Produkt so belassen, im zweiten Produkt dagegen mit Gleichung (2.88) ausgedrückt:

$$E\{\underline{\tilde{x}}(t+dt)\underline{x}'(t+d\tau)\}\underline{C}'(t+d\tau) +$$

$$+ E\{[\underline{\tilde{x}}(t+dt|t) - \underline{K}(t)\underline{C}(t)\underline{\tilde{x}}(t)dt - \int_t^{t+dt} \underline{K}(\lambda)\underline{w}(\lambda)d\lambda]\underline{w}'(t+d\tau)\} = \underline{0}$$

In der zweiten Erwartung verschwindet die Korrelation von $\underline{w}'(t+d\tau)$ mit $\underline{\tilde{x}}(t+dt|t)$ und $\underline{\tilde{x}}(t)$. Der Rest kann wie folgt geschrieben werden, siehe (2.74c):

$$-\int_t^{t+dt} \underline{K}(\lambda)E\{\underline{w}(\lambda)\underline{w}'(t+d\tau)\}\,d\lambda = -\int_t^{t+dt} \underline{K}(\lambda)\underline{R}(\lambda)\delta(\lambda-t-d\tau)d\lambda = -\underline{K}(t+d\tau)\underline{R}(t+d\tau)$$

Bei der letzten Umformung ist die Ausblendeigenschaft der Deltafunktion benutzt worden. Die obige Bedingung geht damit über in

$$E\{\tilde{\underline{x}}(t+dt)\underline{x}'(t+d\tau)\}\underline{C}'(t+d\tau) - \underline{K}(t+d\tau)\underline{R}(t+d\tau) = \underline{0}$$

Das Inkrement $d\tau$ liegt dabei zwischen 0 und dt. Die Matrizen $\underline{C}$, $\underline{K}$ und $\underline{R}$ sind jedoch ebenso wie $E\{\tilde{\underline{x}}\ \underline{x}'\}$ stetige Funktionen der Zeit. Deshalb muß diese Bedingung auch für dt, $d\tau \rightarrow 0$ gültig sein:

$$E\{\tilde{\underline{x}}(t)\underline{x}'(t)\}\underline{C}'(t) - \underline{K}(t)\underline{R}(t) = \underline{0}$$

Die Erwartung hierbei ist gemäß (2.83) gleich $E\{\tilde{\underline{x}}(t)\tilde{\underline{x}}'(t)\}$. Wir erhalten also

$$\tilde{\underline{P}}(t)\underline{C}'(t) = \underline{K}(t)\underline{R}(t) \qquad (2.89)$$

Das ist eine Bedingung für den optimalen Wert der Verstärkungsmatrix $\underline{K}(t)$. Da $\underline{R}(t)$ als regulär vorausgesetzt worden war, kann die Gleichung (2.89) bei bekannten $\tilde{\underline{P}}(t)$ nach $\underline{K}(t)$ aufgelöst werden. Mit diesem Wert von $\underline{K}(t)$ genügt der Ausdruck (2.87) für den neuen Schätzwert der Wiener-Hopf-Gleichung (2.84c) und ist somit optimal.

Für das noch fehlende $\tilde{\underline{P}}$ läßt sich eine Differentialgleichung aufstellen. Mit den Gleichungen (2.83) und (2.88) ergibt sich

$$\tilde{\underline{P}}(t+dt) = E\{\tilde{\underline{x}}(t+dt)\underline{x}'(t+dt)\} =$$

$$= E\{[\tilde{\underline{x}}(t+dt|t) - \underline{K}(t)\underline{C}(t)\tilde{\underline{x}}(t)dt - \int_t^{t+dt} \underline{K}(\lambda)\underline{w}(\lambda)d\lambda]\underline{x}'(t+dt)\}$$

Die Korrelation des Integrals mit $\underline{x}'(t+dt)$ verschwindet; beim mittleren Term wird $\underline{x}'(t+dt)$ mit (2.85a) ausgedrückt. Anschließend wird wieder (2.83) verwendet. Das Ergebnis ist

$$\tilde{\underline{P}}(t+dt) = \underline{P}^*(t+dt|t) - \underline{K}(t)\underline{C}(t)\tilde{\underline{P}}(t)dt + O(dt)^2$$

Jetzt wird $\underline{P}^*$ gemäß (2.86) und $\underline{K}(t)$ gemäß (2.89) eingesetzt. Wir erhalten somit die wohlbekannte Matrix-Riccati-Differentialgleichung der Filtertheorie:

$$\underline{\tilde{P}}(t+dt) = \underline{\tilde{P}}(t) + [\underline{A}(t)\underline{\tilde{P}}(t) + \underline{\tilde{P}}(t)\underline{A}'(t) + \underline{Q}(t) -$$
$$- \underline{\tilde{P}}(t)\underline{C}'(t)\underline{R}^{-1}(t)\underline{C}(t)\underline{\tilde{P}}(t)]dt + O(dt)^2 \qquad (2.90)$$

Für den Schätzwert $\underline{\hat{x}}(t)$ ergibt sich schließlich durch Substitution von (2.85b) in die Gleichung (2.87) die folgende Differentialgleichung:

$$\underline{\hat{x}}(t+dt) = \underline{\hat{x}}(t) + [\underline{A}(t)\underline{\hat{x}}(t) + \underline{K}(t)\{\underline{y}(t) - \underline{C}(t)\underline{\hat{x}}(t)\}]dt \qquad (2.91)$$

Damit sind wir am Ziel. Die Lösung der Filteraufgabe besteht aus den Gleichungen (2.91), (2.90) und (2.89) mit den eingangs angegebenen Anfangsbedingungen. Wir fassen zusammen:

Satz 2.4 (Kalman-Bucy-Filter): (i) Der lineare erwartungstreue Schätzwert minimaler Varianz für den Zustand $\underline{x}(t)$ des zeitlich kontinuierlichen, stochastisch gestörten Systems

$$\underline{\dot{x}}(t) = \underline{A}(t)\underline{x}(t) + \underline{v}(t) \qquad E\{\underline{x}(t_0)\} = \underline{0}$$

$$\underline{y}(t) = \underline{C}(t)\underline{x}(t) + \underline{w}(t) \ ,$$

bei dem die Musterfunktion $\underline{y}(\tau)$, $t_0 \leq \tau \leq t$, und a-priori-Kenntnisse gemäß (2.74a...f) gegeben sind, ist bestimmt durch die Differentialgleichung

$$\frac{d}{dt}\,\underline{\hat{x}}(t) = \underline{A}(t)\underline{\hat{x}}(t) + \underline{K}(t)\{\underline{y}(t) - \underline{C}(t)\underline{\hat{x}}(t)\}$$
$$\underline{\hat{x}}(t_0) = \underline{0} \qquad (2.92)$$

(ii) Die Verstärkungsmatrix ist gegeben durch

$$\underline{K}(t) = \underline{\tilde{P}}(t)\underline{C}'(t)\underline{R}^{-1}(t) \ , \qquad (2.93)$$

während die Kovarianzmatrix des Schätzfehlers der Matrix-Riccati-Differentialgleichung

$$\frac{d}{dt}\,\underline{\tilde{P}}(t) = \underline{A}(t)\underline{\tilde{P}}(t) + \underline{\tilde{P}}(t)\underline{A}'(t) - \underline{\tilde{P}}(t)\underline{C}'(t)\underline{R}^{-1}(t)\underline{C}(t)\underline{\tilde{P}}(t)+\underline{Q}(t),$$
$$\underline{\tilde{P}}(t_0) = \underline{P}(t_0) \qquad (2.94)$$

gehorcht. -

Ein Blockschaltbild des Filters ist im Bild 2.8 im unteren Teil dargestellt, $\underline{B}\underline{u} = \underline{O}$. Es hat die inzwischen vertraute Form eines Modells der Strecke mit gewichteter Rückführung der Differenzen der Ausgangsgrößen von Strecke und Modell.

Ein Vergleich mit dem deterministischen Beobachter, Abschnitt 1.3,

Gleichungen (1.29) bis (1.31) zeigt, daß der Beobachter ein Spezialfall des Filters ist, wobei

$$\underline{M}^{-1}(t,t_0) = \underline{\tilde{P}}(t)$$

$$\underline{Q}(t) = \underline{O}$$

$$\underline{R}(t) = \underline{I}$$

Bei zeitlich konstanten Matrizen $\underline{A}$, $\underline{C}$, $\underline{Q}$ und $\underline{R}$ und $t_0 \to -\infty$ ist der beobachtete Prozeß stationär, und wir haben ein Wienersches Filterproblem vor uns. Die Verstärkungsmatrix des Wiener-Filters wird bestimmt durch die entsprechende Gleichgewichtslösung der Riccati-Differentialgleichung. Näheres siehe Abschnitt 3.5.

Beispiel 2.4 (Wiener-Filter 1. Ordnung): Der Meßwert $y(t)$ eines Nutzsignals $x(t)$ sei durch additives Rauschen $w(t)$ gestört, siehe Bild 2.9. Die Spektraldichten von x und w sind

$$S_{xx}(\omega) = \frac{2}{1+\omega^2} \quad , \quad S_{ww}(\omega) = 1$$

Gesucht sind die Gleichungen des entsprechenden Kalman-Bucy-Filters sowie der numerische Wert seines stationären Verstärkungsgrades (Wiener-Filter).

Zuerst muß das Modell des beobachteten Prozesses in Zustandsdarstellung formuliert werden. Dazu wird die Spektraldichte von x in zwei konjugiert komplexe Faktoren zerlegt:

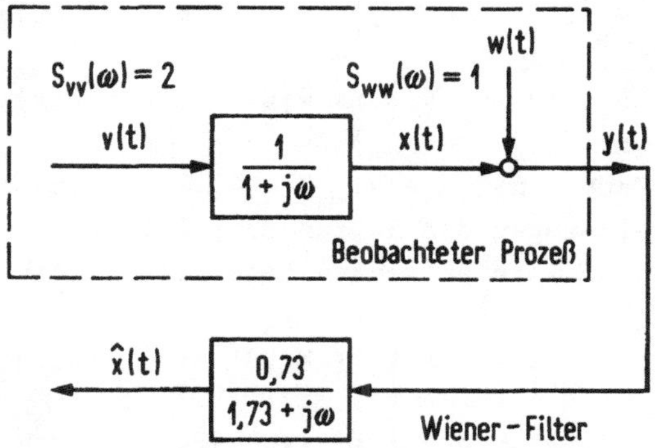

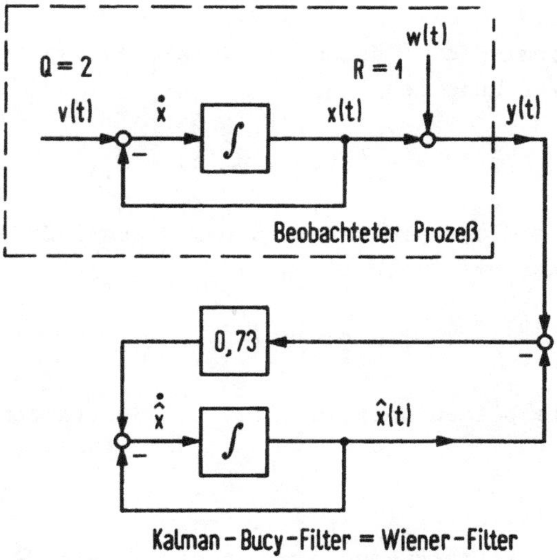

Bild 2.9
Beobachteter Prozeß und Wiener-Filter. Oben: Frequenzgangdarstellung, unten: Zustandsdarstellung.

$$S_{xx}(\omega) = \frac{\sqrt{2}}{1+j\omega} \cdot \frac{\sqrt{2}}{1-j\omega}$$

Der stabile, linke Faktor ist der Frequenzgang des passenden Formfilters. Die entsprechende Differentialgleichung, welche x(t) aus hypothetischem weißen Rauschen v(t) erzeugt, lautet also

$$\dot{x} + x = v \,, \qquad \text{mit } S_{vv}(\omega) = \sqrt{2}^{\,2} = 2$$

Das benötigte Modell des beobachteten Prozesses hat somit die Form

$$\dot{x}(t) = -x(t) + v(t) \quad \text{mit } E\{v(t)v(\tau)\} = 2\delta(t-\tau)$$

$$y(t) = x(t) + w(t) \quad \text{mit } E\{w(t)w(\tau)\} = 1\delta(t-\tau)$$

Offenbar ist $A = -1$, $C = 1$, $Q = 2$ und $R = 1$. Die gesuchten Gleichungen des Kalman-Bucy-Filters sind nun unmittelbar aus Satz 2.4 zu entnehmen. Das Filter selbst hat die Form

$$\dot{\hat{x}}(t) = -\hat{x}(t) + k(t)\{y(t) - \hat{x}(t)\}$$

Der Verstärkungsgrad ist gegeben durch

$$k(t) = \tilde{p}(t) \, ,$$

wobei $\tilde{p}$ die Lösung der folgenden skalaren Riccati-Differentialgleichung ist:

$$\dot{\tilde{p}}(t) = -2\tilde{p}(t) - \tilde{p}^2(t) + 2 \, .$$

Der Gleichgewichtswert der Riccati-Differentialgleichung ist bestimmt durch $\dot{\tilde{p}} = 0$, d.h.

$$\tilde{p}^2 + 2\tilde{p} - 2 = 0$$

Die beiden Wurzeln dieser quadratischen Gleichung sind

$$\tilde{p}_{12} = -1 \pm \sqrt{3}$$

Als Varianz kann $\tilde{p}$ nie negativ sein. Als Gleichgewichtslösung der Riccati-Differentialgleichung kommt daher nur die positive Wurzel in Frage:

$$\tilde{p}(\infty) = -1 + \sqrt{3} = 0{,}73$$

Das Wiener-Filter hat also den Verstärkungsgrad $k(\infty) = 0{,}73$, siehe Bild 2.9. Das Wiener-Filter läßt sich nach Umformung seiner Differentialgleichung auch als Frequenzgang spezifizieren:

$$\dot{\hat{x}}(t) = -\hat{x}(t) + 0{,}73\{y(t) - \hat{x}(t)\}$$

$$= -1{,}73\,\hat{x}(t) + 0{,}73\,y(t)$$

$$\frac{\hat{X}(j\omega)}{Y(j\omega)} = \frac{0{,}73}{1{,}73 + j\omega}$$

Die Grenzfrequenz (3dB-Abfall) ist $\omega_0 = 1{,}73$.

2.4.4 *Nicht-zentrierte Anfangswerte und meßbare Eingangsgrößen*

Dieser Fall ist für diskrete Zeit bereits ausführlich im Abschnitt 2.3.5 erörtert worden. Die dort angestellten Überlegungen lassen sich ohne weiteres sinngemäß übertragen. Wir formulieren deshalb sofort den folgenden Satz.

Satz 2.5: (i) Der lineare, erwartungstreue Schätzwert minimaler Varianz für den Zustand $\underline{x}(t)$ des Systems

$$\dot{\underline{x}}(t) = \underline{A}(t)\underline{x}(t) + \underline{B}(t)\underline{u}(t) + \underline{v}(t), \quad E\{\underline{x}(t_0)\} = \underline{\xi} \qquad (2.95a)$$

$$\underline{y}(t) = \underline{C}(t)\underline{x}(t) + \underline{w}(t)\,, \qquad (2.95b)$$

bei dem die Musterfunktion $\underline{y}(\tau)$ und die Eingangsgröße $\underline{u}(\tau)$, $t_0 \leq \tau \leq t$, sowie a-priori-Kenntnisse gemäß (2.74a ... f) vorliegen, ist bestimmt durch die Differentialgleichung

$$\frac{d}{dt}\,\hat{\underline{x}}(t) = \underline{A}(t)\hat{\underline{x}}(t) + \underline{B}(t)\underline{u}(t) + \underline{K}(t)\{\underline{y}(t) - \underline{C}(t)\hat{\underline{x}}(t)\},$$

$$\hat{\underline{x}}(t_0) = \underline{\xi}\ . \qquad (2.96)$$

(ii) Die Verstärkungsmatrix $\underline{K}(t)$ ist gegeben durch die Gleichung (2.93), während die Kovarianzmatrix des Schätzfehlers der Matrix-Riccati-Differentialgleichung (2.94) gehorcht. -

Beweis: Der Schätzwert gemäß (2.96) ist offenbar linear in $\underline{y}$. - Zum Nachweis der Erwartungstreue bildet man die Differenz der Differentialgleichungen (2.95a) und (2.96) und erhält unter

Verwendung von (2.95b) die Differentialgleichung des Schätzfehlers:

$$\frac{d}{dt}\,\underline{\tilde{x}}(t) = \{\underline{A}(t) - \underline{K}(t)\underline{C}(t)\}\underline{\tilde{x}}(t) + \underline{v}(t) - \underline{K}(t)\underline{w}(t) \;,$$

$$\underline{\tilde{x}}(t_0) = \underline{x}(t_0) - \underline{\xi} \qquad (2.97)$$

Die Anfangsbedingung $\underline{\tilde{x}}(t_0)$ sowie die Anregungen $\underline{v}$ und $\underline{w}$ haben den Erwartungswert Null. Also verschwindet $E\{\underline{\tilde{x}}(t)\}$ für alle $t \geq t_0$, unbeschadet der Werte von $\underline{\xi}$ und $\underline{u}(t)$. Das bedeutet, daß $\underline{\hat{x}}(t)$ erwartungstreu ist.

Der Anfangswert des Schätzfehlers in Gleichung (2.97) hat die Kovarianzmatrix

$$\underline{\tilde{P}}(t_0) = E\{[\underline{x}(t_0) - \underline{\xi}][\underline{x}(t_0) - \underline{\xi}]'\} = \underline{P}(t_0).$$

Der weitere Verlauf von $\underline{\tilde{P}}(t)$ sollte der gleichen Matrix-Riccati-Dgl. wie im Falle $\underline{u}(t) \equiv \underline{0}$ und $\underline{\xi} = \underline{0}$ genügen. Bei gleichem $\underline{P}(t_0)$ hat somit auch $\underline{\tilde{P}}(t)$ für alle t in beiden Fällen den gleichen Wert. Die Varianzen von $\underline{\tilde{x}}(t)$, die in der Hauptdiagonalen von $\underline{\tilde{P}}(t)$ stehen, sind daher auch im Falle von Satz 2.5 minimal. -

Die Einbeziehung der bekannten Eingangsgrößen $\underline{u}(t)$ und des gegebenen Erwartungswertes von $\underline{x}(t_0)$ in das Filter ist im Bild 2.8 bereits vollzogen worden.

Da die Matrix-Riccati-Differentialgleichung nur in wenigen, trivialen Fällen eine geschlossene Lösung hat, muß sie gewöhnlich mit numerischen Integrationsverfahren gelöst werden. Ohne programmierbaren Rechner lassen sich deshalb kaum Beispiele durchrechnen, im Gegensatz zum Fall diskreter Zeit, wo sich zumindest Beispiele erster bis ggf. dritter Ordnung noch mit einem Taschenrechner handhaben lassen. Wir kommen auf die numerische Behandlung der Riccati-Differentialgleichung im letzten Kapitel kurz zurück.

2.4.5 *Vorhersage (T > t)*

Gesucht werde nun der Schätzwert $\hat{\underline{x}}(T|t)$ des zukünftigen Zustands $\underline{x}(T)$ auf Grund der bis zur Gegenwart t beobachteten Musterfunktion $\underline{y}(\tau)$. Dieser Schätzwert muß ebenfalls einer Wiener-Hopfschen Gleichung genügen. Da diese nur für zentrierte Zufallsvariable gilt, wird hier zunächst wieder vorausgesetzt, daß der Erwartungswert der Anfangsbedingung $\underline{x}(t_0)$ und die Eingangsgröße $\underline{u}(t)$ des beobachteten Systems verschwinden. Im folgenden gehen wir aus von der Wiener-Hopf-Gleichung in der Fassung von Gleichung (2.81a). Sie lautet in geringfügig abgewandelter Form

$$E\{[\underline{x}(T) - \hat{\underline{x}}(T|t)]\underline{y}'(\tau)\} = \underline{0} \qquad t_0 < \tau < t \qquad (2.98)$$

Der zukünftige Zustand $\underline{x}(T)$ läßt sich mit Hilfe der allgemeinen Lösungsformel der Differentialgleichung $\dot{\underline{x}} = \underline{A}\,\underline{x} + \underline{v}$ durch $\underline{x}(t)$ ausdrücken:

$$\underline{x}(T) = \underline{\Phi}(T,t)\underline{x}(t) + \int_t^T \underline{\Phi}(T,\sigma)\underline{v}(\sigma)d\sigma \qquad (2.99)$$

Dieser Ausdruck wird in die Bedingung (2.98) eingesetzt. Dabei verschwindet die Kreuzkovarianz des Integrals mit $\underline{y}'(\tau)$, weil die zukünftigen Störgrößen $\underline{v}(\sigma)$ mit den vergangenen Meßwerten nicht korreliert sind. Es verbleibt:

$$E\{[\underline{\Phi}(T,t)\underline{x}(t) - \hat{\underline{x}}(T|t)]\underline{y}'(\tau)\} = \underline{0} \qquad t_0 < \tau < t$$

Diese Bedingung läßt sich mit der Wahl

$$\hat{\underline{x}}(T|t) = \underline{\Phi}(T,t)\hat{\underline{x}}(t)$$

erfüllen, wobei $\hat{\underline{x}}(t)$ der optimale Filterwert gemäß Satz 2.4 ist. Denn nun kann $\underline{\Phi}(T,t)$ vor die Erwartung gezogen werden, und der verbleibende Teil der Erwartung, nämlich

$$E\{[\underline{x}(t) - \hat{\underline{x}}(t)]\underline{y}'(\tau)\} = E\{\tilde{\underline{x}}(t)\underline{y}'(\tau)\}$$

war bereits Null für alle τ im Intervall (t_0,t). Wir können dem Satz 2.4 also den Folgesatz anfügen:

Satz 2.6: Der lineare, erwartungstreue Schätzwert minimaler Varianz für den zukünftigen Zustand $\underline{x}(T)$, $T > t$, im System

$$\dot{\underline{x}}(t) = \underline{A}(t)\underline{x}(t) + \underline{v}(t) , \quad E\{\underline{x}(t_0)\} = \underline{0}$$

$$\underline{y}(t) = \underline{C}(t)\underline{x}(t) + \underline{w}(t) ,$$

bei dem die Musterfunktion $\underline{y}(\tau)$, $t_0 \le \tau \le t$, und a-priori-Kenntnisse gemäß (2.74a ... f) vorhanden sind, ist gegeben durch

$$\hat{\underline{x}}(T|t) = \underline{\Phi}(T,t)\hat{\underline{x}}(t) , \qquad (2.100)$$

wobei $\underline{\Phi}(T,t)$ die Transitionsmatrix zu $\underline{A}(t)$ ist, und $\hat{\underline{x}}(t)$ den Schätzwert des gegenwärtigen Zustands $\underline{x}(t)$ gemäß Satz 2.4 darstellt. -

Bei Einbeziehung nicht-zentrierter Anfangswerte $\underline{x}(t_0)$ und von bekannten Eingangsgrößen $\underline{u}(\tau)$, $t_0 \le \tau \le t$, ist $\hat{\underline{x}}(t)$ entsprechend dem Satz 2.5 zu bilden.

Bei Interpolation ($T < t$, Glättung, Smoothing) wird die Auswertung der Wiener-Hopf-Gleichung wesentlich erschwert, weil die Korrelation des Integrals in Gleichung (2.99) mit der Meßgröße $\underline{y}(\tau)$ nicht verschwindet. Entsprechend kompliziert ist das Ergebnis [2.14], [2.22], [2.23].

2.4.6 *Schlußbemerkungen*

Ausgehend von zwei Anhaltspunkten, nämlich dem Beobachter für kontinuierliche Zeit und dem Filter für diskrete Zeit, ist das Kalman-Bucy-Filter durch einen zeitlichen Grenzübergang in ganz ähnlicher Weise wie das Kalman-Filter abgeleitet worden.

Dabei mußte die übliche Einschränkung gemacht werden, daß $\underline{R}(t)$ regulär ist. Das bedeutet, daß alle Komponenten des Meßvektors $\underline{y}$ weißes Rauschen enthalten. Diese Voraussetzung ist bei diskreter Zeit nicht nötig gewesen. Sie kann auch bei kontinuierlicher Zeit aufgehoben werden, wobei die Ordnung des Filters wieder um die Zahl der Meßkomponenten ohne weißes Geräusch vermindert wird [2.14], [2.17], [2.18].

Eine gewisse Schwierigkeit besteht bei kontinuierlicher Zeit in der korrekten Behandlung von weißem Rauschen. Diese Problematik drückt sich u.a. darin aus, daß bei den entsprechenden Kovarianzen Deltafunktionen auftreten. Durch geeignete Vorsichtsmaßnahmen, insbesondere durch Zulassen von Deltafunktionen nur unter Integralen und Anwenden der Ausblendeigenschaft, konnten die heiklen Punkte beseitigt werden. Auf die strenge Behandlung mit dem Itôschen Kalkül wird im Abschnitt 3.8 ein kurzer Ausblick gegeben.

Bei Fragen im Zusammenhang mit korrelierten Stör- und Meßgeräuschen, farbigen Geräuschen und systematischen Fehlern wird auf den Abschnitt 2.3.7 verwiesen. Die dort für diskrete Zeit formulierten Bemerkungen gelten bei kontinuierlicher Zeit sinngemäß.

2.5 Literatur

2.5.1 *Zitierte Stellen*

[2.1] Kolmogoroff, A.N.: Interpolation und Extrapolation von stationären zufälligen Folgen. Bulletin der Akademie der Wissenschaften. UdSSR, Math. Serie Bd. 5 (1941), S. 3 - 14.

[2.2] Wiener, N.: Extrapolation, interpolation, and smoothing of stationary time series. Wiley, New York, 1949.

[2.3] Bode, H.W. und Shannon, C.E.: A simplified derivation of linear least square smoothing and prediction theory. Proc. IRE Bd. 38 (1950), S. 417 - 424.

[2.4] Booton, R.C.: An optimization theory for time-varying linear systems with nonstationary statistical inputs. Proc. IRE Bd. 40 (1952), S. 977 - 981.

[2.5] Follin, J.W. und Carlton, A.G.: Recent developments in fixed and adaptive filtering. AGARDograph Nr. 21, 1956.

[2.6] Hanson, J.E.: Some notes on the application of the calculus of variations to smoothing for finite time. Internal Memorandum Nr. BBD - 346, Johns Hopkins University, Applied Physics Lab., 1957.

[2.7] Bucy, R.S.: Optimum finite time filters for a special non-stationary class of inputs. Internal Report Nr. BBD-600, Johns Hopkins University, Applied Physics Lab., 1959.

[2.8] Swerling, P.: First-order error propagation in a stage-wise smoothing procedure for satellite observations. J. Astronautical Sciences Bd. 6(1959), S. 46 - 52.

[2.9] Doob, J.L.: Stochastic processes. Wiley, New York, 1. Aufl. 1953.

[2.10] Kalman, R.E.: A new approach to linear filtering and prediction problems. Trans. ASME, series D, J. Basic Engg. Bd. 82 (1960), S. 35 - 45.

[2.11] Kalman, R.E. und Bucy, R.S.: New results in linear filtering and prediction theory. Trans. ASME, series D, J. Basic Engg. Bd. 83 (1961), S. 95 - 108.

[2.12] Bucy, R.S. und Joseph, P.D.: Filtering for stochastic processes, with applications to guidance. Wiley-Interscience, New York, 1968.

[2.13] Jazwinski, A.H.: Stochastic processes and filtering theory. Academic Press, New York, 1970.

[2.14] Sage, A.P. und Melsa, J.L.: Estimation theory, with applications to communications and control. McGraw-Hill, New York, 1971.

[2.15] Brammer, K.: Gaußsche Ausgleichsrechnung und Kalman-Filterung. Regelungstechnik und Prozeß-Datenverarbeitung Bd. 19 (1971), S. 215 - 217.

[2.16] Brammer, K.: Optimale Filterung und Vorhersage instationärer stochastischer Folgen. Nachrichtentechn. Fachberichte Bd. 33 (1967), S. 103 - 110.

[2.17] Bryson, A.E. und Johansen, D.E.: Linear filtering for time-varying systems using measurements containing coloured noise. IEEE Trans. on Autom. Control, Bd. AC-10 (1965), S. 4 - 10.

[2.18] Bucy, R.S.: Optimal filtering for correlated noise. J. Math. Analysis and Appl., Bd. 20 (1967), Nr. 1 (Oktober).

[2.19] Bryson, A.E. und Henrikson, L.J.: Estimation using sampled-data containing sequentially correlated noise. Harvard Univ., Div.Engg.Appl.Phys., Techn. Rep. 533, Cambridge, Mass., Juni 1967.

[2.20] Brammer, K.: Lower order optimal linear filtering of nonstationary random sequences. IEEE Trans. on Autom. Control, Bd. AC-13 (1968), S. 198 - 199.

[2.21] Brammer, K.: Zur optimalen linearen Filterung und Vorhersage instationärer Zufallsprozesse in diskreter Zeit. rt - Regelungstechnik, Bd. 16 (1968), S. 105 - 110.

[2.22] Mayne, D.Q.: A solution of the smoothing problem for linear dynamic systems. Automatica, Bd. 4 (1966), S. 73 - 92.

[2.23] Meditch, J.S.: Orthogonal projection and discrete optimal linear smoothing. SIAM J. on Control, Bd. 5(1967), S. 74 - 80.

[2.24] Laning, J.H. und Battin, R.H.: Random processes in automatic control. McGraw-Hill, New York, 1956.

[2.25] Davenport, W.B. und Root, W.L.: An introduction to the theory of random signals and noise. McGraw-Hill, New York, 1956.

[2.26] Schlitt, H.: Systemtheorie für regellose Vorgänge. Springer, Berlin, 1960.

2.5.2 *Zusätzliche Bibliographie*

[2.27] Kalman, R.E.: New methods and results in linear prediction and filtering theory. Proc. 1st (1960) Symp. on engg. appl. of random function theory and probability, J.L. Bogdanov u. F. Kozin (Herausg.), John Wiley, New York, 1963.

[2.28] Leondes, C.T. (Hrsg.): Theory and applications of Kalman filtering. AGARDograph Nr. 139, Feb. 1970.

[2.29] Schrick, K.-W. (Hrsg.): Anwendungen der Kalman-Filter-Technik; Anleitung und Beispiele. Oldenbourg, München, 1977.

[2.30] Gelb, A. (Hrsg.): Applied optimal estimation. 4. Aufl., MIT Press, Cambridge, Mass., 1978.

[2.31] Anderson, B.D.O. und Moore, J.B.: Optimal filtering. Prentice-Hall, Englewood Cliffs, N.J., 1979.

[2.32] Maybeck, P.S.: Stochastic models, estimation and control. Academic Press, New York, Bd. 1 1979, Bd. 2 1982, Bd. 3 1983.

[2.33] Ruymgaart, P.A. und Soong, T.T.: Mathematics of Kalman-Bucy filtering. 2. Aufl., Springer, New York, 1988.

[2.34] Catlin, D.E.: Estimation, Control, and discrete Kalman filters. Springer, New York, 1989.

[2.35] Aoki, M.: Optimization of stochastic systems: Topics in discrete-time dynamics. Academic Press, New York, 1989.

[2.36] Brammer, K. und Siffling, G.: Kalman-Bucy filters. Artech House, Norwood, 1989.

3. Praktische Probleme bei der Filtersynthese

Zur Abrundung folgen hier einige Bemerkungen zur praktischen Synthese und zur Anwendung von Beobachtern und Filtern. In den ersten drei Abschnitten wird der Einsatz von Beobachtern und Filtern im geschlossenen Regelkreis behandelt. Anschließend wird die Matrix-Riccati-Gleichung sowie ihre Gleichgewichtslösung erörtert. Es folgt eine kurze Einführung in die Synthese von Formfilter-Modellen. Zum Schluß wird ein Ausblick auf die Synthese von Filtern bei teilweise rauschfreien Meßgrößen und bei nichtlinearen Prozessen gegeben.

3.1 Deterministische Regelung mit Rückführung des Zustandsvektors

An den Begriff der Steuerbarkeit (Abschnitt 1.5) anknüpfend betrachten wir hier eine Regelstrecke n-ter Ordnung in kontinuierlicher Zeit mit vollständig meßbarem Zustandsvektor und ohne Störgrößen (Bild 3.1):

$$\dot{\underline{x}}(t) = \underline{A}(t)\underline{x}(t) + \underline{B}(t)\underline{u}(t) \qquad t_0 \leq t \leq t_1 \tag{3.1}$$

Die n x n-Matrix $\underline{A}$ und die n x p-Matrix $\underline{B}$ seien bekannt. Die p-dimensionale Stellgröße $\underline{u}(t)$ soll so bestimmt werden, daß der Zustand $\underline{x}(t)$ in einem noch näher zu spezifizierenden Sinne gegen Null geht. Die Größe $\underline{x}(t)$ ist in diesem Zusammenhang als Regelabweichung bzw. als Abweichung von einem Arbeitspunkt oder von einer Referenztrajektorie aufzufassen.
Bei vielen Regelaufgaben ist das entsprechende Regelgesetz linear und verlangt die Rückführung des Zustandsvektors. Es hat somit die Form (Bild 3.1):

$$\underline{u}(t) = - \underline{L}(t)\underline{x}(t) \tag{3.2}$$

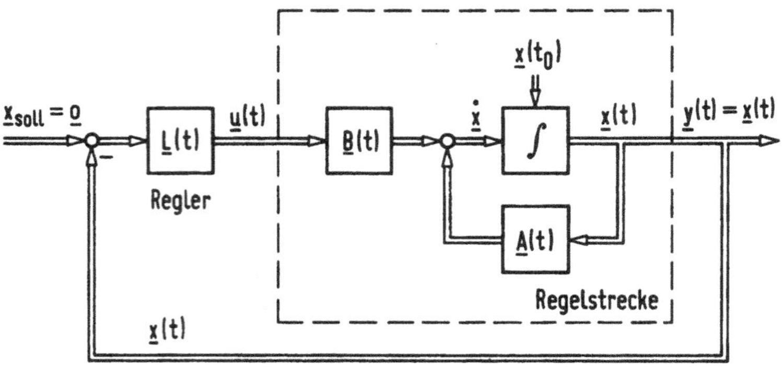

Bild 3.1 Lineare Regelung mit Rückführung des Zustands der Strecke.

Ein Beispiel dafür ist das Regelgesetz (1.48) aus Abschnitt 1.5, wobei die Rückführverstärkung $\underline{L}$ gegeben ist durch

$$\underline{L}(t) = \underline{B}'(t)\underline{W}^{-1}(t_1,t)$$

Die Matrix $\underline{W}^{-1}$ ist die Lösung der rückwärts integrierten Matrix-Riccati-Dgl. (1.49). Diese Form des Regelgesetzes galt jedoch nur im ersten Teilintervall $t_0 \leq t < t_r$, in dem $\underline{W}(t_1,t)$ regulär ist. Für $t_r \leq t \leq t_1$ mußte die Gl. (1.43) mit $t_0 = t_r$ als Regelgesetz gewählt werden, während $\underline{W}(t_1,t_r)$ durch Rückwärtsintegration der bilinearen Matrix-Dgl. (1.47) zu berechnen war. Eine Regelung dieser Art hat den Vorteil, daß $\underline{x}$ zum Zeitpunkt t_1 <u>genau gleich Null</u> wird. Dem steht als Nachteil gegenüber, daß im letzten Teilintervall $[t_r,t_1]$ nur noch eine offene Steuerung durchgeführt wird.

Es ist deshalb vielfach üblich, die lineare <u>optimale Regelaufgabe</u> wie folgt zu formulieren: Wähle die Stellgröße $\underline{u}(\tau)$ der <u>linearen</u> Strecke (3.1) so, daß das <u>quadratische</u> Gütekriterium

$$J(t_1,t_0) := \underline{x}'(t_1)\bar{\underline{P}}(t_1)\underline{x}(t_1) + \int_{t_0}^{t_1} \{\underline{x}'(\tau)\bar{\underline{Q}}(\tau)\underline{x}(\tau) + \underline{u}'(\tau)\bar{\underline{R}}(\tau)\underline{u}(\tau)\}d\tau \tag{3.3}$$

ein Minimum annimmt. Dabei sind $\bar{\underline{P}}$, $\bar{\underline{Q}}$ und $\bar{\underline{R}}$ symmetrische Matrizen;

$\bar{\underline{P}}$ und $\bar{\underline{Q}}$ sind positiv semidefinit, $\bar{\underline{R}}$ muß positiv <u>definit</u> sein, ansonsten sind diese drei Matrizen frei wählbar.

Mit Hilfe der Variationsrechnung [1.8], des dynamischen Programmierens [1.9] oder des Maximumprinzips [1.10] läßt sich zeigen, daß das resultierende optimale Regelgesetz wieder die allgemeine <u>lineare</u> Form (3.2) hat. Für die Verstärkungsmatrix ergibt sich nun jedoch ein anderer Ausdruck, nämlich

$$\underline{L}(t) = \bar{\underline{R}}^{-1}(t)\underline{B}'(t)\underline{P}(t) \;, \qquad (3.4)$$

wobei $\underline{P}$ die Lösung der folgenden, rückwärts zu integrierenden Matrix-Riccati-Dgl. ist:

$$-\frac{d}{dt}\underline{P}(t) = \underline{A}'(t)\underline{P}(t) + \underline{P}(t)\underline{A}(t) - \underline{P}(t)\underline{B}(t)\bar{\underline{R}}^{-1}(t)\underline{B}'(t)\underline{P}(t) + \bar{\underline{Q}}(t) \;;$$

$$\underline{P}(t_1) = \bar{\underline{P}}(t_1) \qquad (3.5)$$

Der minimale Wert des Kriteriums (3.3), der sich bei Verwendung des optimalen Regelgesetzes (3.4), (3.5) einstellt, lautet [1.16]

$$J_{min} = \underline{x}'(t_0)\underline{P}(t_0)\underline{x}(t_0) \qquad (3.6)$$

Bei einem Vergleich der Lösung (3.4), (3.5) mit dem oben zitierten Steuergesetz (1.47), (1.48), (1.49) läßt sich feststellen:

(i) Der Forderung, daß $\underline{x}$ <u>am Ende</u> des Regelintervalls exakt null sein soll, entspricht im Kriterium (3.3) die Wahl

$$\bar{\underline{P}}(t_1) = \infty$$

(ii) Der Verlauf des Zustands $\underline{x}(t)$ <u>während</u> des Regelvorgangs wurde im Abschnitt 1.5 überhaupt nicht bewertet. Im Kriterium (3.3) müssen wir in diesem Falle setzen:

$$\bar{\underline{Q}}(t) \equiv \underline{0} \qquad t_0 \leq t \leq t_1$$

(iii) Die Kosten der Stellenergie wurden im Abschnitt 1.5 für alle Komponenten $u_i(t)$ unabhängig von t gleich hoch veranschlagt, vergl. (1.44). Im Kriterium (3.3) wird das wie folgt zum Ausdruck gebracht:

$$\bar{\underline{R}}(t) = \underline{I} \qquad t_0 \leq t \leq t_1$$

(iv) Wenn wir nun unter Berücksichtigung dieser Maßgaben die Gln. (1.49) und (3.5) nebeneinander betrachten, dann kommen wir zu dem Schluß, daß

$$\underline{W}^{-1}(t_1,t) = \underline{P}(t)$$

Weiter in den Analogieüberlegungen fortfahrend gelangen wir wieder zur Frage der Dualität. Die Vermutung liegt nahe, daß das lineare optimale Regelgesetz dual zum Kalman-Bucyschen Filtergesetz sein könnte.

Das wird durch Gegenüberstellung der Gln. (2.93) und (2.94) mit den Gln. (3.4) und (3.5) in der Tat bestätigt. Es gelten die Dualitätsbeziehungen [2.11]:

Filterung:		Regelung:
$\underline{K}$	$\hat{=}$	$\underline{L}'$
$\tilde{\underline{P}}$	$\hat{=}$	$\underline{P}$
$\underline{C}'$	$\hat{=}$	$\underline{B}$
$\underline{R}$	$\hat{=}$	$\bar{\underline{R}}$
$\underline{A}$	$\hat{=}$	$\underline{A}'$
$\underline{Q}$	$\hat{=}$	$\bar{\underline{Q}}$
t_0	$\hat{=}$	t_1
t	$\longrightarrow$	$-t$

Diese Dualitätsbeziehungen haben eine weitreichende praktische Konsequenz, denn optimale Filter und optimale Regler können offenbar mit dem <u>gleichen Rechenprogramm</u> entworfen werden!

Auf einen Unterschied ist dabei jedoch zu achten. Da die Riccati-Dgl. des Filterproblems vom Beginn des Beobachtungsintervalls, also von t_0 an zeitlich <u>vorwärts</u> integriert wird, beruht die Filterverstärkung $\underline{K}$ zur laufenden Zeit t auf den <u>vergangenen</u> Parameterwerten ($\underline{A}$, $\underline{C}$, $\underline{Q}$ und $\underline{R}$) des beobachteten Prozesses. Beim

Regelproblem dagegen ist die Riccati-Dgl. vom Ende des Regelintervalls, also von t_1 an zeitlich rückwärts zu integrieren. Das bedeutet, daß die Reglerverstärkung $\underline{L}$ zur laufenden Zeit t von den zukünftigen Werten der Streckenparameter ($\underline{A}$ und $\underline{B}$) sowie der Gewichtsmatrizen im Gütekriterium ($\bar{\underline{Q}}$ und $\bar{\underline{R}}$) abhängt. Im Hinblick auf adaptive Systeme hat dieser theoretische Unterschied grundlegende praktische Folgen. Adaptive Systeme passen sich bekanntlich den Veränderungen der Parameter des beobachteten Prozesses oder der geregelten Strecke selbsttätig an. Dazu werden die in unbekannter Weise veränderlichen Parameter zunächst einmal abgeschätzt. Diese Abschätzung ist im Grunde ein Filterproblem, wenn auch in den meisten Fällen ein nichtlineares, siehe z.B. Abschnitt 3.8. Naturgemäß kann diese Abschätzung bzw. Filterung nur auf Grund vergangener Meßwerte durchgeführt werden.

Bei einem adaptiven Filter wird die Riccati-Dgl. (2.94) nunmehr in Echtzeit unter Verwendung der Schätzwerte der Parameter integriert. Abgesehen von Fragen des Rechenaufwandes ist ein adaptives Optimalfilter daher grundsätzlich realisierbar. Anders dagegen ist es beim adaptiven optimalen Regler. Hier benötigen wir zur Integration der Riccati-Dgl. die Schätzwerte der zukünftigen Streckenparameter, und diese Werte müssen als unbekannt gelten. Man kann sich hier nur so behelfen, daß man eine Vorhersage (Extrapolation) der unbekannten Streckenparameter vornimmt und dabei eine gewisse Gesetzmäßigkeit der künftigen Parametervariationen zugrunde legt. -

Nun zurück zur allgemeinen linearen Regelung mit Zustandsvektorrückführung, d.h. zum Regelgesetz der Form (3.2). Wir fragen uns jetzt nach der Dgl. des geschlossenen Regelkreises. Diese ergibt sich durch Substitution der Gl. (3.2) in die Dgl. der Regelstrecke (3.1). Nach Zusammenfassen der Terme erhält man:

$$\dot{\underline{x}}(t) = \{\underline{A}(t) - \underline{B}(t)\underline{L}(t)\}\ \underline{x}(t) \qquad (3.7)$$

Die Dynamik des geschlossenen Regelkreises ist nun bestimmt durch die Matrix $\underline{A} - \underline{B}\ \underline{L}$, im Falle konstanter Parameter also durch die Eigenwerte von $\underline{A} - \underline{B}\ \underline{L}$.

Ist die Matrix $\underline{A}$ in Regelungsnormalform oder dieser Form ähnlich, dann bewirkt die Rückführung sämtlicher Zustandsvariabler in den linearen Regler $\underline{L}\ \underline{x}$ ein PD-Verhalten mit D-Anteilen (n-1)-ter Ordnung. Denn die n-1 Ableitungen von x_1 sind nun entweder direkt gleich $x_2 \ldots x_n$ oder durch eine Ähnlichkeitstransformation aus den Zustandsvariablen rekonstruierbar.

3.2 Beobachter im Regelkreis und algebraische Separation

Der Idealfall des vorigen Abschnitts, daß alle Zustandsvariablen zum Zwecke der Regelung direkt erfaßbar sind, ist bekanntlich nur selten gegeben. Wenn nur die m Ausgangsgrößen $\underline{y}(t)$ meßbar sind, muß die Dgl. der Strecke (3.1) durch die Meßgleichung

$$\underline{y}(t) = \underline{C}(t)\underline{x}(t) \tag{3.8}$$

ergänzt werden, wobei der Rang m der Matrix $\underline{C}$ kleiner als n ist. Der unzugängliche Zustandsvektor muß nun abgeschätzt werden. Wir wissen bereits aus den Kapiteln 1 und 2, daß dies mit Hilfe eines Beobachters der Form

$$\frac{d}{dt}\,\underline{\hat{x}}(t) = \underline{A}(t)\underline{\hat{x}}(t) + \underline{B}(t)\underline{u}(t) + \underline{K}(t)\{\underline{y}(t) - \underline{C}(t)\underline{\hat{x}}(t)\} \tag{3.9}$$

geschehen kann.

Um die Dgl. des zugehörigen Beobachtungsfehlers $\underline{\tilde{x}}(t) = \underline{x}(t) - \underline{\hat{x}}(t)$ zu bekommen, ziehen wir die Beobachtungsgleichung (3.9) von der Zustandsgleichung (3.1) ab und erhalten:

$$\frac{d}{dt}\,\underline{\tilde{x}}(t) = \underline{A}(t)\underline{\tilde{x}}(t) - \underline{K}(t)\,\{\underline{y}(t) - \underline{C}(t)\underline{\hat{x}}(t)\}$$

Nach Einsetzen von Gl. (3.8) und Zusammenfassen der Terme mit $\underline{\tilde{x}}(t)$ ergibt sich:

$$\frac{d}{dt}\,\underline{\tilde{x}}(t) = \{\underline{A}(t) - \underline{K}(t)\underline{C}(t)\}\,\underline{\tilde{x}}(t)\ , \quad \underline{\tilde{x}}(t_0) \neq \underline{0} \tag{3.10}$$

Dieses Resultat entspricht der Gleichung (2.97) des Filterfehlers, wobei $\underline{v}(t)$ und $\underline{w}(t)$ gleich null gesetzt sind. In transponierter Form ist die Dgl. (3.10) dual zur Gleichung des geschlossenen

Regelkreises (3.7). So gesehen ist der Beobachter ein Regelkreis, der den Beobachtungsfehler gegen Null zu regeln bestrebt ist. Wenn die Dgl. (3.10) asymptotisch stabil ist, geht der Beobachtungsfehler von jedem Anfangswert aus gegen Null, und zwar im allgemeinen um so schneller, je größer $\underline{K}$ ist. -

Im Beobachtungsgesetz (1.30) lautete die Verstärkungsmatrix

$$\underline{K}(t) = \underline{M}^{-1}(t,t_0)\underline{C}'(t) \; .$$

Im vorliegenden Abschnitt kann $\underline{K}(t)$ aber auch jeden anderen Werteverlauf erhalten.

Der Beobachter (3.9) wird nun zwischen die Meßgröße $\underline{y}$ und den Eingang des Reglers geschaltet, Bild 3.2. Der Regler wird also statt mit dem Zustand selbst mit dessen Schätzwert beaufschlagt:

$$\underline{u}(t) = - \underline{L}(t)\hat{\underline{x}}(t) \qquad (3.11)$$

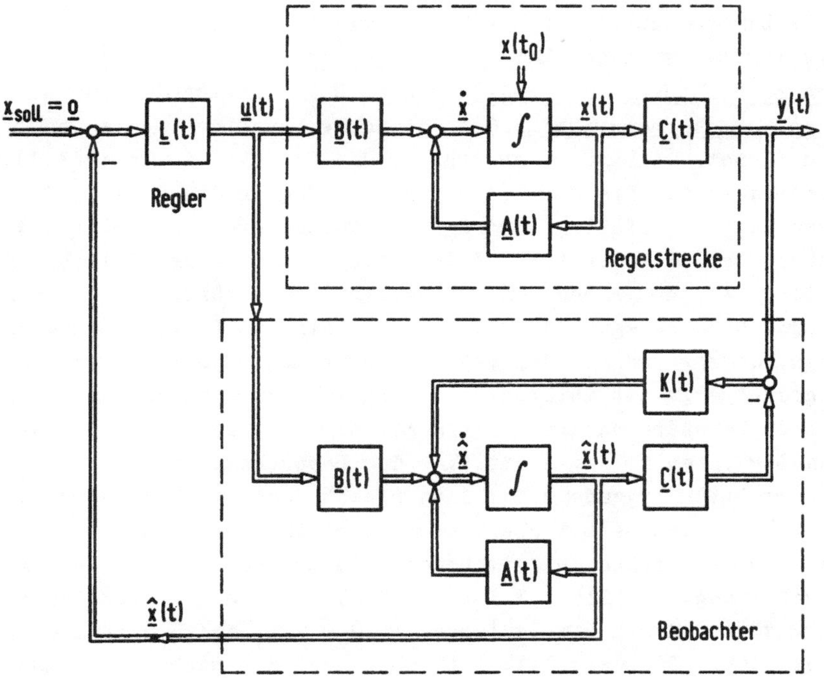

Bild 3.2 Beobachter im Regelkreis.

Wir untersuchen nun die Dynamik des geschlossenen Kreises. Dieser hat offenbar die Ordnung 2n. Als Zustandsvariable wählen wir den Zustand $\underline{x}(t)$ der Strecke und den Beobachtungsfehler $\tilde{\underline{x}}(t)$. Über die Verstärkungsmatrix $\underline{L}(t)$ des Reglers sind hier ebensowenig Voraussetzungen wie über $\underline{K}(t)$ nötig. Im geschlossenen Kreis gelten die Gln. (3.10), (3.11) und (3.1). Kombination der beiden letzteren ergibt

$$\dot{\underline{x}}(t) = \underline{A}(t)\underline{x}(t) - \underline{B}(t)\underline{L}(t)\,\{\underline{x}(t) - \tilde{\underline{x}}(t)\} \tag{3.12}$$

Der Kreis aus Strecke, Beobachter und Regler hat also die verbundene Dgl.

$$\frac{d}{dt}\begin{bmatrix} \underline{x}(t) \\ \tilde{\underline{x}}(t) \end{bmatrix} = \begin{bmatrix} \underline{A}(t) - \underline{B}(t)\underline{L}(t), & \underline{B}(t)\underline{L}(t) \\ \underline{0} & , \underline{A}(t) - \underline{K}(t)\underline{C}(t) \end{bmatrix} \cdot \begin{bmatrix} \underline{x}(t) \\ \tilde{\underline{x}}(t) \end{bmatrix} \tag{3.13}$$

Sehr bemerkenswert ist die Nullmatrix in der linken unteren Ecke. Sie ist Ausdruck der Entkopplung der dynamischen Eigenschaften von Beobachtungs- und Regelvorgang. Diese Entkopplung heißt algebraische Separation. Sie ist unbeschadet der Werte von $\underline{K}$ und $\underline{L}$ stets vorhanden, sofern nur die Strecke die Form (3.1), der Beobachter die Form (3.9) und der Regler die Form (3.11) hat. Besonders augenfällig wird diese Tatsache, wenn man Bild 3.3 betrachtet, das der Dgl. (3.13) entspricht und dem Bild 3.2 äquivalent ist: Ausgehend vom Anfangswert $\tilde{\underline{x}}(t_0)$ führt der Beobachtungsfehler Bewegungen aus, die ohne direkte Beeinflussung vom Regelvorgang und von der Reglerverstärkung sind. Die Dynamik des Regelvorgangs ist ihrerseits völlig getrennt vom Beobachter und dessen Verstärkungsgrad. Der Regelvorgang wird lediglich durch den Schätzfehler $\tilde{\underline{x}}$ gestört. Ist der Beobachter so entworfen, daß $\tilde{\underline{x}}(t) \to \underline{0}$ für irgendein t_1, dann bleibt auch der Regelvorgang ab t_1 völlig sich selbst überlassen. Die Eigenschwingungen des Beobachters treten dann im Regelkreis überhaupt nicht mehr in Erscheinung. Im Bild 3.2 ist der Beobachter einschließlich der Matrix $\underline{C}(t)$ durch die Beziehung $\hat{\underline{x}}(t) \equiv \underline{x}(t)$ ab t_1 dynamisch überbrückt. Dieses totale "Verschwinden" des Beobachters kommt allerdings nur bei exakter Kenntnis der Strecken-Matrizen $\underline{A}$, $\underline{B}$

und $\underline{C}$ sowie bei Abwesenheit von Stör- und Meßgeräuschen vor. Stochastische Größen werden im nächsten Abschnitt berücksichtigt.

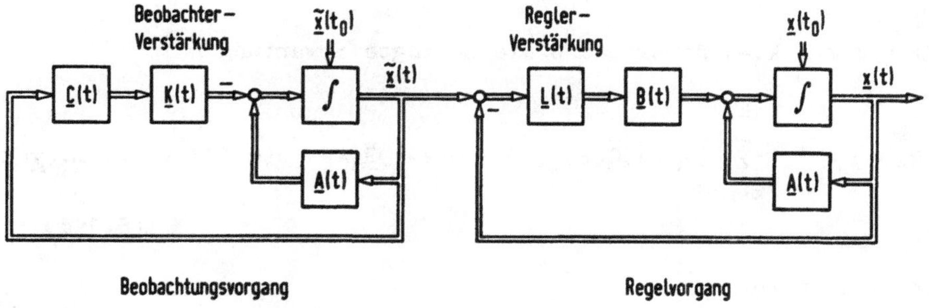

Bild 3.3 Algebraische Separation von Beobachtung und Regelung.

3.3 Filter im Regelkreis und stochastische Separation

Eine stochastische Regelaufgabe liegt vor, wenn mindestens einer der drei folgenden Umstände gegeben ist:

i) der Anfangszustand der Strecke ist eine Zufallsvariable,

ii) am Eingang der Strecke tritt eine stochastische Störgröße ($\underline{v}$) auf,

iii) die Ausgangsgröße der Strecke ist mit Meßgeräusch ($\underline{w}$) behaftet.

Im Falle linearer Strecken in diskreter Zeit wird das stochastische Regelproblem gewöhnlich wie folgt formuliert. Gegeben sei die Strecke

$$\underline{x}(k+1) = \underline{A}(k)\underline{x}(k) + \underline{B}(k)\underline{u}(k) + \underline{v}(k) \qquad (3.14a)$$

$$\underline{y}(k) = \underline{C}(k)\underline{x}(k) + \underline{w}(k) , \quad k_0 \leq k \leq k_1 . \qquad (3.14b)$$

Der Erwartungswert und die Kovarianz des Anfangszustandes $\underline{x}(k_0)$ sind bekannt. Die Parameter $\underline{A}$, $\underline{B}$ und $\underline{C}$ sowie die Kovarianzmatrizen $\underline{Q}$ und $\underline{R}$ der weißen Geräusche $\underline{v}$ und $\underline{w}$ sind für alle κ im Intervall $[k_0,k_1]$ gegeben.

Gesucht ist ein Regelgesetz der Form

$$\underline{u}(\varkappa) = f\{\varkappa, \underline{y}(k_0), \underline{y}(k_0+1), \ldots, \underline{y}(k)\} \qquad (3.14c)$$

für $k \leq \varkappa \leq k_1-1$ derart, daß die bedingte Erwartung

$$\hat{J}(k_1,k) = E\left\{ \sum_{\varkappa=k+1}^{k_1} [\underline{x}'(\varkappa)\bar{\underline{Q}}(\varkappa)\underline{x}(\varkappa) + \underline{u}(\varkappa-1)\bar{\underline{R}}(\varkappa-1)\underline{u}(\varkappa-1)] \,\Big|\, \underline{y}(k_0),\ldots,\underline{y}(k)\right\} \qquad (3.14d)$$

ein Minimum annimmt.

Bemerkungen:

(i) Das Regelgesetz (3.14c) muß so formuliert sein, daß die gesuchte Stellfolge in Gegenwart (k) und Zukunft ($\varkappa > k$) nur von den gegenwärtigen und vergangenen Meßwerten abhängt, Bild 3.4.

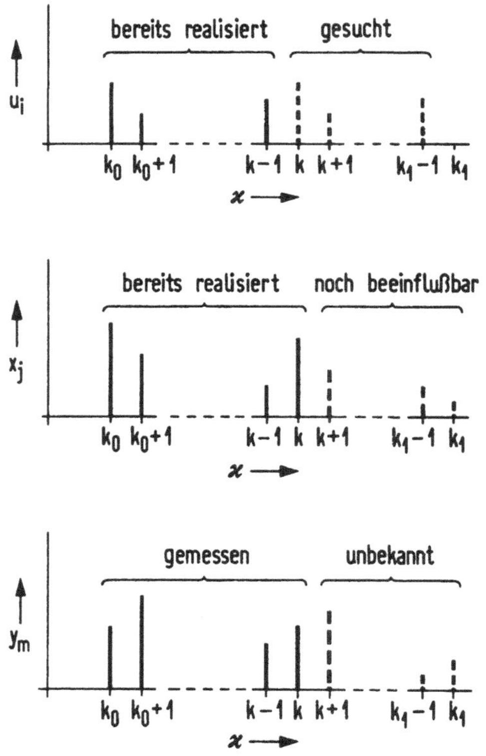

Bild 3.4
Zum stochastischen Regelproblem in diskreter Zeit.

Am interessantesten ist dabei der aktuelle Wert $\underline{u}(k)$. Der letzte Wert der Meßgröße, auf dem er basiert, ist $\underline{y}(k)$. Dieser ist gemäß (3.14b) und (3.14a) bestimmt durch

$$\underline{y}(k) = \underline{C}(k)\{\underline{A}(k-1)\underline{x}(k-1) + \underline{B}(k-1)\underline{u}(k-1) + \underline{v}(k-1)\} + \underline{w}(k) ,$$

wobei $\underline{u}(k-1)$ bereits aufgebracht worden und somit bekannt ist.

(ii) Die Summe in Gl. (3.14d) besteht aus quadratischen Formen. Bewertet wird dabei die Folge $\underline{x}(k+1),\ldots,\underline{x}(k_1)$ ohne den aktuellen Wert $\underline{x}(k)$, denn dieser kann durch die Wahl von $\underline{u}(k)$ nicht mehr beeinflußt werden. Die Stellfolge spielt im Kriterium nur für die Zeitpunkte $k \ldots k_1-1$ eine Rolle, da $\underline{u}(k_1)$ den Endwert $\underline{x}(k_1)$ nicht mehr berührt und daher gleich Null gesetzt werden kann.

(iii) Die Folge $\underline{x}(k+1),\ldots,\underline{x}(k_1)$ hängt außer von $\underline{u}(\varkappa)$ auch von $\underline{v}(\varkappa)$ ab. Die Summe in Gl. (3.14d) ist daher auch bei gegebenem $\underline{y}(k_0),\ldots,\underline{y}(k)$ eine stochastische Variable, deren Wert durch die zufällig eintretende Folge $\underline{v}(k),\ldots,\underline{v}(k_1-1)$ bestimmt wird. Daher wäre es wenig sinnvoll, die besagte Summe selbst als Gütekriterium zu verwenden, da sie von Experiment zu Experiment stochastisch streuen würde. Es wird vielmehr ein Mittelwert gebildet. Die Mittelung darf hinsichtlich der bekannten Folge $\underline{y}(k_0),\ldots,\underline{y}(k)$ bedingt sein. Die verbleibende Erwartung ist bezüglich der Verteilung des Anfangszustandes $\underline{x}(k_0)$ und der Prozesse $\{\underline{v}(\varkappa)\}$ und $\{\underline{w}(\varkappa)\}$ zu nehmen.

(iv) Wenn wir voraussetzen, daß der Anfangszustand $\underline{x}(k_0)$ und die Störgrößen $\underline{v}$ der ungeregelten Strecke (3.14a) Gaußsche Zufallsvariable sind, dann ist die Folge $\underline{x}(\varkappa)$, $k_0 \leq \varkappa \leq k_1$ wegen der Linearität des Systems ein Muster eines vektoriellen <u>Gaußschen Prozesses</u>. Wenn weiter das Rauschen $\underline{w}$ in der linearen Meßgleichung (3.14b) ebenfalls normalverteilt ist, dann bildet auch die Meßfolge $\underline{y}(\varkappa)$, $k_0 \leq \varkappa \leq k_1$ einen Gaußschen Prozeß. Die Gaußsche Eigenschaft bleibt auch bei der geregelten Strecke ($\underline{u}(\varkappa) \neq \underline{0}$) erhalten, sofern das Regelgesetz (3.14c) linear ist. Es läßt sich zeigen [2.9], daß im Falle Gaußscher Variabler der lineare Schätzwert minimaler Varianz ("Optimum im weiten Sinne") gleich der bedingten Erwartung der gesuchten Größe, bezogen auf die Messungen ist ("Optimum im strengen Sinne"). Im Gaußschen Falle gilt also für den Schätzwert aus Abschnitt 2.3.6:

$$\hat{\underline{x}}(\varkappa|k) = E\{\underline{x}(\varkappa) \mid \underline{y}(k_0), \underline{y}(k_0+1), \ldots, \underline{y}(k)\} \tag{3.15}$$

Nach diesen Bemerkungen sind wir in der Lage, eine heuristische Erklärung des Separationsprinzips zu geben. Betrachten wir die erste quadratische Form im Kriterium (3.14d) näher. Wir zerlegen $\underline{x}(\varkappa)$ in den Vorhersagewert $\hat{\underline{x}}(\varkappa|k)$ auf Grund der Daten $\underline{y}(k_0), \ldots, \underline{y}(k)$ und in den zugehörigen Vorhersagefehler. In der Bezeichnungsweise von Abschnitt 2.3.6 gilt somit

$$\underline{x}(\varkappa) = \hat{\underline{x}}(\varkappa|k) + \tilde{\underline{x}}(\varkappa|k) ,$$

so daß

$$\underline{x}'(\varkappa)\bar{\underline{Q}}(\varkappa)\underline{x}(\varkappa) =$$

$$= \{\hat{\underline{x}}'(\varkappa|k) + \tilde{\underline{x}}'(\varkappa|k)\} \bar{\underline{Q}}(\varkappa) \{\hat{\underline{x}}(\varkappa|k) + \tilde{\underline{x}}(\varkappa|k)\} =$$

$$= \hat{\underline{x}}'(\varkappa|k)\bar{\underline{Q}}(\varkappa)\hat{\underline{x}}(\varkappa|k) + \tilde{\underline{x}}'(\varkappa|k)\bar{\underline{Q}}(\varkappa)\tilde{\underline{x}}(\varkappa|k) + 2\hat{\underline{x}}'(\varkappa|k)\cdot\bar{\underline{Q}}(\varkappa)\tilde{\underline{x}}(\varkappa|k)$$

Weil $\underline{a}'\underline{b} = \text{spur}\{\underline{b}\,\underline{a}'\}$ ist, läßt sich der letzte Summand auch schreiben als

$$2\ \text{spur}\ \{\bar{\underline{Q}}(\varkappa)\tilde{\underline{x}}(\varkappa|k) \cdot \hat{\underline{x}}'(\varkappa|k)\}$$

Die bedingte Erwartung dieses Ausdrucks, die gemäß (3.14d) zu nehmen ist, verschwindet für alle $\varkappa$, denn

$$E\{\tilde{\underline{x}}(\varkappa|k)\hat{\underline{x}}'(\varkappa|k)\} = \underline{0}$$

Das Kriterium (3.14d) läßt sich nunmehr in zwei Teile aufspalten:

$$\hat{J}_1(k_1,k) = E\{\sum_{\varkappa=k+1}^{k_1} \hat{\underline{x}}'(\varkappa|k)\bar{\underline{Q}}(\varkappa)\hat{\underline{x}}(\varkappa|k) + \underline{u}(\varkappa-1)\bar{\underline{R}}(\varkappa-1)\underline{u}(\varkappa-1)\} +$$

$$+ E\{\sum_{\varkappa=k+1}^{k_1} \tilde{\underline{x}}'(\varkappa|k)\bar{\underline{Q}}(\varkappa)\tilde{\underline{x}}(\varkappa|k)\}$$

Der erste Teil gibt den Beitrag wieder, der durch optimale Wahl der Folge $\underline{u}(k) \ldots \underline{u}(k_1-1)$ zu minimisieren ist. Gemäß den Abschnitten 2.3.5 und 2.3.6 hängt $\hat{\underline{x}}(\varkappa|k)$ nämlich von $\underline{u}(k)$ ... $\underline{u}(\varkappa-1)$ ab, vergl. Satz 2.2 und Satz 2.3. Der zweite Teil dagegen wird minimisiert, wenn $\underline{x}(\varkappa)$ in optimaler Weise abgeschätzt wird.

Das stochastische Regelproblem bei linearer Strecke, quadratischem Gütekriterium, linearem Regelgesetz und Gaußschen Stör- und Meßgeräuschen läßt sich also separieren

a) in eine Aufgabe der deterministischen optimalen Regelung und

b) in eine Aufgabe der stochastischen optimalen Filterung.

Regler und Filter können dabei völlig getrennt voneinander entworfen werden. Der resultierende geschlossene Kreis aus Strecke, Filter und Regler, bei dem anstelle des Streckenzustands $\underline{x}$ dessen optimaler Schätzwert $\hat{\underline{x}}$ in den Regler zurückgeführt wird, ist das gesuchte optimale System im Sinne des Kriteriums (3.14d).

Das Separationstheorem wurde 1961 für den Fall diskreter Zeit von Joseph und Tou veröffentlicht [3.1], [3.2]. Das Prinzip der Separation wurde sogleich auch auf Systeme in kontinuierlicher Zeit angewandt [3.3], konnte hierfür aber erst 1968 von Bucy in strenger Form bewiesen werden [2.12].

Bei kontinuierlicher Zeit lautet die Formulierung des linearen stochastischen Regelproblems wie folgt. Gegeben sei die Strecke

$$\dot{\underline{x}}(t) = \underline{A}(t)\underline{x}(t) + \underline{B}(t)\underline{u}(t) + \underline{v}(t) \qquad (3.16a)$$

$$\underline{y}(t) = \underline{C}(t)\underline{x}(t) + \underline{w}(t)\,, \qquad t_0 \leq t \leq t_1 \qquad (3.16b)$$

wobei $\underline{x}(t_0)$ ein normalverteilter Zufallsvektor mit dem Erwartungswert $\underline{\xi}$ ist, während $\{\underline{v}(t)\}$ sowie $\{\underline{w}(t)\}$ vektorielle Gaußsche weiße Prozesse sind. Gesucht ist ein lineares Regelgesetz der Form

$$\underline{u}(\tau) = F\left\{\underline{y}(\sigma),\tau;\quad t_0 \leq \sigma \leq t,\quad t \leq \tau \leq t_1\right\} \qquad (3.16c)$$

derart, daß das quadratische Gütekriterium

$$\hat{J}(t_1,t) = E\left\{ \underline{x}'(t_1)\bar{\underline{P}}(t_1)\underline{x}(t_1) + \int_t^{t_1} [\underline{x}'(\tau)\bar{\underline{Q}}(\tau)\underline{x}(\tau) + \underline{u}'(\tau)\bar{\underline{R}}(\tau)\underline{u}(\tau)]d\tau \,\Big|\, \underline{y}(\sigma); \quad t_0 \leq \sigma \leq t \right\} \tag{3.16d}$$

ein Minimum annimmt.

Bemerkung: Die Aufgabenstellung ist weitgehend analog zum Fall diskreter Zeit. Neu ist nur der Term mit $\bar{\underline{P}}(t_1)$ in Gl. (3.16d). Er wird speziell eingeführt, um das Regelergebnis am Schluß des Intervalls mit endlichem Gewicht bewerten zu können. Bei diskreter Zeit ist diese Bewertung durch $\bar{\underline{Q}}(k_1)$ im Kriterium (3.14d) erledigt, hier jedoch müßte die Matrix $\bar{\underline{Q}}(\tau)$ für $\tau = t_1$ mit einer Deltafunktion versehen werden, wenn man auf den Term mit $\bar{\underline{P}}(t_1)$ verzichten wollte.

Die durch das Separationsprinzip bestimmte Lösung der kontinuierlichen stochastischen Regelaufgabe ist gegeben

a) durch das deterministische optimale Regelgesetz (3.11), (3.4) und (3.5) sowie
b) durch das stochastische optimale Filtergesetz (2.96), (2.93) und (2.94).

Das resultierende Regelsystem ist im Bild 3.5 dargestellt. -

Die stochastische Separation ist von zentraler Bedeutung für die optimale Synthese linearer, stochastisch gestörter Regelkreise. Durch die Zerlegung in deterministische lineare Regelung und stochastische lineare Filterung, die beide eine voll entwickelte Theorie aufweisen, ist diese Klasse von Problemen weitgehend gelöst.

Das Separationstheorem ist bisher nur für lineare Systeme bewiesen worden. Es ist kaum anzunehmen, daß es in seiner strengen Form auch bei nichtlinearen Systemen allgemein gültig ist. Dennoch wird bei der Synthese nichtlinearer stochastischer Regelsysteme wohl selten eine andere Wahl bleiben, als so zu tun, als ob die Separation gültig wäre. Nichtlineares Filter und nichtlinearer Regler werden dann wieder getrennt entworfen und anschließend zusammengeschaltet. Dies ist zwar eine mathematisch nicht ganz befriedigende Methode, aber sie ist immerhin praktikabel. Eine Garantie für absolute Optimalität ist dabei allerdings nicht vorhanden. -

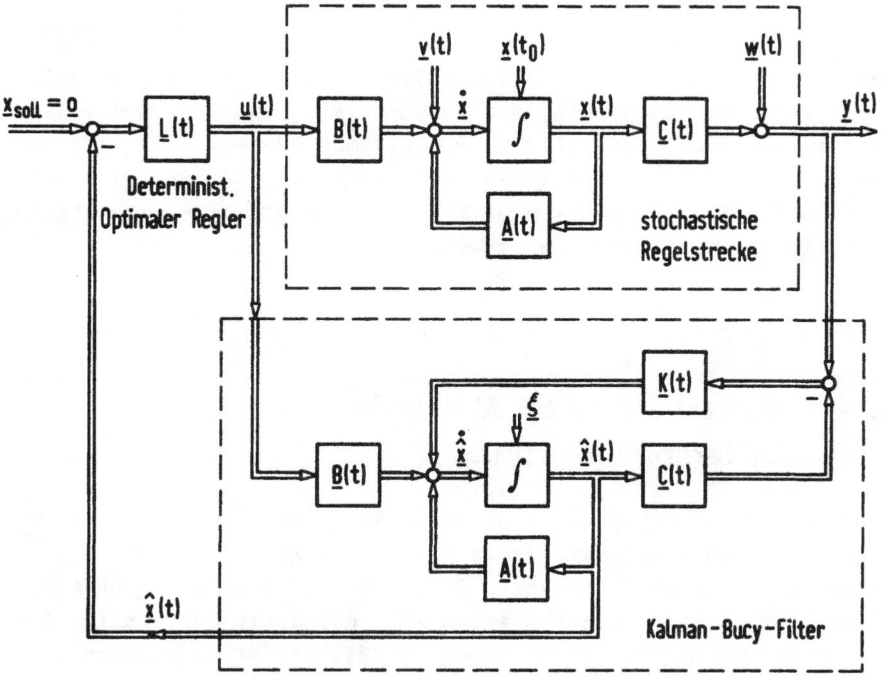

Bild 3.5 Das optimale lineare stochastische Regelsystem.

Wir untersuchen nun einen linearen Regelkreis, der optimal gemäß dem stochastischen Separationsprinzip entworfen worden ist, im Hinblick auf algebraische Separation. Im geschlossenen Kreis gelten die Gln. (2.97) für $\tilde{\underline{x}}(t)$, (3.11) mit $\hat{\underline{x}}(t) = \underline{x}(t) - \tilde{\underline{x}}(t)$ und (3.16a). Nach Substitution von (3.11) in (3.16a) erhalten wir:

$$\dot{\underline{x}}(t) = \underline{A}(t)\underline{x}(t) - \underline{B}(t)\underline{L}(t)\left\{\underline{x}(t) - \tilde{\underline{x}}(t)\right\} + \underline{v}(t) \qquad (3.17)$$

$$\dot{\tilde{\underline{x}}}(t) = \left\{\underline{A}(t) - \underline{K}(t)\underline{C}(t)\right\}\tilde{\underline{x}}(t) + \underline{v}(t) - \underline{K}(t)\underline{w}(t) \qquad (2.97)$$

Als verbundene Dgl. geschrieben:

$$\frac{d}{dt}\begin{bmatrix} \underline{x} \\ \\ \underline{\tilde{x}} \end{bmatrix} = \begin{bmatrix} \underline{A}-\underline{B}\,\underline{L}, & \underline{B}\,\underline{L} \\ \\ \underline{O} & , \underline{A}-\underline{K}\,\underline{C} \end{bmatrix} \begin{bmatrix} \underline{x} \\ \\ \underline{\tilde{x}} \end{bmatrix} + \begin{bmatrix} \underline{I} \\ \\ \underline{I} \end{bmatrix} \underline{v} + \begin{bmatrix} \underline{O} \\ \\ -\underline{K} \end{bmatrix} \underline{w} \qquad (3.18)$$

Auch hier zeigt es sich, daß die Dynamik des Fehlers $\underline{\tilde{x}}(t)$ völlig entkoppelt von derjenigen des Zustands $\underline{x}(t)$ ist: $\underline{\tilde{x}}$ wird weder von $\underline{x}$ noch von $\underline{L}$ beeinflußt. Die Eigenbewegungen von $\underline{x}$ dagegen werden nur von $\underline{A}$, $\underline{B}$ und $\underline{L}$ bestimmt, während $\underline{B}\,\underline{L}\,\underline{\tilde{x}}$ und $\underline{v}$ lediglich als äußere Anregungen wirken. Das <u>algebraische Separationsprinzip</u> ist also auch hier gültig.

3.4 Bemerkungen zur Matrix-Riccati-Differentialgleichung

Die Eigenschaften des Kalman-Bucy-Filters und des Prozesses $\{\underline{\hat{x}}(t)\}$ werden weitgehend durch die Lösung $\underline{\tilde{P}}(t)$ der Matrix-Riccati-Dgl. (2.94) bestimmt. So ist $\underline{\tilde{P}}(t)$ der einzige unbekannte Faktor im Filterverstärkungsgrad $\underline{K}(t)$ und damit der einzige freie Parameter in der Filtergleichung (2.92). Des weiteren enthält die Hauptdiagonale von $\underline{\tilde{P}}(t)$ die Varianzen der Schätzfehler, die das entscheidende Maß für die Güte der Filterung sind.

Im übrigen gilt ja im Falle Gaußscher Prozesse, daß die Ausgangsgröße $\underline{\hat{x}}(t)$ des Kalman-Bucy-Filters die bedingte Erwartung von $\underline{x}(t)$ darstellt, während $\underline{\tilde{P}}(t)$ die bedingte Kovarianz von $\underline{x}(t)$ ist, beide bezogen auf die gemessene Musterfunktion $\underline{y}(\tau)$, $t_0 \leq \tau \leq t$. Durch Erwartungswert und Kovarianz ist eine Gaußverteilung aber vollkommen definiert. Die Angabe von $\underline{\hat{x}}(t)$ und $\underline{\tilde{P}}(t)$ ist bei Gaußschen Prozessen somit gleichwertig mit der Kenntnis der vollständigen n-dimensionalen bedingten Verbundverteilung von $\underline{x}(t)$! Auf dieser Basis lassen sich alle sonstigen, irgendwie interessierenden bedingten Erwartungswerte von $\underline{x}(t)$ durch gewöhnliche Integration ausrechnen.

Die Matrix-Riccati-Dgl. des Filterproblems lautete

$$\frac{d}{dt}\,\tilde{\underline{P}}(t) = \underline{A}(t)\tilde{\underline{P}}(t) + \tilde{\underline{P}}(t)\underline{A}'(t) - \tilde{\underline{P}}(t)\underline{C}'(t)\underline{R}^{-1}(t)\underline{C}(t)\tilde{\underline{P}}(t) + \underline{Q}(t)$$
$$\tilde{\underline{P}}(t_0) = \underline{P}(t_0), \quad t_0 \le t \qquad (3.19)$$

Die Matrizen $\underline{A}$, $\underline{C}$, $\underline{P}$, $\underline{Q}$ und $\underline{R}$ sind im Abschnitt 2.4.1 erklärt. Die Matrix-Riccati-Dgl. bildet ein System von n^2 gekoppelten Dgln. erster Ordnung für die n x n Elemente $\tilde{p}_{ij}(t)$. Der Term $\tilde{\underline{P}}\,\underline{C}'\underline{R}^{-1}\underline{C}\,\tilde{\underline{P}}$ führt auf Glieder der Form $\tilde{p}_{ij}\tilde{p}_{kl}$ bzw. $\tilde{p}_{ij}^{\,2}$, deshalb ist das Differentialgleichungssystem nichtlinear. Da $\tilde{\underline{P}}$ symmetrisch ist, reduziert sich die Zahl der gegenseitig verschiedenen Elemente zwar auf $(n^2+n)/2$, aber das ist in vielen praktischen Fällen - wo n in der Größenordnung von 10 liegt - immer noch eine stattliche Zahl. Hierdurch wird deutlich, daß der Hauptaufwand bei der Filtersynthese - neben der Erstellung des mathematischen Modells des beobachteten Prozesses - auf der Lösung der Matrix-Riccati-Dgl. liegt.

Mit den Maßgaben aus Abschnitt 2.4.1 für $\underline{P}(to)$, $\underline{Q}$ und $\underline{R}$ und unter der Voraussetzung, daß $\underline{A}(t)$, $\underline{C}(t)$, $\underline{Q}(t)$ und $\underline{R}(t)$ stetig in t sind, existiert zur Riccati-Dgl. (3.19) immer eine eindeutige Lösung derart, daß $\tilde{\underline{P}}(t)$ stets positiv semidefinit ist. Auch Stabilitätskriterien sind in der einschlägigen Literatur vorhanden, siehe u.a. [2.12].

In der Regel muß die Riccati-Dgl. numerisch gelöst werden. Dabei treten infolge von Rundungsfehlern leicht zwei Probleme auf:

(i) Verlust der Symmetrie von $\tilde{\underline{P}}$ und

(ii) Verletzung der positiv-semidefiniten Struktur von $\tilde{\underline{P}}$.

Zur Vermeidung von (i) empfiehlt es sich, alle n^2 Elemente von $\tilde{\underline{P}}$ beizubehalten und $\tilde{\underline{P}}$ nach jedem Integrations- bzw. Rechenintervall durch arithmetische Mittelung von $\tilde{p}_{ij}$ und $\tilde{p}_{ji}$ zu symmetrisieren. Um das Problem (ii) zu beheben, das vor allem bei schwach steuerbaren Prozessen ($\underline{Q}$ klein und/oder positiv-semidefinit) vorkommt, wird die künstliche Vergrößerung der Elemente von $\underline{Q}$ vorgeschlagen [2.12].

Die naheliegende und vielfach übliche Art zur Lösung der Riccati-Dgl. ist die direkte Integration mit Hilfe eines der einschlägigen numerischen Integrationsverfahren.

Nicht selten jedoch wird eine Methode zur analytischen oder numerischen Lösung der Riccati-Dgl. angewandt, die sich aus den folgenden Überlegungen ergibt. Allgemein ist das adjungierte System einer Dgl. $\dot{\underline{x}} = \underline{F}(t)\underline{x}$ erklärt durch die Dgl. $\dot{\underline{\xi}} = -\underline{F}'(t)\,\underline{\xi}$, siehe Abschnitt 1.4, Gl. (1.33a). Wir nehmen nun die homogene Dgl. des Filterfehlers (2.97) und setzen $\underline{K}(t)$ gemäß Gl. (2.93) mit seinem optimalen Wert ein (alle Zeitargumente sind gleich t und werden fortgelassen):

$$\dot{\underline{\tilde{x}}} = (\underline{A} - \underline{\tilde{P}}\,\underline{C}'\underline{R}^{-1}\underline{C})\underline{\tilde{x}}$$

Das adjungierte System dazu ist die Gl. (3.20). Des weiteren multiplizieren wir die Riccati-Dgl. mit $\underline{\xi}$ nach und setzen sie in die Zeile darunter:

$$\dot{\underline{\xi}} = (\quad - \quad \underline{A}' + \quad \underline{C}'\underline{R}^{-1}\underline{C}\,\underline{\tilde{P}} \quad)\underline{\xi} \tag{3.20}$$

$$\dot{\underline{\tilde{P}}}\,\underline{\xi} = (\underline{A}\,\underline{\tilde{P}} + \underline{\tilde{P}}\,\underline{A}' - \underline{\tilde{P}}\,\underline{C}'\underline{R}^{-1}\underline{C}\,\underline{\tilde{P}} + \underline{Q})\underline{\xi} \tag{3.21}$$

Vormultiplikation von (3.20) mit $\underline{\tilde{P}}$ und Addition beider Gln. ergibt

$$\underline{\tilde{P}}\,\dot{\underline{\xi}} + \dot{\underline{\tilde{P}}}\,\underline{\xi} = (\underline{A}\,\underline{\tilde{P}} + \underline{Q})\underline{\xi} \tag{3.22}$$

Erfreulicherweise hat sich dabei insbesondere das nichtlineare Glied der Riccati-Dgl. weggehoben! Mit der Definition

$$\underline{\tilde{P}}(t)\underline{\xi}(t) := \underline{\eta}(t) \tag{3.23}$$

gehen die Dgln. (3.20) und (3.22) über in das lineare Hamiltonsche System 2n-ter Ordnung

$$\frac{d}{dt}\begin{bmatrix}\underline{\xi}\\ \\ \underline{\eta}\end{bmatrix} = \begin{bmatrix}-\underline{A}'(t)\,, & \underline{C}'(t)\underline{R}^{-1}(t)\underline{C}(t)\\ \\ \underline{Q}(t)\,, & \underline{A}(t)\end{bmatrix}\begin{bmatrix}\underline{\xi}\\ \\ \underline{\eta}\end{bmatrix} \tag{3.24}$$

Mit diesem Zwischenergebnis läßt sich die Integration der inhomogenen ($\underline{Q} \neq \underline{0}$) nichtlinearen Riccati-Dgl. auf die Lösung dieser homogenen linearen Dgl. zurückführen. Offenbar könnte man (3.24) n-mal nacheinander integrieren, wobei man beim k-ten Durchlauf als Anfangsbedingung für $\underline{\xi}(t_0)$ die k-te Spalte der Einheitsmatrix und für $\underline{\eta}(t_0)$ gemäß (3.23) die k-te Spalte von $\underline{\tilde{P}}(t_0) = \underline{P}(t_0)$ wählt. Die für k = 1,2,..., n gewonnenen Lösungspaare $\underline{\xi}_k(t),\underline{\eta}_k(t)$ stellt man zusammen zu dem System

$$\begin{bmatrix} \underline{X}(t) \\ \\ \underline{Y}(t) \end{bmatrix} := \begin{bmatrix} \underline{\xi}_1(t),\ldots,\underline{\xi}_n(t) \\ \\ \underline{\eta}_1(t),\ldots,\underline{\eta}_n(t) \end{bmatrix} \quad \text{mit} \quad \begin{bmatrix} \underline{X}(t_0) \\ \\ \underline{Y}(t_0) \end{bmatrix} = \begin{bmatrix} \underline{I} \\ \\ \underline{\tilde{P}}(t_0) \end{bmatrix}$$

Wegen der Definition (3.23) besteht stets die Beziehung $\underline{\tilde{P}}(t)\underline{\xi}_k(t) = \underline{\eta}_k(t)$, oder in verbundener Form

$$\underline{\tilde{P}}(t)\underline{X}(t) = \underline{Y}(t)$$

Nach $\underline{\tilde{P}}$ aufgelöst:

$$\underline{\tilde{P}}(t) = \underline{Y}(t)\underline{X}^{-1}(t) \tag{3.25}$$

Das Lösungssystem $\underline{X}(t)$, $\underline{Y}(t)$ kann auch durch die Transitionsmatrix des Hamiltonschen Systems ausgedrückt werden. Es sei $\underline{H}(t)$ die 2n x 2n-Matrix in Gl. (3.24), d.h.

$$\underline{H}(t) := \begin{bmatrix} -\underline{A}'(t) \, , & \underline{C}'(t)\underline{R}^{-1}(t)\underline{C}(t) \\ \\ \underline{Q}(t) \, , & \underline{A}(t) \end{bmatrix} \tag{3.26}$$

Die 2n x 2n-Transitionsmatrix $\underline{\Theta}(t,t_0)$ zu $\underline{H}(t)$ ist erklärt durch

$$\frac{d}{dt}\underline{\Theta}(t,t_0) = \underline{H}(t)\underline{\Theta}(t,t_0) \, , \quad \underline{\Theta}(t_0,t_0) = \underline{I}_{2n} \tag{3.27}$$

$\underline{\Theta}(t,t_0)$ wird unterteilt in vier n.n-Untermatrizen $\underline{\Theta}_{ij}(t,t_0)$. Damit ist die allgemeine Lösung des Hamiltonschen Systems (3.24) gegeben durch

$$\begin{bmatrix} \underline{\xi}(t) \\ \\ \underline{\eta}(t) \end{bmatrix} = \begin{bmatrix} \underline{\Theta}_{11}(t,t_0) \, , & \underline{\Theta}_{12}(t,t_0) \\ \\ \underline{\Theta}_{21}(t,t_0) \, , & \underline{\Theta}_{22}(t,t_0) \end{bmatrix} \begin{bmatrix} \underline{\xi}(t_0) \\ \\ \underline{\eta}(t_0) \end{bmatrix}$$

Mit den obigen Anfangsbedingungen kann man für das verbundene Lösungssystem $\underline{X}(t), \underline{Y}(t)$ schreiben

$$\begin{bmatrix} \underline{X}(t) \\ \\ \underline{Y}(t) \end{bmatrix} = \begin{bmatrix} \underline{\theta}_{11}(t,t_0) \, , & \underline{\theta}_{12}(t,t_0) \\ \\ \underline{\theta}_{21}(t,t_0) \, , & \underline{\theta}_{22}(t,t_0) \end{bmatrix} \begin{bmatrix} \underline{I} \\ \\ \underline{\tilde{P}}(t_0) \end{bmatrix}$$

Substitution in (3.25) ergibt eine elegante Lösungsformel für die Matrix-Riccati-Dgl. (3.19):

$$\underline{\tilde{P}}(t) = \{\underline{\theta}_{21}(t,t_0) + \underline{\theta}_{22}(t,t_0)\underline{\tilde{P}}(t_0)\}\{\underline{\theta}_{11}(t,t_0) + \underline{\theta}_{12}(t,t_0)\underline{\tilde{P}}(t_0)\}^{-1} \qquad (3.28)$$

Es läßt sich zeigen [2.12], daß die zweite geschweifte Klammer für alle $t \geq t_0$ und alle positiv-semidefiniten Matrizen $\underline{\tilde{P}}(t_0)$ regulär ist, so daß diese Lösung bei jeder Filteraufgabe existiert.

Das Resultat (3.28) hat große praktische Bedeutung insbesondere für zeitinvariante Systeme bzw. stationäre Prozesse ($\underline{A}$, $\underline{C}$, $\underline{Q}$ und $\underline{R}$ zeitlich konstant). In diesen Fällen ist auch $\underline{H}$ konstant und die Transitionsmatrix $\underline{\theta}$ ist nur eine Funktion der Differenz Δt ihrer Argumente. Sie läßt sich nach der bekannten Exponentialformel

$$\underline{\theta}(\Delta t) = e^{\underline{H}\cdot\Delta t} =$$

$$= \underline{I} + \underline{H}\cdot\Delta t + \ldots + \underline{H}^k \frac{(\Delta t)^k}{k!} + \ldots \qquad (3.29)$$

für gegebene Werte von Δt beliebig genau numerisch berechnen. Mit Hilfe von Gl. (3.28) erhält man schließlich den entsprechenden Wert von $\underline{\tilde{P}}$ – notabene ohne Integration. Auf diese Weise kann man $\underline{\tilde{P}}$ schrittweise von einem Zeitpunkt zum nächsten fortrechnen (auch hier Symmetrisieren nicht vergessen!). Beim automatischen Syntheseprogramm von Kalman und Englar wird dieses Verfahren für Riccati-Dgln. bis zur Ordnung 15 benutzt – Gl. (3.29) ist dabei vom Typ 30 x 30 [3.24].

Um die Betrachtung des Hamiltonschen Systems abzurunden, führen wir die 2n x 2n-Matrix ein

$$\underline{J} := \begin{bmatrix} \underline{0} & \underline{I} \\ -\underline{I} & \underline{0} \end{bmatrix} , \qquad (3.30)$$

wobei $\underline{I}$ die Einheitsmatrix n-ter Ordnung ist. Diese Matrix $\underline{J}$ bildet die Verallgemeinerung der imaginären Zahl j auf 2n Dimensionen, denn offenbar ist

$$\underline{J}^2 = -\underline{I}_{2n} \qquad (3.31)$$

Es läßt sich durch Ausmultiplizieren leicht zeigen, daß

$$\underline{J}\,\underline{H}(t) + \underline{H}'(t)\,\underline{J} = \underline{0} \qquad (3.32)$$

Diese Gleichung wird mit $\underline{\Theta}'(t,t_0)$ vor- und mit $\underline{\Theta}(t,t_0)$ nachmultipliziert, worauf wir Gl. (3.27) substituieren:

$$\underline{\Theta}'(t,t_0)\underline{J}\,\frac{d}{dt}\,\underline{\Theta}(t,t_0) + \frac{d}{dt}\,\underline{\Theta}'(t,t_0)\underline{J}\cdot\underline{\Theta}(t,t_0) = \underline{0}$$

Daraus folgt sofort

$$\frac{d}{dt}\left\{\underline{\Theta}'(t,t_0)\underline{J}\,\underline{\Theta}(t,t_0)\right\} = \underline{0}$$

Das Produkt in der geschweiften Klammer ist also zeitlich konstant. Zum Zeitpunkt $t = t_0$ ist es offenbar gleich $\underline{J}$, also gilt

$$\underline{\Theta}'(t,t_0)\underline{J}\,\underline{\Theta}(t,t_0) = \underline{J} \quad \text{für alle } t \qquad (3.33)$$

Eine 2n x 2n-Matrix $\underline{D}$ mit der Eigenschaft $\underline{D}'\underline{J}\,\underline{D} = \underline{J}$ heißt <u>symplektisch.</u> Die Transitionsmatrix $\underline{\Theta}(t,t_0)$ der Hamiltonschen Matrix $\underline{H}(t)$ ist also für alle t symplektisch. Diese Eigenschaft hat auch einen praktischen Nutzen. Wenn wir nämlich (3.33) auf beiden Seiten mit $\underline{J}$ vormultiplizieren, erhalten wir $\underline{J}\,\underline{\Theta}'\underline{J}\,\underline{\Theta} = -\underline{I}_{2n}$ wegen (3.31). Nachmultiplikation mit $\underline{\Theta}^{-1}$ ergibt

$$\underline{\Theta}^{-1}(t,t_0) = -\,\underline{J}\,\underline{\Theta}'(t,t_0)\underline{J} \qquad (3.34)$$

Mit diesem Ergebnis läßt sich die Inversion einer numerisch gegebenen Transitionsmatrix eines Hamiltonschen Systems sehr einfach vollziehen.

Schließlich noch eine Bemerkung zu den Polen Hamiltonscher Systeme mit konstanten Parametern. Es ist in der einschlägigen Literatur wohlbekannt, daß sich die charakteristische Gleichung von $\underline{H}$ wie folgt aufspalten läßt

$$\det(s\,\underline{I} - \underline{H}) = (-1)^n h(s) \cdot h(-s) \tag{3.35}$$

Dabei ist h(s) ein Polynom n-ten Grades in s, dessen Wurzeln sämtlich einen nicht-positiven Realteil haben, siehe u.a. [2.12], S. 105. Die Koeffizienten von h(s) sind reell, also sind seine komplexen Wurzeln konjugiert. Die Wurzeln von h(-s) sind das (-1)fache der Wurzeln von h(s). Demnach liegen die Eigenwerte (Pole) des Hamiltonschen Systems $\underline{H}$ auf der s-Ebene stets in Paaren, die um die imaginäre Achse gespiegelt sind. Abgesehen von dem Spezialfall, daß alle Pole direkt auf der imaginären Achse liegen, hat ein konstantes Hamiltonsches System also immer sowohl abklingende als auch aufklingende Eigenschwingungen.

3.5 Stationäre Verhältnisse und Wiener-Filter

In diesem Abschnitt betrachten wir das Filterproblem im Hinblick auf stationäre Prozesse. Im Modell des beobachteten Prozesses

$$\dot{\underline{x}}(t) = \underline{A}\,\underline{x}(t) + \underline{v}(t) \qquad E\{\underline{x}(t_0)\} = \underline{0} \tag{3.36a}$$

$$\underline{y}(t) = \underline{C}\,\underline{x}(t) + \underline{w}(t) \tag{3.36b}$$

sind alle Parameter, d.h. die Matrizen $\underline{A}$ und $\underline{C}$ sowie die Kovarianzen $\underline{Q}$ und $\underline{R}$, zeitlich konstant. Gemäß Satz 2.4 hat das entsprechende Kalman-Bucy-Filter die Form

$$\dot{\hat{\underline{x}}}(t) = \underline{A}\,\hat{\underline{x}}(t) + \underline{K}(t)\,\{\underline{y}(t) - \underline{C}\,\hat{\underline{x}}(t)\}\ , \quad \hat{\underline{x}}(t_0) = \underline{0} \tag{3.37a}$$

mit

$$\underline{K}(t) = \tilde{\underline{P}}(t)\underline{C}'\underline{R}^{-1}\ , \tag{3.37b}$$

während $\tilde{\underline{P}}$ gegeben ist durch die Riccati-Dgl. mit konstanten Koeffizienten:

$$\dot{\tilde{\underline{P}}}(t) = \underline{A}\,\tilde{\underline{P}}(t) + \tilde{\underline{P}}(t)\underline{A}' - \tilde{\underline{P}}(t)\underline{C}'\underline{R}^{-1}\underline{C}\,\tilde{\underline{P}}(t) + \underline{Q}\,,$$

$$\tilde{\underline{P}}(t_0) = \underline{P}(t_0) \qquad (3.37c)$$

Die Gln. (3.37) lassen erkennen, daß das Filter so lange einen zeitlich variablen Verstärkungsgrad $\underline{K}(t)$ hat, wie sich $\tilde{\underline{P}}(t)$ noch ändert. Ein Filter mit konstanten Parametern kann sich erst einstellen, wenn sich die Riccati-Dgl. auf einen Gleichgewichtszustand eingeschwungen hat. Eine Ausnahme bildet lediglich der unbedeutende Sonderfall, daß die Anfangsbedingung $\tilde{\underline{P}}(t_0)$ von vornherein der stationären Lösung der Riccati-Dgl. entspricht.

Maßgeblich für den Einschwingvorgang von $\tilde{\underline{P}}(t)$ ist das asymptotische Verhalten der Matrix-Riccati-Dgl. (3.37c). Unter der Voraussetzung, daß das Modell des beobachteten Prozesses vollkommen steuerbar bezüglich $\underline{Q}$ und vollkommen beobachtbar bezüglich $\underline{R}$ ist, konvergieren alle Trajektorien der Riccati-Dgl. (3.37c) schließlich gegen den gleichen Endwert $\bar{\underline{P}}$ [2.12]. Die Anfangsbedingung $\tilde{\underline{P}}(t_0)$ hat also keinerlei Einfluß auf die stationäre Lösung. Letztere kann man daher stets dadurch finden, daß man die Riccati-Dgl. bei $\tilde{\underline{P}}(t_0) = \underline{0}$ beginnend so lange integriert, bis sich $\tilde{\underline{P}}(t)$ nicht mehr ändert.

<u>Bemerkungen:</u> (i) Im Modell (3.36a) ist die zu $\underline{v}$ gehörige "Stellmatrix" die Einheitsmatrix. Vollkommene Steuerbarkeit bezüglich $\underline{Q}$ läßt sich z.B. dadurch feststellen, daß $\underline{Q}$ in die Eigenvektormatrix $\underline{V}$ und die Jordansche Normalform $\underline{N}$ zerlegt wird (siehe Gl. (2.33)), und die transformierte Stellmatrix $\underline{V}\,\underline{N}^{1/2}$ im Steuerbarkeitskriterium (1.45) eingesetzt wird. Da $\underline{V}$ immer regulär ist, ist vollkommene Steuerbarkeit des Prozesses $\underline{x}(t)$ seitens $\underline{v}(t)$ gemäß Satz 1.5 stets gegeben, wenn $\underline{N}$ und somit $\underline{Q}$ regulär ist.

(ii) Der Gleichgewichtszustand $\bar{\underline{P}}$ ist charakterisiert durch $d\tilde{\underline{P}}/dt = \underline{0}$ und genügt daher gemäß (3.37c) der rein algebraischen Gleichung

$$\underline{0} = \underline{A}\,\bar{\underline{P}} + \bar{\underline{P}}\,\underline{A}' - \bar{\underline{P}}\,\underline{C}'\underline{R}^{-1}\underline{C}\,\bar{\underline{P}} + \underline{Q} \qquad (3.38)$$

Da dies ein System von n^2 gekoppelten nichtlinearen Gleichungen ist, eignet es sich freilich <u>nicht zur Berechnung von</u> $\bar{\underline{P}}$, zumal es fast undurchführbar ist, unter den vorkommenden Mehrfachwurzeln stets diejenigen herauszufinden, die der positiv-semidefiniten Struktur von $\bar{\underline{P}}$ genügen. Allenfalls ist Gl. (3.38) zur Kontrolle einer anderweitig gefundenen Lösung für $\bar{\underline{P}}$ verwendbar.

Im folgenden wird eine bessere algebraische Methode wiedergegeben, bei der die eindeutige positiv-semidefinite Lösung für $\bar{\underline{P}}$ mit Hilfe eines <u>linearen</u> Gleichungssystems ermittelt wird. Sie ist von Roth und Bass [3.4] unabhängig voneinander entdeckt worden. Man geht aus von der charakteristischen Gleichung (3.35) des Hamiltonschen Systems (3.26), das in diesem Falle zeitinvariant ist. Im dort erklärten Polynom h(s) wird die Laplace-Variable s durch die Matrix $\underline{H}$ ersetzt. Es gilt

$$[\,-\bar{\underline{P}}\,,\ \underline{I}\,]\cdot h\,(\underline{H}) = \underline{0} \tag{3.39a}$$

oder

$$h(-\underline{H})\cdot\begin{bmatrix}\underline{I}\\ \\ \bar{\underline{P}}\end{bmatrix} = \underline{0} \tag{3.39b}$$

Für den Beweis dieser interessanten Beziehungen siehe [3.4] oder [2.12], S. 105. Die charakteristische Gleichung von $\underline{H}$ läßt sich auf dem Digitalrechner beispielsweise mit dem Algorithmus von Souriau-Fadeeva (Anhang A.5.3) bequem ermitteln. Zur Faktorisierung in h(s) und h(-s) existieren ebenfalls rechnergeeignete Verfahren. Die Auflösung von (3.39a) oder (3.39b) kann schließlich mit dem Gaußschen Algorithmus geschehen. Nebenbei sei bemerkt, daß jedes der beiden Systeme (3.39) $2n^2$ skalare Gln. für die n^2 Elemente von $\bar{\underline{P}}$ liefert, die Hälfte davon ist redundant und kann entfallen, siehe Gl. (3.45) im folgenden Beispiel.

<u>Beispiel 3.1:</u>

Wir betrachten die stochastische Version der Beobachtungsaufgabe im Beispiel 1.1. Ein Luftfahrzeug erhält kontinuierliche Positionsmessungen y(t), die jedoch mit weißem Geräusch w(t) überlagert sind (auch hier berücksichtigen wir nur eine geometrische Dimension). Auf Geschwindigkeitsmessungen soll verzichtet werden. Beschleunigungen können grob gemessen werden (u(t)); die Fehler des Beschleunigungsmessers werden als weißes Rauschen $v_1(t)$ modelliert. Die Aufgabe lautet, ein stationäres Kalman-Bucy-

Filter zu entwerfen, das optimale Schätzwerte für Position und Geschwindigkeit liefert.

Wie im Beispiel 1.1 definieren wir die Zustandsvariablen Position als x_2 und Geschwindigkeit als x_1. Damit lautet das Modell des beobachteten Prozesses

$$\begin{bmatrix} \dot{x}_1 \\ \dot{x}_2 \end{bmatrix} = \begin{bmatrix} 0 & 0 \\ 1 & 0 \end{bmatrix} \begin{bmatrix} x_1 \\ x_2 \end{bmatrix} + \begin{bmatrix} 1 \\ 0 \end{bmatrix} u + \begin{bmatrix} 1 \\ 0 \end{bmatrix} v_1 \qquad (3.40a)$$

$$y = \begin{bmatrix} 0 & 1 \end{bmatrix} \begin{bmatrix} x_1 \\ x_2 \end{bmatrix} + w \qquad (3.40b)$$

Die Varianz von v_1 wird als $q_{11} = 2$ angenommen, $v_2 = 0$, die Varianz von w sei $r = 0{,}5$.

Zunächst untersuchen wir die Steuerbarkeit und Beobachtbarkeit des Prozesses. Die Steuerbarkeitsmatrix (1.45) bezüglich v lautet hier

$$\bar{\underline{W}} = [\underline{B}, \underline{A}\,\underline{B}] = \begin{bmatrix} 1 & 0 \\ 0 & 1 \end{bmatrix}$$

und ist deutlich regulär. Die Beobachtbarkeitsmatrix (1.22) ist

$$\bar{\underline{M}} = \begin{bmatrix} \underline{C} \\ \underline{C}\,\underline{A} \end{bmatrix} = \begin{bmatrix} 0 & 1 \\ 1 & 0 \end{bmatrix}$$

und ist ebenfalls regulär. Da q und r positive Zahlen sind, ist auch vollkommene Steuerbarkeit und Beobachtbarkeit bezüglich q bzw. r gegeben. Die Riccati-Dgl. des Problems hat also eine eindeutige stationäre Lösung.

Zur Berechnung von $\bar{\underline{P}}$ wird die Hamiltonsche Matrix (3.26) gebildet

$$\underline{H} = \begin{bmatrix} 0 & -1 & 0 & 0 \\ 0 & 0 & 0 & 2 \\ 2 & 0 & 0 & 0 \\ 0 & 0 & 1 & 0 \end{bmatrix} \tag{3.41}$$

Die charakteristische Gleichung von $\underline{H}$ lautet

$$\det(s\underline{I} - \underline{H}) = \begin{vmatrix} s & 1 & 0 & 0 \\ 0 & s & 0 & -2 \\ -2 & 0 & s & 0 \\ 0 & 0 & -1 & s \end{vmatrix} = s^4 + 4 = h(s) \cdot h(-s) \tag{3.42}$$

Faktorisieren ergibt

$$s^4 + 4 = (s^2 + j2) \cdot (s^2 - j2) =$$

$$= (s + 1 - j)(s - 1 + j) \cdot (s + 1 + j)(s - 1 - j)$$

Der erste und der dritte Faktor ergeben zusammen h(s):

$$h(s) = 2 + 2s + s^2 \tag{3.43}$$

Das Matrizenpolynom $h(\underline{H})$ lautet entsprechend

$$h(\underline{H}) = 2\,\underline{I} + 2\,\underline{H} + \underline{H}^2$$

Mit $\underline{H}^2 = \begin{bmatrix} & & & & -2 \\ & 0 & & & \\ & & & 2 & \\ & & -2 & & \\ & & & & 0 \\ 2 & & & & \end{bmatrix}$ ergibt sich

$$h(\underline{H}) = \begin{bmatrix} 2 & -2 & 0 & -2 \\ 0 & 2 & 2 & 4 \\ 4 & -2 & 2 & 0 \\ 2 & 0 & 2 & 2 \end{bmatrix} \qquad (3.44)$$

Der Rechengang bis hierher kann mit dem Cayley-Hamilton-Theorem (Anhang A.5.2) überprüft werden, denn laut (3.42) muß gelten $h(\underline{H}) \cdot h(-\underline{H}) = \underline{0}$ (Übungsaufgabe).

Die Gl. (3.39a) besagt, daß $\bar{\underline{P}}$ mal der oberen Hälfte von $h(\underline{H})$ gleich $\underline{I}$ mal der unteren Hälfte von $h(\underline{H})$ ist:

$$\bar{\underline{P}} \cdot \left[\begin{array}{cc|cc} 2 & -2 & 0 & -2 \\ 0 & 2 & 2 & 4 \end{array}\right] = \left[\begin{array}{cc|cc} 4 & -2 & 2 & 0 \\ 2 & 0 & 2 & 2 \end{array}\right] \qquad (3.45)$$

Das sind 8 Gleichungen für die 4 Elemente von $\bar{\underline{P}}$. Wir benutzen nur den Teil links von der gestrichelten Linie und transponieren diesen, so daß wir die Standardform linearer Gleichungssysteme erhalten:

$$\begin{bmatrix} 2 & 0 \\ -2 & 2 \end{bmatrix} \bar{\underline{P}} = \begin{bmatrix} 4 & 2 \\ -2 & 0 \end{bmatrix}$$

Die Lösung lautet

$$\bar{\underline{P}} = \begin{bmatrix} 2 & 1 \\ 1 & 1 \end{bmatrix} \qquad (3.46)$$

Die Kontrolle mit Gl. (3.38) bestätigt dieses Ergebnis (Übung!). Die quadratische Form $\underline{x}'\bar{\underline{P}}\,\underline{x} = 2x_1^2 + 2x_1x_2 + x_2^2 = x_1^2 + (x_1+x_2)^2$ ist positiv für alle $\underline{x} \neq \underline{0}$ und Null für $\underline{x} = \underline{0}$; $\bar{\underline{P}}$ ist also positiv definit. Die Varianz des Schätzfehlers der Geschwindigkeit ist $\bar{p}_{11} = E\{\tilde{x}_1^2\} = 2$, die Fehlervarianz der Position ist $\bar{p}_{22} = E\{\tilde{x}_2^2\} = 1$. Die Spezifikation des Kalman-Bucy-Filters ist jetzt nur noch eine Kleinigkeit. Es ist

$$\underline{\bar{K}} = \underline{\bar{P}}\,\underline{C}'\underline{R}^{-1} = \begin{bmatrix} 2 \\ 2 \end{bmatrix}$$

und somit gilt gemäß (3.37b)

$$\dot{\hat{\underline{x}}}(t) = \begin{bmatrix} 0 & 0 \\ 1 & 0 \end{bmatrix} \hat{\underline{x}}(t) + \begin{bmatrix} 2 \\ 2 \end{bmatrix} \{y(t) - \hat{x}_2(t)\} \qquad (3.47a)$$

Diese nur aus didaktischen Gründen so gewählte Form läßt sich zur technischen Realisierung noch in der einfacheren Form $\dot{\hat{\underline{x}}} = (\underline{A} - \underline{\bar{K}}\,\underline{C})\hat{\underline{x}} + \underline{\bar{K}}\,y$ schreiben:

$$\dot{\hat{\underline{x}}}(t) = \begin{bmatrix} 0 & -2 \\ 1 & -2 \end{bmatrix} \hat{\underline{x}}(t) + \begin{bmatrix} 2 \\ 2 \end{bmatrix} y(t) \qquad (3.47b)$$

Damit ist die gestellte Syntheseaufgabe gelöst. Das Filter hat das charakteristische Polynom $s^2 + 2s + 2$ und die Pole $s_{12} = -1 \pm j$; es ist also asymptotisch stabil. -

Das soeben demonstrierte Verfahren der Filtersynthese mit Hilfe der Gln. (3.39) liefert das optimale Filter für den stationären Zustand des beobachteten Prozesses. Es ist also eine neue, rein algebraische Methode zum Entwurf von Wiener-Filtern.

In manchen Situationen möchte man jedoch bereits den Einschalt- und Einschwingvorgang des Prozesses optimal beobachten. Dann muß die zeitvariable Verstärkungsmatrix $\underline{K}(t)$ realisiert werden, die auf dem Einschwingvorgang von $\underline{\tilde{P}}(t)$ basiert. Selbstverständlich kann die Trajektorie $\underline{\tilde{P}}(t)$, wie oben bereits erwähnt, durch numerische Lösung der Riccati-Dgl. (3.37c) bestimmt werden. Für Systeme niedriger Ordnung läßt sie sich jedoch auch mit Hilfe der Laplace-Transformation ermitteln. Laut Gl. (3.28) gilt mit $t_0 = 0$:

$$\underline{\tilde{P}}(t) = \{\underline{\Theta}_{21}(t) + \underline{\Theta}_{22}(t)\underline{\tilde{P}}(0)\}\{\underline{\Theta}_{11}(t) + \underline{\Theta}_{12}(t)\underline{\tilde{P}}(0)\}^{-1} \qquad (3.48)$$

Die Laplace-Transformierte der Transitionsmatrix $\underline{\Theta}(t)$ zum System $\underline{H}$ ist bekanntlich gegeben durch

$$\mathcal{L}\{\underline{\Theta}(t)\} = (s\underline{I} - \underline{H})^{-1} \tag{3.49}$$

$$= \frac{1}{\det(s\underline{I}-\underline{H})} \operatorname{adj}(s\underline{I} - \underline{H}) \tag{3.50}$$

Für das charakteristische Polynom der 2n x 2n-Matrix $\underline{H}$ gilt (vergl. Anhang A.5.1):

$$\det(s\underline{I} - \underline{H}) = s^{2n} + \alpha_{2n-1}s^{2n-1} + \ldots + \alpha_1 s + \alpha_0 \tag{3.51}$$

Die adjungierte Matrix läßt sich gemäß Gl. (A.42b) schreiben als

$$\operatorname{adj}(s\underline{I} - \underline{H}) = \underline{C}_{2n-1}s^{2n-1} + \underline{C}_{2n-2}s^{2n-2} + \ldots + \underline{C}_1 s + \underline{C}_0 \tag{3.52}$$

Die Koeffizienten α_i und $\underline{C}_i$ werden mit dem Algorithmus von Souriau-Fadeeva berechnet (Ersetze $\underline{A}$ durch $\underline{H}$ und n durch 2n in den Gln. (A.43a) und (A.43b)). Die Hauptarbeit besteht nunmehr in der elementweisen Rücktransformation von Gl. (3.50) in den Zeitbereich und in der Auswertung der Lösungsformel (3.48).

Beispiel 3.2:

Im Beispiel 2.4 ist bereits ein Wiener-Filter erster Ordnung entworfen worden. Hier betrachten wir den gleichen Prozeß, interessieren uns jedoch auch für die optimale Filterung des Einschaltvorganges ab t = 0. Das Modell des beobachteten skalaren Prozesses lautete

$$\dot{x}(t) = -\,x(t) + v(t)$$

$$y(t) = x(t) + w(t)$$

mit Q = 2, R = 1 und $t \geq 0$, siehe Bild 3.6. Der Anfangszustand sei exakt Null, d.h. P(0) = 0. Die zugehörige Hamiltonsche Matrix (3.26) hat die Form

$$\underline{H} = \begin{bmatrix} -A' & C^2R^{-1} \\ Q & A \end{bmatrix} = \begin{bmatrix} 1 & 1 \\ 2 & -1 \end{bmatrix}$$

Die 2x2-Transitionsmatrix $\underline{\Theta}(t)$ zu $\underline{H}$ ist definiert durch

$$\dot{\underline{\Theta}}(t) = \underline{H}\,\underline{\Theta}(t)\ , \quad \underline{\Theta}(0) = \underline{I} \tag{3.53}$$

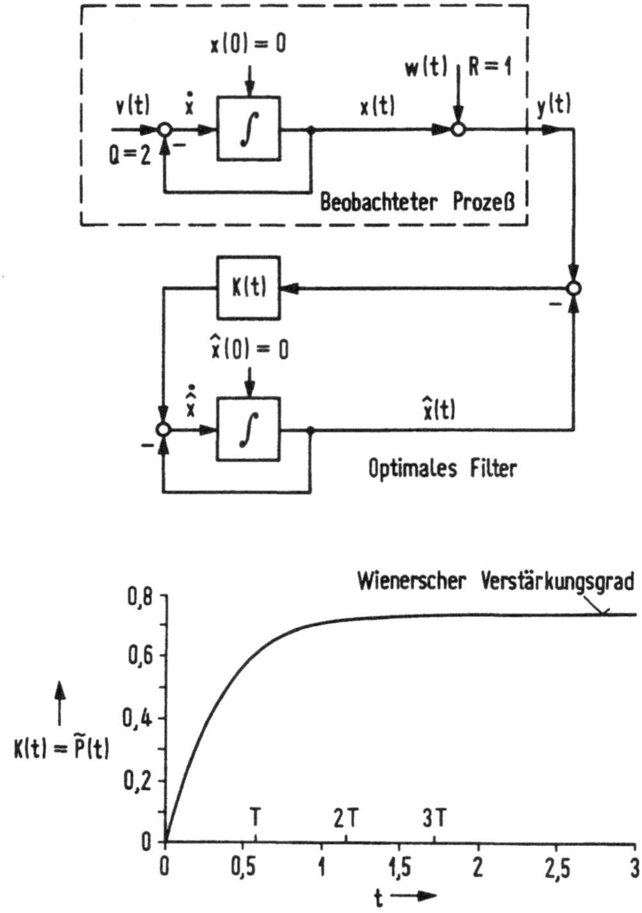

Bild 3.6 Kalman-Bucy-Filter für skalaren Prozeß, Beispiel 3.2.

Ihre Laplace-Transformierte ist gegeben durch

$$\mathcal{L}\{\underline{\Theta}(t)\} = \frac{1}{s^2+\alpha_1 s+\alpha_0}\,(\underline{C}_1 s + \underline{C}_0) \tag{3.54}$$

Die Koeffizienten α_1 und α_0 sowie $\underline{C}_1$ und $\underline{C}_0$ folgen aus dem Algorithmus (A.43) mit n = 2.

Anfangswert: $\underline{C}_1 = \underline{I}$

k = 1: $\alpha_1 = -\,\mathrm{spur}(\underline{C}_1\underline{H}) = -\,\mathrm{spur}\,\underline{H} = 0$

$\underline{C}_0 = \underline{C}_1\underline{H} + \alpha_1\underline{I} = \underline{H}$

$$k = 2: \quad \alpha_0 = -\frac{1}{2}\,\mathrm{spur}(\underline{C}_0\underline{H}) =$$

$$= -\frac{1}{2}\,\mathrm{spur}\,\underline{H}^2 = -\frac{1}{2}\,\mathrm{spur}\begin{bmatrix} 3 & 0 \\ 0 & 3 \end{bmatrix} = -3$$

$$\underline{C}_{-1} = \underline{C}_0\underline{H} + \alpha_0\underline{I} =$$

$$= \underline{H}^2 - 3\,\underline{I} = \underline{0}$$

Die letzte Gleichung ist die Kontrollgleichung. Mit diesen Ergebnissen geht die Gl. (3.54) über in

$$\mathcal{L}\{\underline{\Theta}(t)\} = \frac{1}{s^2 - 3}\begin{bmatrix} s+1 & 1 \\ 2 & s-1 \end{bmatrix} \tag{3.55}$$

Die Pole von $\underline{\Theta}(t)$ liegen bei $s_1 = -\sqrt{3}$ und $s_2 = +\sqrt{3}$. Rücktransformation ergibt

$$\underline{\Theta}(t) = \frac{\sqrt{3}}{6}\begin{bmatrix} (\sqrt{3}-1)e^{-\sqrt{3}t} + (\sqrt{3}+1)e^{\sqrt{3}t}, & -e^{-\sqrt{3}t} + e^{\sqrt{3}t} \\ -2e^{-\sqrt{3}t} + 2e^{\sqrt{3}t}, & (\sqrt{3}+1)e^{-\sqrt{3}t} + (\sqrt{3}-1)e^{\sqrt{3}t} \end{bmatrix}$$

(3.66)

Natürlich ist $\underline{\Theta}(0) = \underline{I}$. Mit $\tilde{P}(0) = P(0) = 0$ folgt aus (3.48):

$$\tilde{P}(t) = \frac{-2e^{-\sqrt{3}t} + 2e^{\sqrt{3}t}}{(\sqrt{3}-1)e^{-\sqrt{3}t} + (\sqrt{3}+1)e^{\sqrt{3}t}} \tag{3.67}$$

Die Zeitkonstante der abklingenden Anteile ist $T = 1/\sqrt{3} = 0{,}578$. Für $t \gg T$ überwiegen die aufklingenden Anteile in Zähler und Nenner, so daß

$$\tilde{P}(\infty) = \bar{P} = \frac{2}{\sqrt{3}+1} = \sqrt{3} - 1 = 0{,}73$$

Dieses Ergebnis stimmt mit der Lösung des Beispiels 2.4 überein. Das gesuchte Kalman-Bucy-Filter ist

$$\dot{\hat{x}}(t) = - \hat{x}(t) + K(t) \{ y(t) - \hat{x}(t) \}$$

Der Verstärkungsgrad ist gleich $\tilde{P}(t)C'R^{-1}$, also

$$K(t) = \tilde{P}(t)$$

Das Filter ist im Bild 3.6 dargestellt, zusammen mit dem zeitlichen Verlauf von K(t). Der Einschwingvorgang des Verstärkungsgrades ist nach etwa 3 Zeitkonstanten beendet, und wir haben das Wiener-Filter vor uns. Näheres zum stationären Zustand siehe Beispiel 2.4. -

Wir haben gesehen, daß das Wienersche Filter ein Spezialfall des Kalman-Bucy-Filters für stationäre Prozesse nach Abklingen der Einschaltvorgänge ist. Im übrigen wird in der Wienerschen Theorie noch die Einschränkung gemacht, daß nur eine skalare Meßgröße y(t) vorliegt, und daß $\underline{v}(t)$ höchstens zwei Elemente hat: eines für das Nutzsignal und eventuell noch ein zweites für farbiges Rauschen. Ist letzteres vorhanden, so darf bei Wiener das weiße Rauschen w(t) auch entfallen, was bei Kalman und Bucy nicht zulässig ist, weil $E\{w^2(t)\}$ positiv sein muß. Diese scheinbar größere Allgemeingültigkeit des Wienerschen Verfahrens wirkt sich aber dahingehend aus, daß im Filter Differenzierglieder realisiert werden müssen, die nicht praktikabel sind. Bryson und Johansen [2.17] haben diesen Fall, bei dem $\underline{R}$ positiv-semidefinit ist, übrigens auch im Rahmen der Kalman-Bucy'schen Theory gelöst und erhalten teilweise ebenfalls Differenzierglieder, siehe zu diesem Thema auch Bucy [2.18] und Abschnitt 3.7.

Des weiteren muß beim Wienerschen Verfahren vorausgesetzt werden, daß der beobachtete Prozeß selbst stabil ist, d.h. die Matrix $\underline{A}$ darf nur Eigenwerte mit negativem Realteil aufweisen. Diese Einschränkung ist beim Entwurf zeitinvarianter Kalman-Bucy-Filter nicht notwendig. Unter den eingangs in diesem Abschnitt erklärten Voraussetzungen ist das stationäre Kalman-Bucy-Filter stets realisierbar und selbst asymptotisch stabil (alle Pole des Filters liegen in der linken s-Halbebene, siehe Beispiel 3.1).

Die Ausführungen dieses Abschnitts gelten sinngemäß auch für diskrete Zeit. Syntheseprobleme in diskreter Zeit (Abtastsysteme) sind grundsätzlich einfacher zu behandeln als der entsprechende zeitlich kontinuierliche Fall, da anstelle von Differentialgleichungen und Integralen nur Differenzengleichungen und Summen auszuwerten sind, d.h. daß von vornherein nur rein algebraische Rechenoperationen vorkommen. Ein stationäres Kalman-Filter läßt sich jederzeit geradeaus nach dem Algorithmus (2.51) im Satz 2.1 berechnen; für Systeme niedriger Ordnung ($n \leq 3$) sogar noch mit einem Taschenrechner, siehe Beispiel 2.2. Dort stellte sich die Gleichgewichtslösung der zeitlich diskreten Riccati-Gleichung bereits bei $k = 6$ ein, vergl. Tabelle 2.2 und Bild 2.4.

3.6 Formfilter für vektorielle Markoffsche Prozesse

Bisher wurde immer angenommen, daß das mathematische Modell des beobachteten Prozesses bereits in der Standardform $\dot{\underline{x}} = \underline{A}\,\underline{x} + \underline{v}$ mit der Kovarianzmatrix $\underline{Q}$ gegeben ist. Das ist bei vielen praktischen Entwurfsaufgaben durchaus realistisch. Insbesondere wenn das beobachtete System eine stochastisch gestörte Regelstrecke mit konzentrierten Parametern ist, kann man davon ausgehen, daß ihr Modell bekannt bzw. relativ leicht erhältlich ist. Diese Ausgangslage finden wir beispielsweise bei Luft- und Raumfahrzeugen fast immer vor.

Es kann jedoch auch vorkommen, daß nur die statistischen Kenngrößen des Prozesses $\{\underline{x}\}$ bekannt sind oder - was bei der Filtersynthese eher noch größere praktische Bedeutung hat - daß die Stör- und Meßgeräusche auch farbige Komponenten enthalten. In beiden Fällen muß vor Beginn des eigentlichen Filterentwurfs ein Formfilter für $\{\underline{x}\}$ bzw. für jenen Teil des vergrößerten Vektors $\underline{x}$ erstellt werden, der das farbige Rauschen repräsentiert, vergl. Bemerkung (b) im Abschnitt 2.3.7.

Angesichts des begrenzten Umfangs der vorliegenden Abhandlung beschränken wir uns auf Markoffsche Prozesse in <u>diskreter</u> Zeit mit dem <u>Erwartungswert Null</u> und gegebenen Kovarianzmatrizen. - Ist der Prozeß obendrein Gaußisch, so ist er durch diese Angaben vollkommen spezifiziert. -

Es sei $\{\underline{x}(k),\ k_0 \leq k\}$ der vorliegende Prozeß, wobei $\underline{x}$ entweder den gesamten Zustand des gesuchten Modells oder nur den zum farbigen Rauschen gehörenden Teil desselben darstellt. Gegeben sei die Folge der Kovarianzmatrizen von $\{\underline{x}(k)\}$:

$$\underline{P}(k_2,k_1) := E\{\underline{x}(k_2)\underline{x}'(k_1)\} \;, \quad k_0 \leq k_1 \leq k_2 \tag{3.68}$$

Es brauchen nur die Argumentenpaare $k_1 \leq k_2$ berücksichtigt zu werden, weil offenbar $\underline{P}(k_1,k_2) = \underline{P}'(k_2,k_1)$ ist. Wir setzen voraus:

(i) $\underline{P}(k,k)$ endlich und symmetrisch für alle k

(ii) $\underline{P}(k,k)$ stets positiv definit (nichtsingulär)

(iii) $\underline{P}(k_3,k_2)\underline{P}^{-1}(k_2,k_2)\underline{P}(k_2,k_1) = \underline{P}(k_3,k_1)$ für alle $k_1 \leq k_2 \leq k_3$

(3.69)

Diese Maßgaben sind notwendig und hinreichend dafür, daß $\{\underline{x}(k)\}$ ein nichtsingulärer Markoffscher Prozeß im weiten Sinne ist, d.h. daß er für alle $k_1 < k_2 < \ldots < k_n$ die Eigenschaft hat

$$E\{\underline{x}(k_n)|\underline{x}(k_1),\ \underline{x}(k_2),\ldots,\ \underline{x}(k_{n-1})\} = E\{\underline{x}(k_n)|\underline{x}(k_{n-1})\} \tag{3.70}$$

In [3.5] ist dieser Satz für skalare Prozesse als Theorem 8.1 im Kapitel V formuliert und bewiesen. Für vektorielle Prozesse können wir ihn uns durch folgende Überlegung plausibel machen. Die Eigenschaft (3.70) trifft sicherlich zu, wenn das Modell des Prozesses die Form

$$\underline{x}(k+1) = \underline{A}(k)\underline{x}(k) + \underline{v}(k) \qquad k_0 \leq k \tag{3.70a}$$

hat, wobei $\{\underline{v}(k)\}$ weißes Rauschen darstellt, das mit $\underline{x}(k_0)$ nicht korreliert ist. Die Kovarianz von $\{\underline{v}(k)\}$ lautet

$$E\{\underline{v}(k)\underline{v}'(\varkappa)\} = \underline{Q}(k)\delta_{k\varkappa} \tag{3.70b}$$

Die Transitionsmatrix zu $\underline{A}(k)$ sei $\underline{\Phi}(k,\varkappa)$. Im Abschnitt 1.6 hatten wir bereits festgestellt, daß die folgenden Beziehungen gelten (siehe die Gln. (1.55)):

$$\underline{\Phi}(k_2+1,k_1) = \underline{A}(k_2)\underline{\Phi}(k_2,k_1),\ \underline{\Phi}(k_1,k_1) = \underline{I},\quad k_1 \leq k_2 \tag{3.71}$$

$$\underline{\Phi}(k_3,k_2)\cdot\underline{\Phi}(k_2,k_1) = \underline{\Phi}(k_3,k_1) \;, \qquad k_1 \leq k_2 \leq k_3 \tag{3.72}$$

$$\underline{x}(k_2) = \underline{\Phi}(k_2,k_1)\underline{x}(k_1) + \sum_{\varkappa=k_1}^{k_2-1} \underline{\Phi}(k_2,\varkappa+1)\underline{v}(\varkappa), \quad k_1 < k_2 \quad (3.73)$$

Die letzte dieser Gln. wird in die Definition (3.68) eingesetzt. Mangels Korrelation verschwinden alle Terme $E\{\underline{v}(\varkappa)\underline{x}'(k_1)\}$, die von der Summe stammen, und es verbleibt

$$\underline{P}(k_2,k_1) = E\{\underline{\Phi}(k_2,k_1)\underline{x}(k_1)\underline{x}'(k_1)\}$$

so daß

$$\underline{P}(k_2,k_1) = \underline{\Phi}(k_2,k_1)\underline{P}(k_1,k_1), \quad k_0 \le k_1 \le k_2 \quad (3.74)$$

Nachmultiplizieren mit der Inversen von $\underline{P}(k_1,k_1)$ ergibt

$$\underline{\Phi}(k_2,k_1) = \underline{P}(k_2,k_1)\underline{P}^{-1}(k_1,k_1) \quad (3.75)$$

Substitution in die Gl. (3.72) liefert

$$\underline{P}(k_3,k_2)\underline{P}^{-1}(k_2,k_2) \cdot \underline{P}(k_2,k_1)\underline{P}^{-1}(k_1,k_1) = \underline{P}(k_3,k_1)\underline{P}^{-1}(k_1,k_1) \quad (3.76)$$

und durch Nachmultiplikation mit $\underline{P}(k_1,k_1)$ entsteht die obige Bedingung (3.69). -

Wir nehmen nun die Bedingung (3.69) als gegeben an und bestimmen, von ihr ausgehend, die gesuchten Matrizen $\underline{A}(k)$ und $\underline{Q}(k)$ des Modells von $\{\underline{x}(k)\}$. Da $\underline{P}(k,k)$ stets positiv definit sein soll, gilt auch die Gl. (3.76) und somit (3.75). Letztere nimmt mit $k_2 = k+1$ und $k_1 = k$ die Form an

$$\underline{\Phi}(k+1,k) = \underline{P}(k+1,k)\underline{P}^{-1}(k,k)$$

Die linke Seite ist gleich $\underline{A}(k)$, siehe Gl. (3.71) mit $k_2 = k_1 = k$. Also ergibt sich

$$\underline{A}(k) = \underline{P}(k+1,k)\underline{P}^{-1}(k,k) \quad (3.77)$$

Um das noch fehlende $\underline{Q}(k)$ zu erhalten, betrachten wir $\underline{P}(k+1,k+1)$ und setzen die Gl. (3.70a) in die Gl. (3.68) ein:

$$\underline{P}(k+1,k+1) = E\,\{[\underline{A}(k)\underline{x}(k) + \underline{v}(k)][\underline{x}'(k)\underline{A}'(k) + \underline{v}'(k)]\}$$

Die gemischten Erwartungswerte verschwinden, weil $\underline{x}(k)$ mit $\underline{v}(k)$ nicht korreliert ist, und es verbleibt

$$\underline{P}(k+1,k+1) = E\,\{\underline{A}(k)\underline{x}(k)\underline{x}'(k)\underline{A}'(k) + \underline{v}(k)\underline{v}'(k)\}$$

oder

$$\underline{P}(k+1,k+1) = \underline{A}(k)\underline{P}(k,k)\underline{A}'(k) + \underline{Q}(k) \qquad (3.78)$$

Da $\underline{P}$ gegeben und $\underline{A}(k)$ bereits durch (3.77) bestimmt ist, bildet die Matrix $\underline{Q}(k)$ in (3.78) die einzige Unbekannte, nach der man leicht auflösen kann.

Zusammenfassend läßt sich sagen, daß unter den eingangs genannten Voraussetzungen stets eine Folge $\underline{A}(k)$ gemäß (3.77) und anschließend die zugehörige Folge $\underline{Q}(k)$ gemäß (3.78) bestimmbar ist. Damit ist das gesuchte Formfilter (3.70) vollkommen definiert. Dieses Formfilter ist ein abstraktes dynamisches System mit der Eigenschaft, daß es aus weißem Rauschen $\{\underline{v}(k)\}$ den Markoff-Prozeß $\{\underline{x}(k)\}$ derart synthetisiert, daß er die spezifizierten statistischen Eigenschaften aufweist. Bei kontinuierlicher Zeit ist die Lösung des Formfilterproblems ganz analog (siehe Literatur).

Praktisch gesehen liegt das Problem jedoch weniger bei der Auswertung der Gln. (3.77) und (3.78), sondern hauptsächlich bei der meßtechnischen Bestimmung der Kovarianzfolge $\underline{P}(k_2,k_1)$.

Die hier behandelte Synthese des Formfilters im Zustandsraum ist das Äquivalent zum Faktorisieren der Spektraldichte in der klassischen Theorie.

3.7 Reduktion der Ordnung des Filters

Es ist bereits wiederholt angedeutet worden, daß eine besondere Situation vorliegt, sobald eines oder mehrere Elemente des Meßvektors $\underline{y}$ frei von weißem Rauschen sind. Die besagten Elemente y_i enthalten also ein entweder gar kein oder nur farbiges Rauschen, das durch ein Formfilter erzeugt wird. Dem im wesentlichen gleichwertig ist der Fall, daß die Elemente w_i linear voneinander abhängen. Beides wirkt sich dahingehend aus, daß die Kovarianzmatrix $\underline{R}$ der Meßgeräusche nicht mehr streng positiv definit, sondern singulär ist, vergl. Bemerkung (d) im Abschnitt 2.3.7.

Bei kontinuierlicher Zeit tritt die Kehrmatrix $\underline{R}^{-1}$ unmittelbar in der Riccati-Dgl. und als Faktor im Verstärkungsgrad $\underline{K}(t)$ auf, siehe (3.37). Bei Messungen ohne weißes Rauschen ist das Kalman-Bucy-Filter daher nicht mehr in der ursprünglichen Form realisierbar. Wie ebenfalls bereits erwähnt, haben Bryson und Johansen [2.17] sowie Bucy [2.18] auch dieses Problem durch Abwandlung des Verfahrens lösen können. Die Grundidee des Lösungsganges besteht darin, daß die Messungen, die kein oder nur farbiges Rauschen enthalten, so oft differenziert werden, bis weißes Rauschen entsteht. Dieses stammt dann naturgemäß von den Komponenten von $\underline{v}$, so daß $\underline{Q}$ und die neue Matrix $\underline{R}^*$ nun miteinander korreliert sind. Dadurch ergeben sich zusätzliche Glieder im Filteralgorithmus, die aber kein großes Problem darstellen. Die Schwierigkeiten, die das Verfahren für viele praktische Zwecke in Frage stellen, liegen vielmehr bei der technischen Realisierung. Zwar kann die jeweils letzte Differentiation, die auf weißes Rauschen führen würde, bei der praktischen Ausführung dadurch umgangen werden, daß das zu differenzierende Signal nicht vor, sondern hinter den Integrator des Filters eingespeist wird. So brauchen z.B. Messungen der Form

$$y_i(t) = c_{i1}x_1 + \dots + c_{ij}x_j + \dots c_{in}x_n$$

mit dem farbigen Rauschen erster Ordnung

$$\dot{x}_j(t) = \alpha_j x_j(t) + v_j(t)$$

in der Praxis gar nicht differenziert zu werden. Wenn jedoch die Messungen höher als eine Ordnung über weißem Rauschen liegen, müssen die verbleibenden Differenzierglieder im konkreten Filter technisch realisiert werden. Wir gehen auf den Fall kontinuierlicher Zeit daher nicht weiter ein und wenden uns lieber dem einfacher gelagerten zeitlich diskreten Fall zu, siehe auch [3.25].

Wir betrachten ein System n-ter Ordnung mit p Meßgrößen ohne weißes Rauschen:

$$\underline{x}(k+1) = \underline{A}(k)\underline{x}(k) + \underline{v}(k) \qquad k_0 \leq k \tag{3.79a}$$

$$\bar{\underline{y}}(k) = \bar{\underline{C}}(k)\underline{x}(k) \tag{3.79b}$$

$$\underline{y}^*(k) = \underline{C}^*(k)\underline{x}(k) + \underline{w}^*(k) \tag{3.79c}$$

Dabei ist $\bar{\underline{y}}$ ein p-Vektor, $\underline{y}^*$ und $\underline{w}^*$ sind (m-p)-Vektoren. Die p x n-Matrix $\bar{\underline{C}}(k)$ soll für alle k vom Rang p sein, d.h. ihre p Zeilen seien linear unabhängig (andernfalls eliminiere vorher die redundanten Zeilen). In der Kovarianzmatrix $\underline{R}(k)$ verschwinden alle Elemente mit Ausnahme der rechten unteren Ecke der Ordnung (m-p)·(m-p). Die übrigen Größen sind die gleichen wie im Abschnitt 2.3.1 spezifiziert.

Die Messungen $\bar{\underline{y}}(k)$ sind exakte Beobachtungen gewisser Linearkombinationen der Zustandsvariablen $x_i(k)$, wobei letztere entweder die gesuchten Größen (Nutzsignale) oder farbiges Rauschen verkörpern. Bei farbigem Rauschen sei das zugehörige Formfilter bereits in die Gl. (3.79a) einbezogen worden. Wäre p = n, so könnte man (3.79b) sofort nach den $x_i(k)$ auflösen. Da p jedoch fast immer kleiner als n ist, werden die n-p ersten Komponenten von $\underline{x}$ zu einem Vektor $\bar{\bar{\underline{x}}}$ zusammengefaßt, der durch Schätzung gewonnen wird. Wir organisieren die Beziehungen wie folgt:

$$\begin{bmatrix} \bar{\bar{\underline{x}}}(k) \\ \\ \bar{\underline{y}}(k) \end{bmatrix} := \begin{bmatrix} \underline{I}_{n-p} & \underline{0} \\ \\ \bar{\underline{C}}_1 & \bar{\underline{C}}_2 \end{bmatrix} \cdot \underline{x}(k) := \begin{bmatrix} \underline{B} \\ \\ \bar{\underline{C}}(k) \end{bmatrix} \underline{x}(k) \tag{3.80}$$

Die Matrix $\underline{B}$ ist erklärt als der obere, (n-p)-zeilige Teil der Gesamtmatrix in (3.80). Die Matrizen $\bar{\underline{C}}_1(k)$ und $\bar{\underline{C}}_2(k)$ sind durch (3.80) definiert als (n-p)- bzw. p-spaltige Untermatrizen der (n-p) x n-Matrix $\bar{\underline{C}}(k)$. Da $\bar{\underline{C}}$ den Rang p hat, kann man es ggf. durch Umnumerierung der Zustandsvariablen stets so einrichten, daß $\bar{\underline{C}}_2$ regulär ist (Wir wollen annehmen, daß diese Struktur dann für alle k gleich bleibt). Die Inverse der Verbundmatrix in (3.80) läßt sich leicht bilden, und es gilt

$$\underline{x}(k) = \begin{bmatrix} \underline{I}_{n-p} & \underline{O} \\ -\underline{\bar{C}}_2^{-1}\underline{\bar{C}}_1\,, & \underline{\bar{C}}_2^{-1} \end{bmatrix} \cdot \begin{bmatrix} \underline{\bar{x}}(k) \\ \underline{\bar{y}}(k) \end{bmatrix} \tag{3.81a}$$

oder

$$\underline{x}(k) = \underline{M}(k)\underline{\bar{x}}(k) + \underline{N}(k)\underline{\bar{y}}(k) \tag{3.81b}$$

wobei $\underline{M}$ und $\underline{N}$ durch direkten Vergleich von (3.81a) und (3.81b) definiert sind. Da $\underline{M}$, $\underline{N}$ und $\underline{\bar{y}}$ bekannt sind, braucht nur noch $\underline{\bar{x}}$ abgeschätzt zu werden. Es gilt nämlich

$$\underline{\hat{x}}(k) = \underline{M}(k)\underline{\hat{\bar{x}}}(k) + \underline{N}(k)\underline{\bar{y}}(k) \tag{3.82}$$

und damit

$$\underline{\tilde{x}}(k) = \underline{M}(k)\underline{\tilde{\bar{x}}}(k) \tag{3.83}$$

Der Schätzwert (3.82) ist optimal, denn der Schätzfehler (3.83) genügt der Wiener-Hopf-Gleichung in der Fassung (2.16). Die folgenden Formeln werden optisch einfacher, wenn wir die beiden Gln. (3.79b) und (3.79c) kombinieren

$$\underline{y}(k) := \begin{bmatrix} \underline{\bar{y}}(k) \\ \underline{y}^*(k) \end{bmatrix} \quad , \quad \underline{w}(k) := \begin{bmatrix} \underline{O} \\ \underline{w}^*(k) \end{bmatrix} \tag{3.84}$$

$$\underline{C}(k) := \begin{bmatrix} \underline{\bar{C}}(k) \\ \underline{C}^*(k) \end{bmatrix} \tag{3.85}$$

Nun kann man schreiben

$$\underline{\bar{x}}(k) = \underline{B}\ \underline{x}(k) \tag{3.86}$$

$$\underline{y}(k) = \underline{C}(k)\underline{x}(k) + \underline{w}(k) \ , \tag{3.87}$$

Das Kalmansche Filter aus Satz 2.1, Gln. (2.50a,b), lautet

$$\underline{x}^*(k+1) = \underline{A}(k)\hat{\underline{x}}(k) \qquad \underline{x}^*(k_0) = \underline{0} \tag{3.88}$$

$$\hat{\underline{x}}(k) = \underline{x}^*(k) + \underline{K}(k)\{\underline{y}(k) - \underline{C}(k)\underline{x}^*(k)\} \tag{3.89}$$

Dieses Filter hat noch die Ordnung n. Durch die folgende Umformung läßt sich die Ordnung jedoch auf (n-p) herabsetzen. Um den n-gliedrigen Filterzustand $\underline{x}^*$ zu eliminieren, werden die Terme mit $\underline{x}^*$ in Gl. (3.89) zusammengefaßt und beide Seiten mit $\underline{B}$ vormultipliziert:

$$\underline{B}\,\hat{\underline{x}}(k) = \underline{B}\,\{\underline{I} - \underline{K}(k)\underline{C}(k)\}\ \underline{x}^*(k) + \underline{B}\ \underline{K}(k)\underline{y}(k) \tag{3.90}$$

Auf der linken Seite steht der Schätzwert $\hat{\bar{\underline{x}}}(k)$, siehe (3.86). Die rechte Seite vereinfacht sich, wenn wir die folgenden Definitionen einführen.

$$\underline{z}^*(k) := \underline{B}\,\{\underline{I} - \underline{K}(k)\underline{C}(k)\}\ \underline{x}^*(k) \tag{3.91}$$

$$\bar{\underline{K}}(k) := \underline{B}\ \underline{K}(k) \tag{3.92}$$

Damit geht die Gl. (3.90) über in die neue Filtergleichung (3.93b). Die andere Filtergleichung erhalten wir durch Ersetzen von k durch k + 1 in (3.91) und Substitution von (3.88)

$$\underline{z}^*(k+1) = \{\underline{B} - \bar{\underline{K}}(k+1)\underline{C}(k+1)\}\ \underline{A}(k)\hat{\underline{x}}(k)$$

Mit Gl. (3.82) ergibt sich schließlich die Filtergleichung (3.93a). Das Ergebnis lautet zusammengefaßt

$$\underline{z}^*(k+1) = \{\underline{B} - \bar{\underline{K}}(k+1)\underline{C}(k+1)\}\ \underline{A}(k)\ \{\underline{M}(k)\hat{\bar{\underline{x}}}(k) + \underline{N}(k)\bar{\underline{y}}(k)\} \tag{3.93a}$$

$$\hat{\bar{\underline{x}}}(k) = \underline{z}^*(k) + \bar{\underline{K}}(k)\underline{y}(k) \qquad \underline{z}^*(k_0) = \underline{0} \tag{3.93b}$$

Die Gln. (3.93) bilden das neue Filter mit der Ordnung n-p. Man beachte, daß die Matrizen in Gl. (3.94a) ausmultipliziert werden können:

$$\underline{F}(k) := \{\underline{B} - \bar{\underline{K}}(k+1)\underline{C}(k+1)\}\ \underline{A}(k)\underline{M}(k) \tag{3.94a}$$

$$\underline{G}(k) := \{\underline{B} - \bar{\underline{K}}(k+1)\underline{C}(k+1)\}\ \underline{A}(k)[\underline{N}(k),\underline{O}] \qquad (3.94b)$$

und nur noch vom Typ (n-p)x(n-p) bzw. (n-p)x m sind. Von $\underline{G}(k)$ sind nur die ersten p Spalten ungleich Null. Nun kann Gl. (3.93a) in der Form geschrieben werden

$$\underline{z}^*(k+1) = \underline{F}(k)\hat{\bar{\underline{x}}}(k) + \underline{G}(k)\underline{y}(k) \qquad (3.94c)$$

Der (n-p)-Vektor $\underline{z}^*(k)$ ist der neue Filterzustand, siehe Bild 3.7. Das wird besonders deutlich, wenn man (3.93b) in (3.94c) substituiert:

$$\underline{z}^*(k+1) = \underline{F}(k)\underline{z}^*(k) + \{\underline{F}(k)\bar{\underline{K}}(k) + \underline{G}(k)\}\ \underline{y}(k) \qquad (3.94d)$$

Die Matrix $\underline{F}(k)$ bestimmt die Dynamik des Filters.

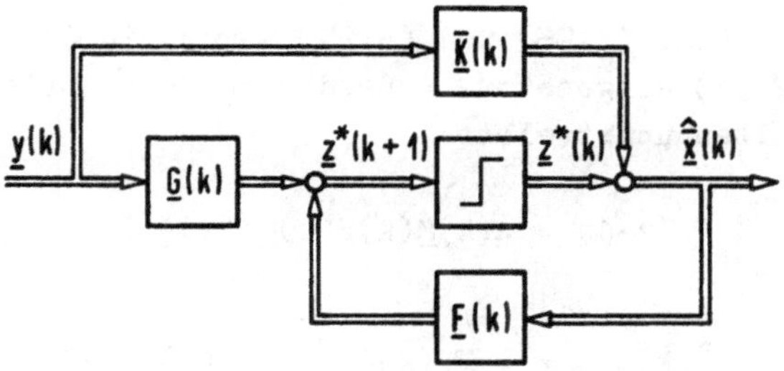

Bild 3.7 Filter (n-p)-ter Ordnung bei p Meßelementen ohne weißes Rauschen.

Die Zustandsvariablen $x_{n-p+1} \dots x_n$ des beobachteten Prozesses kommen im Filter gar nicht mehr vor. Darunter sind oft Zustandsvariable, die zum farbigen Rauschen gehören und ohnehin nicht interessieren. Auf jeden Fall kann der Schätzwert des gesamten Zustandsvektors stets mit Hilfe von Gl. (3.82) konstruiert werden.

Der obige Filteralgorithmus ist - auf etwas andere Weise - erstmals in [3.6] abgeleitet sowie in [2.20] und [2.21] veröffentlicht worden. Die einzige noch unbekannte Matrix im Filter ist die Verstärkung $\bar{\underline{K}}$, das ist gemäß (3.92) der obere Teil der Kalmanschen Verstärkungsmatrix $\underline{K}(k)$. Diese folgt aus dem diskreten Riccati-Algorithmus (2.51). Sofern dieser bereits als

Digitalrechenprogramm vorliegt, ist es am bequemsten, dieses unverändert zu übernehmen. Für Rechnungen von Hand lohnt es sich jedoch, auch den Riccati-Algorithmus noch etwas zu vereinfachen. Dies geschieht zunächst durch Einführung der Kovarianzmatrix des Schätzfehlers $\underline{\tilde{\tilde{x}}}$:

$$\underline{S}(k) := E\{\underline{\tilde{\tilde{x}}}(k)\underline{\tilde{\tilde{x}}}'(k)\} \tag{3.95}$$

Da gemäß (3.86) $\underline{\tilde{\tilde{x}}} = \underline{B}\,\underline{\tilde{x}}$ ist, gilt offenbar

$$\underline{S}(k) = \underline{B}\, E\{\underline{\tilde{x}}(k)\underline{\tilde{x}}'(k)\}\, \underline{B}' = \underline{B}\, \underline{\tilde{P}}(k)\, \underline{B}' \tag{3.96}$$

Das heißt, $\underline{S}(k)$ stellt die linke obere Ecke von $\underline{\tilde{P}}(k)$ dar. Umgekehrt folgt aus (3.83), daß

$$\underline{\tilde{P}}(k) = \underline{M}(k)\underline{S}(k)\underline{M}'(k) \tag{3.97}$$

Die Gln. (3.96) und (3.97) werden in den Kalmanschen Algorithmus (2.51) eingesetzt. Außerdem berücksichtigen wir (3.92) und erhalten unmittelbar:

$$\underline{P}^*(k+1) = \underline{A}(k)\underline{M}(k)\underline{S}(k)\underline{M}'(k)\underline{A}'(k) + \underline{Q}(k), \quad \underline{P}^*(k_0) = \underline{P}(k_0) \tag{3.98a}$$

$$\underline{\bar{K}}(k) = \underline{B}\, \underline{P}^*(k)\underline{C}'(k)\,\{\underline{C}(k)\underline{P}^*(k)\underline{C}'(k) + \underline{R}(k)\}^{-1} \tag{3.98b}$$

$$\underline{S}(k) = \{\underline{B} - \underline{\bar{K}}(k)\underline{C}(k)\}\, \underline{P}^*(k)\underline{B}' \tag{3.98c}$$

Dieser modifizierte Algorithmus ist in [3.6] ebenfalls abgeleitet worden, siehe auch [2.20] und [2.21].[1] Die nicht benötigten Elemente von $\underline{K}(k)$ und $\underline{\tilde{P}}(k)$ aus dem Kalmanschen Algorithmus sind hier eliminiert worden, so daß auch entsprechend weniger Rechenaufwand nötig ist. Das gilt insbesondere für zeitlich konstantes $\underline{C}$, weil dann auch die Matrizen $\underline{M}$ und $\underline{N}$ zeitlich konstant sind und nur einmal ausgerechnet zu werden brauchen.

Die Differenzengleichung (3.98a) ist noch von der Ordnung n. Wie bereits in [3.6] angegeben, läßt sie sich durch folgendes Vorgehen noch ganz eliminieren - so wie auch $\underline{x}^*(k+1)$ aus dem Filter

1) Wenn die Inverse in Gl. (3.98b) nicht existiert, verwende man die Pseudo-Inverse, [1.17], [1.18] u.a.

eliminiert wurde. Wir wollen dabei der Einfachheit halber annehmen, daß

$$\underline{A},\ \underline{C},\ \underline{Q} \text{ und } \underline{R} \text{ konstant} \tag{3.99}$$

sind, weil die Elimination in diesem Falle besonders lohnend ist. Wir ersetzen nun k durch k + 1 in den Gln. (3.98b) und (3.98c) und substituieren (3.98a):

$$\underline{\bar{K}}(k+1) = \{\underline{B}\ \underline{A}\ \underline{M}\ \underline{S}(k)(\underline{C}\ \underline{A}\ \underline{M})' + \underline{B}\ \underline{Q}\ \underline{C}'\} \cdot$$

$$\cdot \{\underline{C}\ \underline{A}\ \underline{M}\ \underline{S}(k)(\underline{C}\ \underline{A}\ \underline{M})' + \underline{C}\ \underline{Q}\ \underline{C}' + \underline{R}\}^{-1} \tag{3.100a}$$

$$\underline{S}(k+1) = \underline{B}\ \underline{A}\ \underline{M}\ \underline{S}(k)(\underline{B}\ \underline{A}\ \underline{M})' + \underline{B}\ \underline{Q}\ \underline{B}' -$$

$$-\underline{\bar{K}}(k+1) \cdot \{\underline{C}\ \underline{A}\ \underline{M}\ \underline{S}(k)(\underline{B}\ \underline{A}\ \underline{M})' + \underline{C}\ \underline{Q}\ \underline{B}'\} \tag{3.100b}$$

Die Anfangsbedingung $\underline{S}(k_0)$ folgt aus (3.98b) und (3.98c). So kompliziert dieser Algorithmus auch auf den ersten Blick erscheint, so ist er doch rechentechnisch wesentlich wirtschaftlicher als der ursprüngliche Kalmansche Algorithmus oder als das System (3.98). Denn die Ordnung des Algorithmus (3.100) ist nur n-p und die benötigten Koeffizienten $\underline{B}\ \underline{A}\ \underline{M}$, $\underline{C}\ \underline{A}\ \underline{M}$, $\underline{B}\ \underline{Q}\ \underline{B}'$, $\underline{B}\ \underline{Q}\ \underline{C}'$ und $\underline{C}\ \underline{Q}\ \underline{C}'$ lassen sich relativ einfach bestimmen und bleiben unter der Voraussetzung (3.99) ein für alle Mal konstant. Besonders trivial ist die Vormultiplikation einer Matrix mit $\underline{B}$, denn das bedeutet lediglich, daß die ersten n-p Zeilen der Matrix herausgegriffen werden.

Beispiel 3.3[3.6]: Zu den Zeitpunkten k = 0,1,2,... wird ein Signalprozeß zweiter Ordnung beobachtet. Die skalare Meßgröße besteht aus der Zustandsvariablen x_2 und farbigem Rauschen x_3 der Ordnung eins, das mit dem Signal nicht korreliert ist. Das Modell des Gesamtsystems einschließlich Formfilter lautet:

$$\underline{x}(k+1) = \begin{bmatrix} 0,7 & 0 & 0 \\ 0,4 & 0,3 & 0 \\ 0 & 0 & 0,1 \end{bmatrix} \underline{x}(k) + \underline{v}(k),\quad \underline{Q}(k) = \begin{bmatrix} 1 & 2 & 0 \\ 2 & 4 & 0 \\ 0 & 0 & 0,8 \end{bmatrix}$$

$$\underline{y}(k) = [\,0 \quad 1 \quad 1\,]\,\underline{x}(k)\,, \quad R(k) = 0,\ \underline{P}(0) = \underline{0},\ \underline{x}(0) = \underline{0}$$

Gesucht ist das entsprechende Optimalfilter. Seine Ordnung ist 3 - 1 = 2. Zunächst berechnen wir $\underline{M}$ und $\underline{N}$ nach den Maßgaben (3.80) und (3.81a). Es ist:

$$\begin{bmatrix} \underline{B} \\ \bar{\underline{C}} \end{bmatrix} = \begin{bmatrix} 1 & 0 & 0 \\ 0 & 1 & 0 \\ \hline 0 & 1 & 1 \end{bmatrix}$$

Die Kehrmatrix dazu ist

$$[\underline{M},\ \underline{N}] = \left[\begin{array}{cc|c} 1 & 0 & 0 \\ 0 & 1 & 0 \\ 0 & -1 & 1 \end{array}\right]$$

Das Filter ist gegeben durch die Gln. (3.93) bzw. (3.94) mit den obigen Werten von $\underline{B}$, $\underline{C}$, $\underline{A}$, $\underline{M}$ und $\underline{N}$. Die noch fehlende Matrix $\bar{\underline{K}}(k)$ berechnen wir mit dem Algorithmus (3.100). Die Anfangswerte $\bar{\underline{K}}(0)$ und $\underline{S}(0)$ verschwinden gemäß (3.98b) und (3.98c) wegen $\underline{P}^*(0) = \underline{P}(0) = \underline{0}$. Des weiteren ist

$$\underline{B}\,\underline{A}\,\underline{M} = \begin{bmatrix} 0{,}7 & 0 \\ 0{,}4 & 0{,}3 \end{bmatrix}, \quad \underline{C}\,\underline{A}\,\underline{M} = [0{,}4 \quad 0{,}2]$$

$$\underline{B}\,\underline{Q}\,\underline{B}' = \begin{bmatrix} 1 & 2 \\ 2 & 4 \end{bmatrix}, \quad \underline{B}\,\underline{Q}\,\underline{C}' = \begin{bmatrix} 2 \\ 4 \end{bmatrix}, \quad \underline{C}\,\underline{Q}\,\underline{C}' = 4{,}8$$

Damit kann der Algorithmus (3.100) ausgeführt werden. Das rekursive Ergebnis lautet:

$$\bar{\underline{K}}(0) = \underline{0} \qquad \underline{S}(0) = \underline{0}$$

$$\bar{\underline{K}}(1) = \begin{bmatrix} 0{,}417 \\ 0{,}834 \end{bmatrix} \qquad \underline{S}(1) = \begin{bmatrix} 0{,}166 & 0{,}332 \\ 0{,}332 & 0{,}664 \end{bmatrix}$$

$$\underline{\bar{K}}(2) = \begin{bmatrix} 0{,}427 \\ 0{,}843 \end{bmatrix} \qquad \underline{S}(2) = \begin{bmatrix} 0{,}187 & 0{,}351 \\ 0{,}351 & 0{,}684 \end{bmatrix}$$

$$\underline{\bar{K}}(3) = \begin{bmatrix} 0{,}427 \\ 0{,}843 \end{bmatrix}$$

Bereits bei k = 3 hat sich der Algorithmus auf seinen Gleichgewichtszustand eingeschwungen. Die kurze "Zeitkonstante" des Algorithmus ist bedingt durch den hohen Wert von $\underline{Q}$, durch den im System (3.100) die Terme mit $\underline{Q}$ alle anderen weit überwiegen. Das Filter (3.93) nimmt im eingeschwungenen Zustand die Form an:

$$\underline{z}^*(k+1) = \begin{bmatrix} 0{,}529 & -0{,}086 \\ 0{,}063 & 0{,}131 \end{bmatrix} \hat{\underline{x}}(k) + \begin{bmatrix} -0{,}043 \\ -0{,}084 \end{bmatrix} y(k) \qquad (3.101a)$$

$$\hat{\underline{x}}(k) = \underline{z}^*(k) + \begin{bmatrix} 0{,}427 \\ 0{,}843 \end{bmatrix} y(k) \qquad (3.101b)$$

In der Fassung (3.94d) und (3.93b) erhalten wir alternativ das Ergebnis

$$\underline{z}^*(k+1) = \begin{bmatrix} 0{,}529 & -0{,}086 \\ 0{,}063 & 0{,}131 \end{bmatrix} \underline{z}^*(k) + \begin{bmatrix} 0{,}111 \\ 0{,}052 \end{bmatrix} y(k)$$

$$\hat{\underline{x}}(k) = \underline{z}^*(k) + \begin{bmatrix} 0{,}427 \\ 0{,}843 \end{bmatrix} y(k)$$

Die Eigenwerte des Filters sind $\lambda_1 = 0{,}511$ und $\lambda_2 = 0{,}150$. Ihr Betrag ist kleiner als 1, das Filter ist also asymptotisch stabil.

3.8 Ausblick auf den Itôschen Kalkül und die nichtlineare Filterung

Bei der Behandlung nichtlinearer Differentialgleichungen mit stochastischer Anregung ist es unabdingbar, das in der linearen Theorie noch tragbare weiße Rauschen durch Brownsche Bewegung zu ersetzen und den Itôschen Kalkül anzuwenden. Sonst können zu leicht fehlerhafte Ergebnisse unterlaufen, die durch die besonderen Eigenschaften des weißen Rauschens hervorgerufen werden. Bevor wir deshalb zur Formulierung der nichtlinearen Filteraufgabe kommen, wollen wir zunächst die Brownsche Bewegung sowie die stochastische Integration und Differentiation betrachten. Wir behandeln zunächst den skalaren Fall und verallgemeinern später auf n Dimensionen. Ein deutsches Lehrbuch für einen großen Teil des Stoffes in diesem Kapitel ist [3.10].

3.8.1 *Der Brownsche Prozeß*

Der Brownsche Zufallsprozeß ist eine mathematische Idealisierung der wirklichen Brownschen Bewegung. Er wird in Standardwerken über Zufallsprozesse eingehend diskutiert, siehe z.B. Doob [3.5] und Krickeberg [3.7]. Die ersten experimentellen Beobachtungen hierzu machte Brown im Jahre 1826. Die theoretische Behandlung wurde 1900 von Bachelier begonnen und 1906 von Einstein und Smoluchowski aufgenommen. Die erste strenge Untersuchung des Prozesses stammt von Wiener [3.8]; daher der ebenfalls übliche Name Wienerscher Prozeß. Die Theorie wurde weiter vertieft von Lévy [3.9]. Ein anderer Ansatz ist das Studium nicht der kollektiven Eigenschaften der gesamten Schar, sondern der individuellen Eigenschaften der einzelnen Musterfunktionen, siehe das allerdings ziemlich abstrakte Buch von Itô und McKean [3.11].

Im Rahmen dieses Buches interessiert die Brownsche Bewegung einerseits als stochastische Störgröße am Eingang des beobachteten Systems, andererseits als Modell für die Meßfehler.

Definition: Der Brownsche Bewegungsprozeß ist ein Zufallsprozeß $\{\beta(t),\ t_0 \leq t < \infty\}$ in kontinuierlicher Zeit, der den folgenden drei Bedingungen genügt:

(i) Wenn $t_0 \leq t_1 < t_2 < \ldots < t_n$, dann sind die Zuwächse $\beta(t_2) - \beta(t_1)$, $\beta(t_3) - \beta(t_2)$, ..., $\beta(t_n) - \beta(t_{n-1})$ gegenseitig unabhängig ("Prozeß mit unabhängigen Zuwächsen").

(ii) $\beta(t)$ ist stets reell.

(iii) Die Zuwächse zwischen irgend zwei festen Zeitpunkten t_1 und t_2 sind <u>normal verteilt</u> mit verschwindender Erwartung, also

$$E\{\beta(t_2) - \beta(t_1)\} = 0 \tag{3.102}$$

und mit der Varianz

$$E\{\beta(t_2) - \beta(t_1)\}^2 = \sigma^2 |t_2 - t_1| \tag{3.103}$$

wobei σ ein fester positiver Parameter ist [3.5].

<u>Bemerkungen:</u> Die Gln. (3.102) und (3.103) werden öfters mit infinitesimalen Zuwächsen geschrieben als $E\{d\beta\} = 0$ und $E\{d\beta\}^2 = \sigma^2 dt$. - Die Verteilung der Zuwächse $\beta(t_2) - \beta(t_1)$ hängt offenbar nicht von den Zeitpunkten t_1 und t_2 selbst ab, sondern nur von ihrer Differenz: die Zuwächse sind also auch <u>stationär</u> (im strengen Sinne). - Ist $\sigma = 1$, so spricht man von einem normierten Brownschen Prozeß. - Gewöhnlich wird vereinbart, daß $\beta(t_0) = 0$. Das bedeutet keinen Verlust an Allgemeinheit, denn jede Brownsche Musterfunktion $\beta^*(t)$ mit $\beta^*(t_0) \neq 0$ kann zerlegt werden in $\beta(t)$ plus $\beta^*(t_0)$, wobei $\beta(t) := \beta^*(t) - \beta^*(t_0)$. Auf diese Weise verschwindet $\beta(t_0)$ und die Zuwächse des Prozesses $\{\beta^*(t)\}$ sind gleich denen von $\{\beta(t)\}$.

<u>Eigenschaften:</u>

(a) Die Unabhängigkeit der Zuwächse bedeutet (Bayes'sche Regel), daß die bedingte Wahrscheinlichkeitsdichte zukünftiger Zuwächse bei gegebenen vergangenen Zuwächsen gleich der unbedingten Dichte ist.

(b) Der Brownsche Prozeß hat die Markoffsche Eigenschaft.

(c) Die Musterfunktionen des Brownschen Prozesses sind <u>stetig</u> (Wiener).

(d) Sie sind in fast keinem Zeitpunkt differenzierbar (Wiener).

(e) In jedem endlichen Zeitintervall sind sie von unbeschränkter Variation (Lévy).

Die letzten drei Sätze gelten mit Wahrscheinlichkeit 1.
Für ihren Beweis, weitere Eigenschaften und nähere Ausführungen siehe z.B. [3.5] oder [3.7].

Bemerkung: Die zeitliche "Ableitung" der Brownschen Bewegung ist das in der Nachrichten- und Regelungstechnik übliche Gauß'sche "weiße Rauschen". Der Wienersche Satz (d) drückt in wahrscheinlichkeitstheoretischem Gewand die geläufige Tatsache aus, daß weißes Rauschen nur ein gedachtes, fiktives Signal sein kann.

3.8.2 *Stochastische Integration*

Im nächsten Abschnitt werden wir uns mit Dgln. beschäftigen, die durch Brownsche Bewegung erregt werden und die Form haben

$$dx(t) = f(x,t)dt + v(x,t)d\beta(t) \tag{3.104}$$

Dabei sind $f(x,t)$ und $v(x,t)$ gewöhnliche, skalare Funktionen von x und t. Wir werden diese Dgl. deuten durch Integration beider Seiten von $t = a$ bis $t = b$:

$$x(b) - x(a) = \int_a^b f(x,t)dt + \int_a^b v(x,t)d\beta(t) \tag{3.105}$$

Das erste Integral ist ein gewöhnliches Riemannsches Integral, seine Berechnung und seine Eigenschaften sind geläufig. Das zweite ist jedoch zunächst noch sinnlos: es ist kein gewöhnliches Integral, da $d\beta(t)/dt$ nicht existiert, es ist auch kein Stieltjes-Integral, weil $\beta(t)$ nicht von beschränkter Variation ist. Es ist vielmehr ein stochastisches Integral. Ein Elementarereignis ω liefert im Intervall $[a,b]$ das Paar der Musterfunktionen $\beta(t;\omega)$ und $x(t;\omega)$. Das Integral selbst ist daher auch eine Zufallsvariable, die von ω abhängt:

$$V(\omega) := \int_a^b v(x(t;\omega),t)\, d\beta(t;\omega) \qquad a \leq b \qquad (3.106)$$

Stochastische Integrale dieser Art wurden zuerst von Itô [3.12] definiert und abgehandelt, siehe auch Doob [3.5], S. 436. Im folgenden seien $V(\omega)$ und $W(\omega)$ die Itôschen Integrale über $v(x,t)$ bzw. $w(x,t)$, bezogen auf den gleichen Brownschen Prozeß $\{\beta(t)\}$. Es bedeutet keine Einschränkung, wenn wir ferner annehmen, daß $\{\beta(t)\}$ normiert ist, d.h. $E\{d\beta\}^2 = dt$.

Eigenschaften:

(a) $V(\omega)$ ist für jedes ω eindeutig bestimmt.

(b) $c\, V(\omega) + d\, W(\omega) = \int_a^b [cv + dw] d\beta(t)$

wobei c und d Konstanten sind.

(c) $E\{V\} = 0$

(d) $E\{VW\} = \int_a^b E[vw]dt \qquad (3.107)$

Für den Beweis konsultiere man das angegebene Schrifttum. Besonders wichtig sind die Eigenschaften (c) und (d). So folgt insbesondere aus (d) mit $v = w = 1$ die interessante Beziehung

$$E\left\{[\int_a^b d\beta(t)]^2\right\} = b - a \qquad a \leq b \qquad (3.108)$$

Das heißt, die Varianz des Zuwachses $\beta(b) - \beta(a)$ eines normierten Brownschen Prozesses ist proportional zur verflossenen Zeitspanne $b - a$. Die Streuung ist dann naturgemäß proportional $\sqrt{b-a}$.

3.8.3 *Stochastische Differentialgleichungen*

In der Theorie der nichtlinearen Filterung ist es üblich, für die beobachteten Zufallssignale ein mathematisches Modell in Form einer Differentialgleichung anzunehmen, deren rechte Seite sich additiv aus einem gewöhnlichen Teil und einem durch Brownsche Bewegung erregten Teil zusammensetzt. Da alle Grundprobleme bereits im skalaren Fall auftreten, beschränken wir uns in diesem Abschnitt auf Dgln. erster Ordnung:

$$dx(t) = f(x,t)dt + v(x,t)d\beta(t) \qquad t_0 \leq t \qquad (3.109)$$

Diese Gleichung wird bezeichnet als stochastische Dgl. vom Diffusionstyp. Dabei ist $\{\beta(t),\ t_0 \leq t\}$ ein normierter Brownscher Prozeß, d.h. er ist reell, hat unabhängige und normal verteilte Zuwächse mit $E\{d\beta(t)\} = 0$ und $E\{d\beta(t)\}^2 = dt$. Die Skalierung des Rauschens wird in die Funktion v einbezogen. Die Anfangsbedingung $x(t_0)$ ist entweder deterministisch oder eine von den Zuwächsen $\beta(t_2) - \beta(t_1)$ unabhängige Zufallsvariable. Die Gl. (3.109) ist die strenge Schreibweise der sonst üblichen Form

$$\dot{x}(t) = f(x,t) + v(x,t)\dot{\beta}(t) ,$$

wobei formal durch dt geteilt wurde und $\dot{\beta}(t)$ Gauß'sches weißes Rauschen ist.

Es sei $t_0 \leq t \leq T < \infty$. In Anlehnung an die Theorie gewöhnlicher Dgln. deutet man die stochastische Dgl. (3.109) folgendermaßen: Eine Lösung durch den Anfangspunkt $x(t_0)$, t_0 ist eine Musterfunktion x(t), die der Gleichung

$$x(t) - x(t_0) = \int_{t_0}^{t} f(x(\tau),\tau)d\tau + \int_{t_0}^{t} v(x(\tau),\tau)d\beta(\tau) \qquad (3.110)$$

genügt, wobei das zweite Integral vom stochastischen Typ (3.106) ist. Unter bestimmten Voraussetzungen (siehe [3.5], S. 277 ff.) kann gezeigt werden, daß eine Lösung von (3.110) existiert, und daß sie eindeutig ist mit Wahrscheinlichkeit 1. Der Zufallsprozeß der Lösungen $\{x(t),\ t_0 \leq t \leq T\}$ hat die folgenden Eigenschaften.

Eigenschaften:

(a) Die Musterfunktionen x(t) sind stetig mit Wahrscheinlichkeit 1.

(b) $\int_{t_0}^{T} E\{x^2(t)\}\,dt < \infty$

(c) Wenn $t_0 < t \leq \tau < T$, dann ist $x(t) - x(t_0)$ unabhängig von der Schar der Zuwächse $\{\beta(T) - \beta(\tau)\}$.

(d) Die Schar aller Musterfunktionen $\{x(t),\ t_0 \leq t \leq T\}$ bildet einen Markoffschen Prozeß.

(e) Die Struktur des Prozesses im kleinen wird bestimmt durch

$$E\{x(t+h) - x(t) \mid x(t) = \xi\} = \int_t^{t+h} f(\xi,\tau)d\tau + O(h^{3/2}) \quad (3.111a)$$

$$E\{[x(t+h) - x(t)]^2 \mid x(t) = \xi\} = \int_t^{t+h} v^2(\xi,\tau)d\tau + O(h^2) \quad (3.111b)$$

und den Gaußschen Charakter der Zuwächse $d\beta(t)$.

Man beachte, daß das Korrekturglied in (3.111a) die Ordnung $h^{3/2}$ hat, was überraschend und nicht trivial ist. Für $h = dt \to 0$ ist die bedingte Dichte von $dx(t)$ bei gegebenen $x(t) = \xi$ noch Gaußisch und bestimmt durch die bedingte Erwartung und Varianz gemäß (3.111). Sie lautet

$$p(dx(t) \mid \xi) = \frac{1}{v(\xi,t)\sqrt{2\pi dt}} \exp \frac{-(dx-f(\xi,t)dt)^2}{2\, v^2(\xi,t)\, dt} \quad (3.111c)$$

3.8.4 *Stochastische Differentiale entlang einer Lösungskurve*

Gelegentlich benötigen wir das totale Differential $d\varphi$ einer Funktion $\varphi(x,t)$, wobei $x(t)$ die Lösung einer stochastischen Dgl. vom Typ (3.109) ist. Dies ist zum Beispiel der Fall bei der Berechnung des quadratischen Mittelwertes von $x(t)$ als Funktion der Zeit: als Vorstufe dazu berechnet man das Differential von $x^2(t)$, also $d(x^2)$.

Die Lage bei deterministischen Dgln. ist wohlbekannt: ist gegeben

$$\varphi = \varphi(x,t) \quad \text{mit} \quad dx(t) = f(x,t)dt$$

dann gilt für das totale Differential von φ entlang der Lösung $x(t)$:

$$d\varphi(x,t) = \frac{\partial\varphi}{\partial t}\,dt + \frac{\partial\varphi}{\partial x}\,dx(t) \tag{3.112}$$

Bei stochastischen Dgln. führt (3.112) jedoch zu falschen Ergebnissen! Es muß auf der rechten Seite noch ein zusätzlicher Term in dt hinzugefügt werden. Das wird durch die folgende Betrachtung plausibel. Es sei gegeben

$$\varphi = \varphi(x,t) \quad \text{mit} \quad dx(t) = f(x,t)dt + v(x,t)d\beta(t)$$

wobei die Brownschen Zuwächse $d\beta(t)$ normal verteilt sind mit dem Mittelwert 0 und der Varianz dt. Um das gesuchte $d\varphi$ zu erreichen, entwickeln wir φ in eine Taylorreihe um den Punkt $x(t),t$:

$$\Delta\varphi = \frac{\partial\varphi}{\partial t}\,h + \frac{\partial\varphi}{\partial x}\Delta x + \frac{1}{2}\,\frac{\partial^2\varphi}{\partial x^2}\,(\Delta x)^2 + O(h^2) + O(\Delta x)^3 + \ldots$$

wobei $\Delta\varphi = \varphi(x(t+h),t+h) - \varphi(x(t),t)$ und $\Delta x = x(t+h) - x(t)$

Jeder sinnvolle Ausdruck für das Differential muß nun so beschaffen sein, daß wenigstens die hinsichtlich x(t) bedingte Erwartung korrekt ist bezüglich der ersten Potenz von h. Die Gln. (3.111) besagen hierzu:

$$E\{\Delta x \,|\, x(t) = \xi\} = f(\xi,t)\,h + O(h^{3/2})$$

$$E\{(\Delta x)^2 \,|\, x(t) = \xi\} = v^2(\xi,t)\,h + O(h^2)$$

Höhere Potenzen von Δx erbringen keinen Term in h mehr. Zusammengefaßt erhalten wir nach dem Grenzübergang $h = dt \to 0$:

$$d\varphi(x,t) = \frac{\partial\varphi}{\partial t}\,dt + \frac{\partial\varphi}{\partial x}\,dx(t) + \frac{1}{2}\,\frac{\partial^2\varphi}{\partial x^2}\,v^2(x,t)dt \tag{3.113}$$

Das Glied mit dx(t) enthält $d\beta(t)$; daher haben wir in (3.113) wiederum eine stochastische Differentialgleichung vor uns. Das neue, letzte Glied der Dgl. (3.113) rührt daher, daß der Term $(dx)^2$ in der Taylorentwicklung zum bedingten Mittelwert von $d\varphi$ wesentlich beiträgt. Das hier nur heuristisch abgeleitete Ergebnis (3.113) ist von Itô in strenger Form bewiesen worden.

Die obigen Überlegungen lassen sich leicht auf die Differentiale skalarer Funktionen von vektoriellen Variablen $\underline{x}$ verallgemeinern, wobei $\underline{x}$ die Lösung der folgenden vektoriellen stochastischen Dgl. ist:

$$d\underline{x}(t) = \underline{f}(\underline{x},t)dt + \underline{V}(\underline{x},t)d\underline{\beta}(t) \tag{3.114}$$

Hierbei sei $\underline{x}$ ein n-Vektor und $\underline{\beta}$ ein m-Vektor. Dessen Komponenten β_i sind wechselseitig unabhängige, normierte Brownsche Bewegungen, also $E\{d\underline{\beta}\} = \underline{0}$ und $E\{d\underline{\beta} \cdot d\underline{\beta}'\} = \underline{I}_m dt$; $\underline{f}$ ist eine n-dimensionale Vektorfunktion und $\underline{V}$ eine n x m-Matrixfunktion.

Die mehrdimensionalen Äquivalente der ersten und zweiten partiellen Ableitungen von φ nach x sind der <u>Gradient</u> bzw. die <u>Hessesche</u> Matrix, siehe Anhänge A.9.1 und A.9.2.
Das Doppelpunktprodukt einer n x m-Matrix $\underline{A}$ und einer m x n-Matrix $\underline{B}$ ist erklärt als

$$\underline{A} : \underline{B} := \text{spur}\,(\underline{A}\,\underline{B}) = \sum_{i=1}^{n} (\underline{A}\,\underline{B})_{ii} \tag{3.115}$$

Entwickelt man wieder formal nach Taylor, so kommt

$$d\varphi = \frac{\partial\varphi}{\partial t}dt + \frac{\partial\varphi}{\partial\underline{x}}d\underline{x} + \frac{1}{2}\frac{\partial^2\varphi}{\partial\underline{x}^2} : d\underline{x}\,d\underline{x}' + \ldots$$

Um den bedingten Mittelwert von $d\varphi$ richtig einzustellen, untersuchen wir die bedingte Erwartung des letzten Gliedes bei gegebenem $\underline{x}(t)$. Einen wesentlichen Beitrag hierzu liefert nur der Anteil $\frac{1}{2}(\partial^2\varphi/\partial\underline{x}^2) : (\underline{V}\,d\underline{\beta}\,d\underline{\beta}'\underline{V}')$. Für die bedingte Erwartung hiervon sind $\partial^2\varphi/\partial\underline{x}^2$ und $\underline{V}$ Konstante, während $d\underline{\beta}\,d\underline{\beta}'$ auf $\underline{I}_m dt$ führt. Die exakte Formulierung liefert der folgende <u>Satz von Itô</u> [3.13] : Es sei $\varphi(\underline{x},t)$ mindestens zweimal stetig differenzierbar in jedem x_i und mindestens einmal in t. Es sei $\underline{x}(t)$ im Itôschen Sinne eine eindeutige Lösung der stochastischen Dgl. (3.114) mit $\underline{V}\,\underline{V}' = \underline{Q}$, dann gilt

$$d\varphi(\underline{x},t) = \frac{\partial\varphi}{\partial t}dt + \frac{\partial\varphi}{\partial\underline{x}}d\underline{x}(t) + \frac{1}{2}\frac{\partial^2\varphi}{\partial\underline{x}^2} : \underline{Q}(\underline{x},t)dt \tag{3.116}$$

3.8.5 *Die Fokker-Planck-Gleichung*

Gegeben sei die vektorielle stochastische Differentialgleichung (3.114). Die n-Vektorfunktion $\underline{f}$ sei mindestens einmal, die n x m-Matrixfunktion $\underline{V}$ mindestens zweimal stetig differenzierbar in allen Komponenten x_i. Wir betrachten die bedingte Wahrscheinlichkeitsdichte des Zustandes $\underline{x}(t)$ bei gegebenem Zustand $\underline{x}(\tau)$ für $\tau \leq t$. Es gilt

$$\frac{\partial}{\partial t} p(\underline{\xi},t|\underline{x}(\tau)=\underline{\eta}) = -\sum_{i=1}^{n} \frac{\partial(f_i p)}{\partial \xi_i} + \frac{1}{2}\sum_{i=1}^{n}\sum_{j=1}^{n} \frac{\partial^2(q_{ij}p)}{\partial \xi_i\, \partial \xi_j} \tag{3.117}$$

Dabei ist f_i die i-te Komponente des Vektors $\underline{f}(\underline{\xi},t)$ und q_{ij} ein Element der Matrix $\underline{Q}(\underline{\xi},t) = \underline{V}(\underline{\xi},t)\underline{V}'(\underline{\xi},t)$. Gl. (3.117) ist die mehrdimensionale Fokker-Plancksche Gleichung oder Kolmogoroffsche Vorwärtsdiffusionsgleichung. Ihre skalare Version wurde zuerst von Fokker und Planck bei Arbeiten über die Diffusionstheorie aufgestellt und später von Kolmogoroff [3.14] streng nachgewiesen (zusammen mit seiner Rückwärtsgleichung). Feller bewies die Existenz- und Eindeutigkeitssätze ihrer Lösungen [3.15]. Der Kolmogoroffsche Beweis wurde später auf n Dimensionen verallgemeinert, siehe u.a. [3.16], ggf. auch [3.17]. Die Fokker-Planck- bzw. Kolmogoroffsche Dgl. wird als Vorstufe zur Lösung des nichtlinearen Filterproblems benötigt.

3.8.6 *Das nichtlineare Filterproblem und die Kushner-Stratonovitch-Gleichung*

Gegeben sei wieder eine vektorielle stochastische Dgl. vom Diffusionstyp

$$d\underline{x}(t) = \underline{f}(\underline{x},t)dt + \underline{V}(\underline{x},t)d\underline{\beta}(t) \qquad 0 \leq t \tag{3.118}$$

Der Zustandsvektor $\underline{x}(t)$ kann nicht direkt gemessen werden. Vielmehr beobachten wir die Größen $\underline{z}(t)$, die sich wie folgt aus $\underline{x}(t)$ und dem Meßrauschen $\underline{W}d\underline{\chi}$ zusammensetzen:

$$d\underline{z}(t) = \underline{h}(\underline{x},t)dt + \underline{W}(t)d\underline{\chi}(t) \qquad 0 \leq t \tag{3.119}$$

Dabei seien $\underline{x}$ und $\underline{f}$ n-Vektoren, $\underline{z}$ und $\underline{h}$ m-Vektoren. Die Rauschvektoren $\underline{\beta}$ und $\underline{\chi}$ bestehen aus wechselseitig unabhängigen, normierten Brownschen Bewegungen: $E[d\underline{\beta}\, d\underline{\beta}'] = \underline{I}\, dt$, $E[d\underline{\chi}\, d\underline{\chi}'] = \underline{I}\, dt$. Die eventuelle Skalierung und gegenseitige Korrelation der Komponenten von $\underline{\beta}$ und $\underline{\chi}$ unter sich ist bereits den Matrizen $\underline{V}$ und $\underline{W}$ zugeschlagen. Der Einfachheit halber machen wir noch die unwesentliche Annahme, daß $\underline{\beta}$ und $\underline{\chi}$ voneinander unabhängig sind: $E[d\underline{\beta}\, d\underline{\chi}'] \equiv \underline{0}$. Es folgen noch zwei wesentliche

Voraussetzungen: (a) Die Matrix $\underline{W}$ ist keine Funktion des Zustandes $\underline{x}$, und

(b) sie hat den Rang m, es sind also mindestens ebenso viele Störgrößen χ_i wie Meßgrößen z_i vorhanden. Die Kovarianzmatrix der Meßfehler $\underline{W}d\underline{\chi}$ sei die symmetrische m x m-Matrix $\underline{R}$:

$$\underline{W}(t)\underline{W}'(t) := \underline{R}(t)\ , \qquad \underline{R} \text{ positiv definit}$$

Voraussetzung (a) ermöglicht eine bedeutende Vereinfachung der Theorie; Verletzung der Voraussetzung (b) läßt das Filterproblem zu einem singulären Fall degenerieren.

Gewünscht wird $\hat{p}(\underline{\xi},t \mid \underline{z}_{[0,t]})$, das ist die bedingte Wahrscheinlichkeitsdichte von $\underline{x}(t)$ bei gegebenem $\underline{z}_{[0,t]}$, dem vollständigen Muster $\underline{z}(\tau)$, $0 \le \tau \le t$. Dieses Problem wird gelöst durch den folgenden

Satz (Kushner [3.18]): Sind $\underline{x}(t)$ und $\underline{z}(t)$ Lösungen der stochastischen Dgl. (3.118) bzw. (3.119), mit $\underline{V}\,\underline{V}' = \underline{Q}$ und $\underline{W}\,\underline{W}' = \underline{R}$, dann gilt

$$\hat{p}(\underline{\xi},t+dt \mid \underline{z}_{[0,t+dt]}) - \hat{p}(\underline{\xi},t \mid \underline{z}_{[0,t]}) =$$

$$= d\hat{p} = -\sum_{i=1}^{n} \frac{\partial(f_i\hat{p})}{\partial\xi_i}\, dt + \frac{1}{2}\sum_{i=1}^{n}\sum_{j=1}^{n} \frac{\partial^2(q_{ij}\hat{p})}{\partial\xi_i\,\partial\xi_j}\, dt +$$

$$+ \hat{p}\cdot\{\underline{h}(\underline{\xi},t) - \underline{\hat{h}}(t)\}'\underline{R}^{-1}(t)\{d\underline{z}(t) - \underline{\hat{h}}(t)\, dt\} \qquad (3.120)$$

wobei $\underline{\hat{h}}$ der bedingte Erwartungswert von $\underline{h}$ bei gegebenem $\underline{z}_{[0,t]}$ ist.

Bemerkungen (i) Die mittlere Zeile von (3.120) bildet eine Fokker-Planck-Gleichung für $\hat{p}$, man vergleiche (3.117). Dieser Anteil beschreibt die Evolution der bedingten Dichte $\hat{p}$ in Abwesenheit von brauchbaren Messungen, $\|\underline{R}\| = \infty$. Die letzte Zeile von (3.120) gibt die Verbesserung der Dichte auf Grund der Beobachtungen $\underline{z}(t)$ wieder. Bei einer sinnvollen Filtersituation wird dieser Einfluß hinwirken auf eine Konzentration der Dichte um den tatsächlichen Wert $\underline{\xi} = \underline{x}(t)$. Im Idealzustand wäre $\hat{p}$ vollkommen auf $\underline{x}(t)$ konzentriert, hätte also den Mittelwert $\underline{x}(t)$ und verschwindende Varianz (singuläre Dichte). Dem steht jedoch entgegen, daß die Messungen sämtlich und ständig verrauscht sind durch $\underline{\gamma}$.

(ii) Die letzte Zeile von (3.120) enthält im Glied $d\underline{z}(t)$ auch den Term $d\underline{\gamma}(t)$ mit Brownschen Bewegungen. Dadurch wird (3.120) im Gegensatz zur Fokker-Planck-Gleichung eine stochastische Dgl. Daher kann auch nicht mit dt durchdividiert werden, um $\partial\hat{p}/\partial t$ zu bekommen.

(iii) Als erster hat Stratonovitch [3.19] sich mit diesem Lösungsansatz der nichtlinearen Filteraufgabe befaßt. In seiner Version der Gl. (3.120) fehlten jedoch noch die Glieder, die durch die Eigenart der Brownschen Bewegung entstehen. Kushner [3.18] ergänzte diese Glieder durch richtige Handhabung der stochastischen Differentiale, allerdings ohne Bezug auf den Itôschen Satz. Bucy [3.20] bewies Kushners Ergebnis auf einem anderen, strengeren Wege: Er stellte zunächst einen geschlossenen Ausdruck für $\hat{p}$ auf und gewann daraus durch Differenzieren die Formel (3.120).

(iv) Die mit den Namen Stratonovitch, Kushner und Bucy verknüpfte stochastische, partielle Dgl. (3.120) für die bedingte Wahrscheinlichkeitsdichte des Zustandes $\underline{x}(t)$ bei gegebener Meßkurve $\underline{z}_{[0,t]}$ löst das nichtlineare Filterproblem in seiner ganzen Allgemeinheit. Für den praktischen Gebrauch ist diese Dgl. jedoch sehr unhandlich, deshalb hat Kushner [3.18] vorgeschlagen, sie durch ein System von gewöhnlichen Dgln. für den bedingten Erwartungswert und die bedingten Zentralmomente von $\underline{x}(t)$ zu ersetzen. Dieses System ist genau genommen von unendlicher Ordnung, aber wenn der Filterfehler $\underline{x}(t) - E\{\underline{x}(t)|\underline{z}_{[0,t]}\}$ klein ist, kann das System nach dem zweiten bedingten Zentralmoment (Kovarianz-

matrix) näherungsweise abgebrochen werden. Bucy hat dies für skalare x(t) ausgeführt [3.20].

Bass, Norum und Schwartz verallgemeinerten diese Näherungslösung auf den n-dimensionalen Fall. Ihr Ergebnis besteht aus einem gekoppelten System stochastischer Dgln. für den bedingten Erwartungswert $\hat{\underline{x}}$ und die bedingte Kovarianzmatrix $\tilde{\underline{P}}$ von $\underline{x}$. Es lautet [3.21]:

$$\frac{d}{dt}\hat{\underline{x}}(t) = \underline{f}(\hat{\underline{x}},t) + \frac{1}{2}\underline{f}_{xx}(\hat{\underline{x}},t):\tilde{\underline{P}} + \tilde{\underline{P}}\,\underline{h}_x'(\hat{\underline{x}},t)\,\underline{R}^{-1}(t)\left\{\underline{y}(t) - \underline{h}(\hat{\underline{x}},t) - \frac{1}{2}\underline{h}_{xx}(\hat{\underline{x}},t):\tilde{\underline{P}}\right\} \quad (3.121)$$

$$\frac{d}{dt}\tilde{\underline{P}}(t) = \tilde{\underline{P}}\,\underline{f}_x'(\hat{\underline{x}},t) + \underline{f}_x(\hat{\underline{x}},t)\tilde{\underline{P}} - \tilde{\underline{P}}\left\{\underline{h}_x'(\hat{\underline{x}},t)\underline{R}^{-1}(t)\underline{h}_x(\hat{\underline{x}},t)\right\}\tilde{\underline{P}} + \underline{Q}(\hat{\underline{x}},t) + \frac{1}{2}\underline{Q}_{xx}(\hat{\underline{x}},t):\tilde{\underline{P}} - \frac{1}{2}\left[\tilde{\underline{P}}:\underline{h}_{xx}'(\hat{\underline{x}},t)\underline{R}^{-1}(t)\left\{\underline{y}(t) - \underline{h}(\hat{\underline{x}},t) - \frac{1}{2}\underline{h}_{xx}(\hat{\underline{x}},t):\tilde{\underline{P}}\right\}\right]\tilde{\underline{P}} \quad (3.122)$$

Dabei ist $\underline{f}_x$ die Jacobische Matrix, und $\underline{f}_{xx}$ ist ein n-Vektor, bestehend aus den Hesse'schen Matrizen der Elemente f_i, siehe Anhänge A.9.2 und A.9.3. Die Ausdrücke $\underline{f}_{xx}:\tilde{\underline{P}}$ und $\underline{Q}_{xx}:\tilde{\underline{P}}$ bestehen aus den Doppelpunktprodukten von f_{ixx} bzw. $q_{ij,xx}$ mit $\tilde{\underline{P}}$. Die Anfangsbedingungen sind

$$\hat{\underline{x}}(t_0) = E\left\{\underline{x}(t_0)\right\} \quad \text{und} \quad \tilde{\underline{P}}(t_0) = \underline{P}(t_0) \quad (3.123)$$

wobei $\underline{P}(t_0)$ die Kovarianzmatrix des Anfangszustandes ist, siehe Gl. (2.74a). Die Glieder mit den Doppelpunktprodukten stammen von den Termen zweiter Ordnung der Taylorentwicklung und zeigen die Bedeutung des Itôschen Satzes (3.116) für die nichtlineare Filterung. Man beachte, daß (3.122) nicht mehr unabhängig von $\underline{y}$ ist! **Es empfiehlt sich, in jedem Fall die Voraussetzungen für die Gültigkeit der Näherungslösungen (3.121) und (3.122) zu prüfen.**

Bei linearen Systemen, d.h. $\underline{f} = \underline{A}\,\underline{x}$, $\underline{h} = \underline{C}\,\underline{x}$ und $\underline{Q}$ unabhängig von $\underline{x}$, ergibt sich selbstverständlich das Kalman-Bucy-Filter und die Riccati-Dgl..

Die nichtlineare Filtertheorie ist vom Verfasser zur Echtzeit-Identifikation von Regelstrecken angewandt worden [3.17], [3.22]. Außerdem lassen sich damit adaptive Filter entwerfen [3.23]. Ein praktisches Beispiel einer nichtlinearen Filteraufgabe bei Radarsystemen ist in [3.26] beschrieben.

3.9 Literatur

3.9.1 *Zitierte Stellen*

[3.1] Joseph, P.D.: Optimum design of linear multivariate digital control systems. Diss., Purdue University, August 1961.

[3.2] Joseph, P.D. und Tou, J.T.: On linear control theory. AIEE Trans. on Appl. and Ind., pt. II, Bd. 80 (1961), S. 193 - 196.

[3.3] Kalman, R.E., Englar, T.S. und Bucy, R.S.: Fundamental study of adaptive control systems. Tech. Rep. Nr. ASD-TR-61-27, Bd. I, Flight Control Lab., Aeronaut. Syst. Div., AFSC, WPAFB, Dayton, Ohio, April 1962.

[3.4] Bass, R.W.: Machine solution of high order matrix Riccati equations. Tech. Rep. Douglas Aircraft, Missiles and Space Systems Div., Santa Monica, 1967.

[3.5] Doob, J.L.: Stochastic processes. 5. Aufl. John Wiley, New York, 1964.

[3.6] Brammer, K.: Lower order linear filtering and prediction of nonstationary random sequences. Tech. Rep. No. SRL 67-0003, OAR, Frank J. Seiler Research Lab., Colorado Springs, Feb. 1967.

[3.7] Krickeberg, K.: Wahrscheinlichkeitstheorie. Teubner, Stuttgart, 1963.

[3.8] Wiener, N.: Differential space. J. Math. Phys. Inst. Tech. Bd. 2, S. 131 - 174, 1923.

[3.9] Lévy, P.: Processus stochastiques et mouvement Brownien. Gauthiers-Villars, Paris, 1948.

[3.10] Arnold, L.: Stochastische Differentialgleichungen. R. Oldenbourg, München/Wien, 1973.

[3.11] Itô, K. und McKean, H.P.: Diffusion processes and their sample paths. Springer, Berlin, 1965.

[3.12] Itô, K.: Stochastic integral. Proc. Imp. Acad. Tokyo, Bd. 20, S. 519 - 524, 1944.

[3.13] Itô, K.: On stochastic processes. Lecture Notes, Tata Institute for Fundamental Research, Bombay, 1961.

[3.14] Kolmogoroff, A.: Über die analytischen Methoden in der Wahrscheinlichkeitsrechnung. Math. Ann. Bd. 104, S. 415 - 458, 1931.

[3.15] Feller, W.: Zur Theorie der stochastischen Prozesse (Existenz- und Eindeutigkeitssätze). Math. Ann. Bd. 113, S. 113 - 160, 1936.

[3.16] Gnedenko, B.W.: Lehrbuch der Wahrscheinlichkeitsrechnung. H. Deutsch, Thun, 1987.

[3.17] Brammer, K.: Parametererkennung geregelter Strecken durch nichtlineare Filterung. Dissertation TH Darmstadt, April 1969.

[3.18] Kushner, H.J.: On the differential equations satisfied by conditional probability densities of Markov processes, with applications. J. SIAM Control, Ser. A, Bd. 2, S. 106 - 119, 1964.

[3.19] Stratonovitch, R.L.: Conditional Markov processes. Theory Prob. Appl. (Russisch) Bd. 5, S. 156 - 178, 1960.

[3.20] Bucy, R.S.: Nonlinear filtering theory. IEEE Trans. on Autom. Control, Bd. AC-10, S. 198, 1965.

[3.21] Bass, R.W., Norum, V.D. und Schwartz, L.: Optimal multichannel nonlinear filtering. J. Math. Analysis and Appl., Bd. 16, S. 152 - 164, 1966.

[3.22] Brammer, K.: Schätzung von Parametern und Zustandsvariablen linearer Regelstrecken durch nichtlineare Filterung. Regelungstechnik und Prozeß-Datenverarbeitung, 18. Jahrgang (1970), S. 255 - 261.

[3.23] Brammer, K.: Input-adaptive Kalman-Bucy-Filtering. IEEE Trans. on Autom. Control, Bd. AC-15 (1970), S. 157 - 158.

[3.24] Kalman, R.E. und Englar, T.S.: A user's manual for the automatic synthesis program (ASP-C). Tech. Rep. NASA-CR-475, Ames Research Center, Moffet Field, Cal., 1965.

[3.25] Leondes, C.T. und Novak, L.M.: Reduced-order observers for linear discrete-time systems. IEEE Trans. on Autom. Control, Bd. AC-19 (1974), S. 42 - 46.

[3.26] Brammer, K.: Stochastic Filtering problems in multiradar tracking. In [3.30], S. 533 - 552.

3.9.2 *Zusätzliche Bibliographie*

[3.27] Schmidt, G.T. (Hrsg.): Practical aspects of Kalman filtering implementation. AGARD Lecture Series Nr. 82, März 1976.

[3.28] Krebs, V.: Nichtlineare Filterung. Oldenbourg, München, 1980.

[3.29] Leondes, C.T. (Hrsg.): Advances in the technique and technology of the application of nonlinear filters and Kalman filters. AGARDograph Nr. 256, März 1982.

[3.30] Bucy, R.S. und Moura, J.M.F.: Nonlinear stochastic problems. Reidel, Dordrecht, 1983.

[3.31] Chui, C.K. und Chen, G.: Kalman filtering with real-time applications. Springer, New York, 1987.

Anhang – Einige Grundelemente der Matrizenrechnung

Wie in vielen regelungstechnischen Schriften wird auch im vorliegenden Buche intensiv von der Matrizenrechnung Gebrauch gemacht. Die wichtigsten Grundlagen dieses Kalküls werden daher im folgenden in der Art eines Repetitoriums zusammengestellt.

A.1 Die Begriffe Vektor und Matrix

Der Begriff des Vektors ist im Grunde sehr allgemein. Er wird im weitesten Sinne wie folgt erklärt: Die Elemente v eines bestimmten Raumes sind dann und nur dann Vektoren in einem Vektorraum, wenn sie alle den acht folgenden Bedingungen (A.1...8) genügen.

(i) Addition:

- Es gilt das kommutative Gesetz: $v_1 + v_2 = v_2 + v_1$, (A.1)
- es gilt das assoziative Gesetz: $v_1 + (v_2+v_3) = (v_1+v_2)+v_3$, (A.2)
- es gibt einen eindeutigen Nullvektor $\mathbf{0}$, so daß $v + 0 = v$, (A.3)
- zu jedem Vektor v existiert eine eindeutige additive Inverse $-v$, so daß $v + (-v) = 0$. (A.4)

(ii) Multiplikation mit Skalaren (c):

- Es gilt das assoziative Gesetz: $c_1(c_2v) = (c_1c_2)\,v$, (A.5)
- es gilt das distributive Gesetz für Skalare:
  $(c_1+c_2)v = c_1v + c_2v$, (A.6)
- es gilt das distributive Gesetz für Vektoren:
  $c(v_1+v_2) = cv_1 + cv_2$, (A.7)
- die Multiplikation mit 1 läßt v unverändert: $1 \cdot v = v$. (A.8)

Beispiele für Vektoren in diesem allgemeinen Sinne sind gerichtete physikalische Größen (Kräfte, Momente, Geschwindigkeiten etc.), die Menge aller stetigen Funktionen in einem bestimmten Intervall, oder auch Matrizen.

Eine m x n-Matrix oder Matrix vom Typ m x n ist ein Tupel von mn Zahlen, die rechteckig in m Zeilen und n Spalten angeordnet sind. Zeilen und Spalten führen gemeinsam die Bezeichnung Reihe. Matrizen werden in dieser Schrift mit unterstrichenen Buchstaben bezeichnet. Mehrreihige Matrizen werden groß geschrieben. Es gilt also

$$\underline{A} := \begin{bmatrix} a_{11} & a_{12} & \cdots & a_{1n} \\ a_{21} & a_{22} & \cdots & a_{2n} \\ \vdots & & & \\ a_{m1} & a_{m2} & \cdots & a_{mn} \end{bmatrix} := (a_{ik}) \qquad (A.9)$$

Die reellen oder komplexen Zahlen a_{ik} heißen Elemente der Matrix $\underline{A}$. Der erste Index eines Elements gibt die Zeile an, in der das Element steht, der zweite die Spalte.

Der Ausdruck Vektor wird in diesem Buch - außer in der obigen Definition - nur in ganz eingeschränktem Sinne gebraucht. Für uns ist ein Vektor eine einreihige Matrix. Vektoren in diesem Sinne werden mit kleinen unterstrichenen Buchstaben bezeichnet. Je nach Bedarf unterscheidet man Spaltenvektoren (m x 1-Matrix oder m-Vektor, Symbol z.B. $\underline{x}$) und Zeilenvektoren (1xn-Matrix, Kennzeichnung durch Apostroph: z.B. $\underline{x}'$). Ein "Vektor" schlechthin wird hier stets als Spaltenvektor verstanden. Jede Spalte der obigen Matrix $\underline{A}$ ist ein (Spalten-) Vektor. Die k-te Spalte, bestehend aus den Elementen a_{1k}, a_{2k}, ..., a_{mk} wird gelegentlich auch mit $\underline{a}_k$ bezeichnet. Die i-te Zeile der Matrix $\underline{A}$ ist ein Zeilenvektor derart, daß $\underline{a}^i = [a_{i1} \; a_{i2} \cdots a_{in}]$. (Die Hochstellung des Indexes i soll dabei an den Apostroph bei Zeilenvektoren erinnern).

Eine Matrix, die ebensoviele Zeilen wie Spalten hat, wird quadratisch genannt. Ihre Elemente a_{11}, a_{22}, ..., a_{nn} heißen

Hauptelemente und bilden die Hauptdiagonale. Die Spur einer quadratischen Matrix ist die Summe ihrer Hauptelemente:

$$\text{spur}\ \underline{A} := \sum_{i=1}^{n} a_{ii} \qquad (A.10)$$

Eine Diagonalmatrix ist eine quadratische Matrix, bei der alle Elemente außerhalb der Hauptdiagonalen verschwinden. Sind bei einer Diagonalmatrix alle Hauptelemente untereinander gleich, so spricht man von einer Skalarmatrix. Eine Einheitsmatrix $\underline{I}$ ist eine Diagonalmatrix, deren Hauptelemente alle gleich 1 sind.

Eine Matrix beliebigen Typs, bei der sämtliche Elemente ohne Ausnahme verschwinden, ist eine Nullmatrix (Symbol $\underline{O}$).

Zwei m x n-Matrizen sind dann und nur dann einander gleich, wenn jedes Element der einen Matrix mit seinem gleichgestellten Gegenstück in der anderen Matrix übereinstimmt.

Die Transponierte einer m x n-Matrix $\underline{A}$ ist die n x m-Matrix $\underline{A}'$, welche aus $\underline{A}$ durch Vertauschen der Zeilen und Spalten (Stürzen) hervorgeht. Eine quadratische Matrix, die gleich ihrer Transponierten ist, heißt symmetrisch. Ist $\underline{A} = -\underline{A}'$, so spricht man von einer schiefsymmetrischen Matrix; ihre Hauptelemente sind alle gleich Null.

Eine komplexe Matrix ist eine Matrix mit komplexen Elementen. Eine beliebige komplexe Matrix $\underline{C}$ geht über in ihre konjugiert Transponierte $\underline{C}^*$, wenn sie gestürzt wird und sämtliche Elemente durch die konjugiert komplexen Werte ersetzt werden. Die konjugiert Transponierte ist bei komplexen Matrizen und Vektoren meist nützlicher als die gewöhnliche Transponierte. Im reellen Fall sind beide gleich.

Die Determinante einer quadratischen Matrix wird nach den üblichen Regeln aus den Elementen gebildet [A.1], [A.2]:

$$\det \underline{A} := \begin{vmatrix} a_{11} & a_{12} & \cdots & a_{1n} \\ a_{21} & a_{22} & \cdots & a_{2n} \\ \vdots & & & \\ a_{n1} & a_{n2} & \cdots & a_{nn} \end{vmatrix} \qquad (A.11)$$

Eine quadratische Matrix heißt <u>regulär</u>, wenn ihre Determinante ungleich Null ist. Verschwindet die Determinante, dann ist die Matrix <u>singulär</u>.

Die Vektoren $\underline{a}_1, \underline{a}_2, \ldots, \underline{a}_n$ werden <u>linear abhängig</u> genannt, wenn es mindestens ein $c_k \neq 0$ gibt, so daß

$$c_1\underline{a}_1 + c_2\underline{a}_2 + \ldots + c_n\underline{a}_n = \underline{0} ;$$

andernfalls heißen sie <u>linear unabhängig</u> (Hinsichtlich der Ausführung der Rechenoperationen siehe Abschnitt A.2). Ein Tupel von Vektoren, unter denen sich ein Nullvektor befindet, ist demnach immer linear abhängig. Die Zahl der linear unabhängigen Reihen einer Matrix ist ihr <u>Rang</u>. -

Die knappe, stenographische Darstellungsweise für Matrizen erbringt an sich schon eine Ersparnis an Schreibarbeit und einen Gewinn an Übersichtlichkeit. Insbesondere kommen viele Analogien zum skalaren Fall deutlich zum Ausdruck. Der Hauptvorteil besteht jedoch darin, daß sinnvolle Rechenoperationen für Matrizen erklärt werden können, so daß sich zusammengesetzte Matrizenausdrücke in eleganter Weise umformen lassen. Dadurch wird die Behandlung mehrdimensionaler Systeme wesentlich erleichtert.

A.2 Die Grundoperationen

Die Grundoperationen des Matrizenkalküls sind die Addition zweier Matrizen und die Multiplikation einer Matrix mit einem Skalar. Beide sind so definiert, daß die acht Bedingungen (A.1...8) für Vektoren im weiten Sinne eingehalten werden. Vektoren im engen Sinne, d.h. einreihige Matrizen, sind naturgemäß mit einbezogen.

Die Matrizenaddition ist nur erklärt für Matrizen gleichen Typs. Die Summe zweier m x n-Matrizen ist wieder eine m x n-Matrix, die durch paarweises Addieren der gleichgestellten Elemente der Summanden zu bilden ist. Anders ausgedrückt:

$$\underline{A} + \underline{B} = \underline{C} \quad \text{bedeutet} \quad a_{ik} + b_{ik} = c_{ik} \quad \text{für alle } i,k.$$

Die Matrizenaddition ist offenbar kommutativ und assoziativ, vergl. (A.1) und (A.2). Bei der Addition einer beliebigen Matrix und der Nullmatrix gilt stets $\underline{A} + \underline{O} = \underline{A}$, vergl. (A.3).

Die Multiplikation einer Matrix mit einem Skalar ist für beliebige Matrizentypen definiert und ist so auszuführen, daß jedes Element der Matrix mit der betreffenden Zahl multipliziert wird. Genauer gesagt:

$$c\underline{A} = \underline{B} \quad \text{bedeutet} \quad ca_{ik} = b_{ik} \quad \text{für alle } i,k.$$

Hier gilt offensichtlich das assoziative Gesetz (A.5) sowie das distributive Gesetz für Skalare und Matrizen, (A.6) bzw. (A.7). Die Multiplikation mit 1 läßt Matrizen unverändert, vergl. (A.8). Natürlich gilt auch das kommutative Gesetz: $c\underline{A} = \underline{A}c$.

Die additiv inverse Matrix $-\underline{A}$ wird erklärt als das Produkt $(-1)\cdot\underline{A}$. Somit ist stets $\underline{A} + (-\underline{A}) = \underline{O}$, vergl. (A.4). Schließlich wird die Subtraktion zweier Matrizen wie folgt definiert

$$\underline{A} - \underline{B} := \underline{A} + (-\underline{B})$$

Anmerkung: Die Menge aller m x n-Matrizen bildet einen Vektorraum im weiten Sinne.

A.3 Die Matrizenmultiplikation

Die Matrizenmultiplikation ist der eigentliche Kern des Matrizenkalküls. Die Operation ist nur erklärt für verkettbare Matrizen, d.h. die Spaltenzahl des linken Faktors muß gleich der Zeilenzahl des rechten Faktors sein. Das Produkt einer m x n-Matrix $\underline{A}$ mit einer n x p-Matrix $\underline{B}$ ist die m x p-Matrix $\underline{C}$, deren Elemente c_{ik} so entstehen, daß gleichzeitig die i-te Zeile von $\underline{A}$ und die k-te Spalte von $\underline{B}$ zu durchlaufen ist, wobei die anstehenden Elemente paarweise multipliziert und dann addiert werden. Anders ausgedrückt:

$$\underline{A}\,\underline{B} = \underline{C} \quad \text{bedeutet} \quad \sum_{j=1}^{n} a_{ij}b_{jk} = c_{ik} \text{ für alle } i,k. \qquad (A.12)$$

Für das Rechnen von Hand eignet sich am besten das Schema von Falk im Bild A.1 [A.1], [A.3]. Bei Nachmultiplikation mit weiteren Matrizen wird es einfach rechts oben fortgesetzt, bei weiterer Vormultiplikation links unten. Jedes Element braucht dabei nur einmal angeschrieben zu werden.

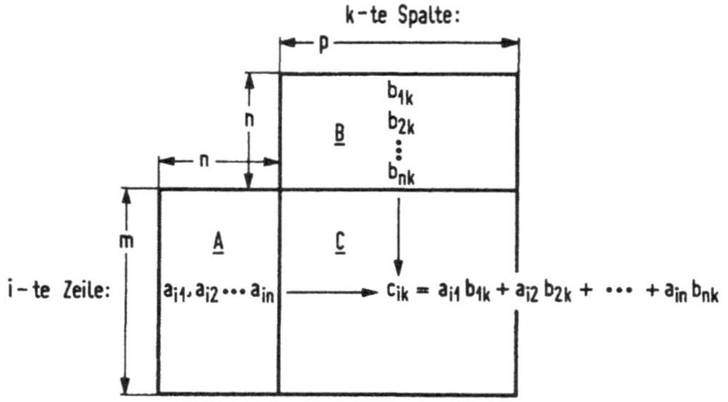

Bild A.1 Falksches Schema für die Multiplikation $\underline{A}\,\underline{B} = \underline{C}$.

Beim Matrizenprodukt muß sorgfältig zwischen Links- und Rechtsmultiplikation bzw. Vor- und Nachmultiplikation unterschieden werden, denn das kommutative Gesetz ist hier im allgemeinen nicht gültig! Das versteht sich von selbst, wenn die Faktoren nicht beidseitig verkettbar sind, aber auch sonst läßt sich das Fehlen der Kommutativität leicht durch irgendein passendes Beispiel nachweisen. Wenn das Produkt ausnahmsweise doch kommutativ ist, dann heißen die beiden Faktoren vertauschbar. Beispielsweise sind Diagonalmatrizen gleicher Ordnung immer vertauschbar, ebenso die Faktoren $\underline{A}$ und $\underline{A}^k$.

Die Matrizenmultiplikation ist assoziativ:

$$(\underline{A}\,\underline{B})\,\underline{C} = \underline{A}\,(\underline{B}\,\underline{C}) \qquad (A.13)$$

Rechts- und Linksmultiplikation sind distributiv:

$$(\underline{A} + \underline{B})\underline{C} = \underline{A}\,\underline{C} + \underline{B}\,\underline{C} \qquad (A.14a)$$

$$\underline{C}(\underline{A} + \underline{B}) = \underline{C}\,\underline{A} + \underline{C}\,\underline{B} \qquad (A.14b)$$

Jede dieser Eigenschaften läßt sich dadurch beweisen, daß die Elemente gleicher Position auf beiden Seiten vorschriftsmäßig gebildet und miteinander verglichen werden.

Bei der Multiplikation einer beliebigen Matrix mit einer Einheitsmatrix passenden Typs bleibt die Matrix unverändert:

$$\underline{I}\,\underline{A} = \underline{A}, \quad \underline{A}\,\underline{I} = \underline{A} \qquad (A.15)$$

Wie jedes gewöhnliche Produkt verschwindet auch das Matrizenprodukt, wenn ein Faktor Null ist. Darüber hinaus kann es jedoch auch vorkommen, daß

$$\underline{A}\,\underline{B} = \underline{0}\ , \text{ obwohl } \underline{A} \neq \underline{0} \ \underline{\text{und}}\ \underline{B} \neq \underline{0} \qquad (A.16)$$

Dieser bemerkenswerte Fall tritt ein, wenn jede Zeile von $\underline{A}$ orthogonal[1] zu allen Spalten von B ist.[2]

Beispiele für den Gebrauch der obigen Rechenregeln (Beweise als Übung für den Leser):

(a) Die folgenden Schreibweisen für ein lineares Gleichungssystem sind äquivalent:

$$\left.\sum_{k=1}^{n} a_{ik}x_k = y_i \quad i = 1...m \right\} ; \quad \begin{bmatrix} a_{11} & \cdots & a_{1n} \\ \vdots & & \vdots \\ a_{m1} & \cdots & a_{mn} \end{bmatrix} \begin{bmatrix} x_1 \\ \vdots \\ x_n \end{bmatrix} = \begin{bmatrix} y_1 \\ \vdots \\ y_m \end{bmatrix}; \ \underline{A}\,\underline{x} = \underline{y} \qquad (A.17)$$

(b) Eine oft nützliche Zerlegung der linken Seite des obigen Systems ist:

$$\underline{A}\,\underline{x} = \underline{a}_1 x_1 + \underline{a}_2 x_2 + \dots + \underline{a}_n x_n \qquad (A.18)$$

---

1) Siehe Skalarprodukt

2) Wenn jedoch $\underline{A}$ quadratisch regulär ist, folgt aus $\underline{A}\,\underline{B} = \underline{0}$ zwingend $\underline{B} = \underline{0}$, siehe (A.34) und (A.35) mit $\underline{Y} = \underline{0}$. Ist $\underline{B}$ quadratisch regulär, so folgt $\underline{A} = \underline{0}$.

wobei $\underline{a}_i$ die i-te Spalte von $\underline{A}$ ist. In entsprechender Weise läßt sich ein Produkt $\underline{z}'\underline{A}$ als Summe der Zeilen $\underline{a}^k$ schreiben.

(c) Das Skalarprodukt zweier n-Vektoren $\underline{x}$ und $\underline{y}$ ist definitionsgemäß gleich $\underline{x}'\underline{y}$. Offenbar sind die beiden Faktoren hier vertauschbar. – Zwei Vektoren sind orthogonal, wenn ihr Skalarprodukt verschwindet.

(d) Das dyadische Produkt zweier Vektoren $\underline{x}$ und $\underline{y}$ ist definiert als $\underline{x}\,\underline{y}'$. – Eine Dyade hat immer den Rang 1. – Die Spur der Dyade zweier Vektoren gleicher Dimension ist gleich ihrem Skalarprodukt

$$\mathrm{spur}(\underline{x}\,\underline{y}') = \underline{x}'\underline{y} \qquad (A.19)$$

(e) Das Kreuzprodukt dreidimensionaler Vektoren läßt sich schreiben als Produkt einer schiefsymmetrischen Matrix und eines Spaltenvektors:

$$\underline{x} \times \underline{y} = \begin{bmatrix} 0 & -x_3 & x_2 \\ x_3 & 0 & -x_1 \\ -x_2 & x_1 & 0 \end{bmatrix} \begin{bmatrix} y_1 \\ y_2 \\ y_3 \end{bmatrix} \qquad (A.20)$$

(f) Die Transponierte eines Produkts ist gleich dem Produkt der Transponierten in umgekehrter Reihenfolge

$$(\underline{A}\,\underline{B})' = \underline{B}'\underline{A}' \qquad (A.21)$$

Diese Regel, die sich leicht aus den Definitionen ableiten läßt, wird sehr oft angewandt. Bei komplexen Matrizen gilt außerdem $(\underline{A}\,\underline{B})^* = \underline{B}^*\underline{A}^*$

(g) Die Determinante eines Produkts zweier n x n-Matrizen ist gleich dem Produkt der Einzeldeterminanten:

$$\det(\underline{A}\,\underline{B}) = \det \underline{A} \cdot \det \underline{B} \qquad (A.22)$$

Für den nicht ganz einfachen allgemeinen Beweis siehe u.a. [A.4]. Das Produkt quadratischer Matrizen ist also dann und nur dann regulär, wenn alle Faktoren regulär sind.

A.4 Lineare Gleichungssysteme und die Kehrmatrix

A.4.1 *Zur Auflösung einfacher Gleichungssysteme*

Gegeben sei ein lineares Gleichungssystem n-ter Ordnung in der Form

$$\underline{A}\,\underline{x} = \underline{y} \tag{A.23}$$

Die n x n-Matrix $\underline{A}$ habe bekannte Elemente und sei <u>regulär</u>. Der n-Vektor $\underline{x}$ besteht aus den Unbekannten $x_1 \ldots x_n$. Die Komponenten $y_1 \ldots y_n$ des n-Vektors $\underline{y}$ seien gegebene Werte.

Im folgenden werden einige Methoden zur Auflösung dieses Systems nach den Unbekannten genannt. <u>Der Gaußsche Algorithmus</u> ist ein numerisches Verfahren, bei dem das Gleichungssystem (A.23) erst durch schrittweise Elimination der Unbekannten x_1 bis x_{n-1} in ein Dreiecks-System umgewandelt wird. Dieses läßt sich, rückwärts schreitend, leicht nach den Unbekannten $x_n \ldots x_1$ auflösen [A.2], [A.3]. Beim <u>Gauß-Jordanschen Algorithmus</u>, einem etwas abgewandelten Verfahren, werden Elimination und Auflösung der Unbekannten in einem Zuge durchgeführt [A.7]. Bei symmetrischen Matrizen $\underline{A}$ wird der <u>Choleskysche Algorithmus</u> empfohlen [A.3].

<u>Die Cramersche Regel</u> ist für numerische Rechnungen weniger geeignet, spielt aber für allgemeine theoretische Aussagen eine bedeutende Rolle [A.3]. Sie lautet in Vektor-Matrix-Form

$$\underline{x} = \frac{1}{\det \underline{A}} \begin{bmatrix} D_1 \\ D_2 \\ \vdots \\ D_n \end{bmatrix} \quad \text{mit } D_k = \begin{vmatrix} a_{11} & \cdots & y_1 & \cdots & a_{1n} \\ a_{21} & \cdots & y_2 & \cdots & a_{2n} \\ \vdots & & \vdots & & \\ a_{n1} & \cdots & y_n & \cdots & a_{nn} \end{vmatrix} \tag{A.24}$$

Dabei ist D_k, k = 1...n, eine Determinante n-ter Ordnung, die nach Ersetzen der k-ten Spalte von $\underline{A}$ durch $\underline{y}$ zu bilden ist. Im Blick auf Gl. (A.24) ist leicht einzusehen, daß die Regularität von $\underline{A}$ notwendig und hinreichend für die Auflösbarkeit des Gleichungssystems (A.23) ist.

Die Cramersche Regel geht in eine andere Form über, wenn D_k nach der k-ten Spalte entwickelt wird. Dazu brauchen wir die Adjunkten, auch Kofaktoren genannt. Die Adjunkte A_{ik} zum Element a_{ik} einer n x n-Matrix $\underline{A}$ wird wie folgt gebildet: Streichen der i-ten Zeile und der k-ten Spalte von $\underline{A}$, Berechnen der verbliebenen Unterdeterminante (n-1)-ter Ordnung und Multiplizieren derselben mit $(-1)^{i+k}$. Gemäß dem Entwicklungssatz für Determinanten [A.1], [A.3], [A.4] gilt für das D_k aus Gleichung (A.24):

$$D_k = A_{1k}\, y_1 + A_{2k}\, y_2 + \dots + A_{nk}\, y_n \qquad \text{(A.25)}$$

Die $A_{1k} \dots A_{nk}$ sind nämlich nicht nur die Adjunkten der k-ten Spalte von $\underline{A}$, sondern gleichzeitig die der k-ten Spalte von D_k. Der Ausdruck (A.25) wird nun für k = 1 ...n in die Cramersche Lösung (A.24) eingesetzt. Es gilt

$$\underline{x} = \frac{1}{\det \underline{A}} \begin{bmatrix} A_{11}y_1 & + & A_{21}y_2 + \dots + A_{n1}y_n \\ A_{12}y_1 & + & A_{22}y_2 + \dots + A_{n2}y_n \\ \vdots & & \\ A_{1n}y_1 & + & A_{2n}y_2 + \dots + A_{nn}y_n \end{bmatrix}$$

oder

$$\underline{x} = \frac{1}{\det \underline{A}} \begin{bmatrix} A_{11} & A_{21} & \dots & A_{n1} \\ A_{12} & A_{22} & \dots & A_{n2} \\ \vdots & & & \\ A_{1n} & A_{2n} & \dots & A_{nn} \end{bmatrix} \underline{y} \qquad \text{(A.26)}$$

Diese Variante der Cramerschen Regel unterscheidet sich von (A.24) dadurch, daß die auszuwertenden Determinanten nicht mehr von den y_i abhängen. Sie ist deshalb bei festem $\underline{A}$ und variablem $\underline{y}$ überlegen.

A.4.2 *Die Kehrmatrix oder (multiplikative) Inverse*

Ausgehend von der Regel (A.26) ist die Einführung der Kehrmatrix nur noch eine Sache der Definition. Damit die Numerierung der Elemente wieder dem üblichen Schema entspricht, schreiben wir die Matrix der Adjunkten aus (A.26) in transponierter Form und erklären:

$$\underline{A}^{-1} := \frac{1}{\det \underline{A}} \begin{bmatrix} A_{11} & A_{12} & \cdots & A_{1n} \\ A_{21} & A_{22} & \cdots & A_{2n} \\ \vdots & & & \\ A_{n1} & A_{n2} & \cdots & A_{nn} \end{bmatrix}' \quad \text{wobei } A_{ik} := (-1)^{i+k} \cdot \text{unterdet}(\underline{A})_{ik} \tag{A.27}$$

Die Inverse $\underline{A}^{-1}$ existiert dann und nur dann, wenn $\underline{A}$ quadratisch und regulär ist. Mit der obigen Definition geht die Cramersche Lösung des Gleichungssystems (A.23) über in die kompakte Form

$$\underline{x} = \underline{A}^{-1}\underline{y} \tag{A.28}$$

Die Kehrmatrix hat die folgenden Eigenschaften:

(i) Das Produkt einer regulären n x n-Matrix $\underline{A}$ mit ihrer Inversen ist die Einheitsmatrix n-ter Ordnung:

$$\underline{A}\,\underline{A}^{-1} = \underline{I} \tag{A.29}$$

$$\underline{A}^{-1}\underline{A} = \underline{I} \tag{A.30}$$

Der Nachweis ist ohne Schwierigkeiten durch Anwendung der Definitionen (A.12) und (A.27) sowie des Entwicklungssatzes für Determinanten zu führen (Übungsaufgabe). - Umgekehrt wie hier betrachten manche Autoren die obige Eigenschaft als Definitionsgleichung für $\underline{A}^{-1}$ und beweisen ihrerseits (A.27).

(ii) Die Kehrmatrix eines Produktes quadratisch-regulärer Matrizen ist gleich dem Produkt der inversen Faktoren in umgekehrter Reihenfolge:

$$(\underline{A}\,\underline{B})^{-1} = \underline{B}^{-1}\,\underline{A}^{-1} \tag{A.31}$$

Beweis: Es gilt $\underline{B}^{-1}(\underline{A}^{-1}\underline{A})\underline{B} = \underline{I}$. Nachmultiplizieren beider Seiten mit $(\underline{A}\ \underline{B})^{-1}$ ergibt (A.31). Der Beweis für mehr als zwei Faktoren ist trivial. -

Die obige Eigenschaft ist – ebenso wie die Regel (A.21) für das Transponieren eines Produktes – äußerst nützlich.

(iii) Kehrmatrix einer Transponierten ist gleich der transponierten Inversen:

$$(\underline{A}')^{-1} = (\underline{A}^{-1})' \tag{A.32}$$

Beweis: Es gilt $\underline{I}' = (\underline{A}^{-1}\underline{A})'$, also ist $\underline{I} = \underline{A}'(\underline{A}^{-1})'$. Vormultiplizieren mit $(\underline{A}')^{-1}$ ergibt (A.32). -

(iv) Die Determinante einer Kehrmatrix ist gleich der inversen Determinante der ursprünglichen Matrix:

$$\det(\underline{A}^{-1}) = (\det \underline{A})^{-1} \tag{A.33}$$

Beweis: $1 = \det \underline{I} = \det(\underline{A}^{-1}\underline{A}) = \det(\underline{A}^{-1})\cdot\det \underline{A}$. -

Bei regulärem, endlichem $\underline{A}$ steht auf der rechten Seite von (A.33) ein von Null verschiedener, endlicher Wert. Daraus folgt im Blick auf die linke Seite, daß $\underline{A}^{-1}$ ebenfalls regulär ist.

A.4.3 *Mehrfache Gleichungssysteme, Matrizendivision, Rechenaufwand*

Gegeben sei ein Gleichungssystem n-ter Ordnung der Form $\underline{A}\ \underline{x}_k = \underline{y}_k$. Dieses System soll bei regulärem, stets gleich bleibendem $\underline{A}$ m mal nach $\underline{x}_k$ aufgelöst werden, wobei die rechte Seite $\underline{y}_k$ jedes Mal andere Werte habe. - Die m Einzelsysteme können nach den Regeln der Matrizenmultiplikation zusammengefaßt werden (siehe Bild A.2): Die rechten Seiten $\underline{y}_1 \ldots \underline{y}_m$ werden als Spalten einer n x m-Matrix $\underline{Y}$ geschrieben, und die entsprechenden unbekannten Vektoren $\underline{x}_1 \ldots \underline{x}_m$ werden zu einer n x m-Matrix $\underline{X}$ zusammengestellt. So entsteht das folgende Mehrfachsystem

$$\underline{A}\ \underline{X} = \underline{Y} \tag{A.34}$$

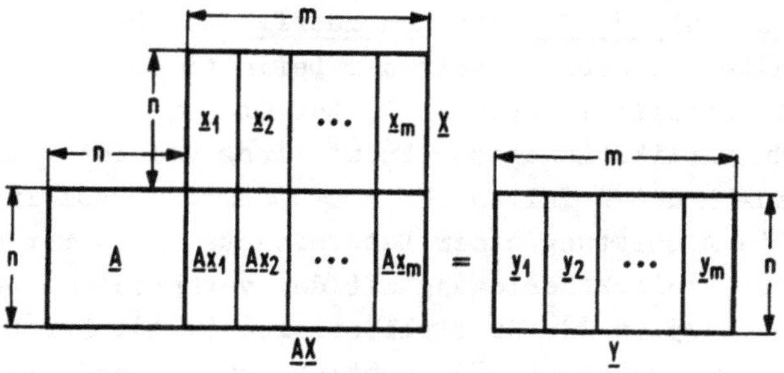

Bild A.2 $\underline{A}\,\underline{X} = \underline{Y}$, m-faches Gleichungssystem n-ter Ordnung.

Die Auflösung nach $\underline{X}$ kann in formaler Weise dadurch geschehen, daß beide Seiten mit $\underline{A}^{-1}$ vormultipliziert werden, wonach auf der linken Seite die Eigenschaft (A.30) angewandt wird. Das Ergebnis ist

$$\underline{X} = \underline{A}^{-1}\underline{Y} \tag{A.35}$$

Der Übergang von (A.34) auf (A.35) stellt sich somit als <u>Division</u> durch die Matrix $\underline{A}$ dar. Eine Matrizendivision ist nur mit einer quadratisch-regulären Matrix möglich. Selbstverständlich muß auch hier zwischen Links- und Rechtsdivision unterschieden werden. Zur Vermeidung von Irrtümern empfiehlt es sich daher, die Matrizendivision gedanklich immer als Links- bzw. Rechtsmultiplikation mit der Kehrmatrix auszuführen.

Dieses Verfahren ist für numerische Rechnungen jedoch nur dann geeignet, wenn $\underline{A}^{-1}$ ohnehin bekannt ist oder noch anderweitig benötigt wird. Denn zur Berechnung von $\underline{A}^{-1}$ sind bei vollbesetzter, asymmetrischer Matrix n^3 Multiplikationen auszuführen [A.3](Angaben jeweils ausschließlich Proben). Das Produkt von $\underline{A}^{-1}$ und $\underline{Y}$ erfordert nochmals n^2m Multiplikationen, siehe Falksches Schema. Insgesamt ergibt sich für die formale Lösung gemäß (A.35) also ein Rechenaufwand in Höhe von $n^3 + n^2m$ Multiplikationen. Wird dagegen der Gaußsche Algorithmus direkt auf das Mehrfachsystem (A.34) angewandt, dann genügen zur Auflösung insgesamt $1/3\,n^3 + n^2m - 1/3\,n$ Multiplikationen [A.3]. Diese Zahl ist für alle n und m kleiner als die obige. Beispielsweise sind bei $n = 10$ und $m = 5$ zur Lösung gemäß (A.35) 1500 Multiplikationen erforderlich, mit dem Gaußschen Algorithmus jedoch nur 830, also wenig mehr als die Hälfte.

Der Aufwand für die Kehrmatrix: Zur Bestimmung einer Inversen n-ter Ordnung mittels der Definitionsgleichung (A.27) sind n^2 Unterdeterminanten (n-1)-ter Ordnung zu bilden. (Die n weiteren Multiplikationen zur Entwicklung von det $\underline{A}$ und die n^2 Divisionen durch det $\underline{A}$ fallen für $n \gg 1$ dagegen kaum ins Gewicht).
Die Auswertung einer Determinante (n-1)-ter Ordnung erfordert bei Dreieckszerlegung mit dem verketteten Gaußschen Algorithmus ca. $1/3\ (n-1)^3$ Multiplikationen [A.3]. Zur Bildung der Kehrmatrix gemäß (A.27) benötigt man für größere n also insgesamt rund $1/3\ n^2(n-1)^3 \approx 1/3\ n^5$ Multiplikationen. - Bestimmt man dagegen die Inverse gemäß (A.29) durch Auflösen des Gleichungssystems $\underline{A}\ \underline{X} = \underline{I}$ mit dem Gaußschen Algorithmus, dann fallen nur n^3 Multiplikationen an [A.3]. Für n = 10 ergeben sich beispielsweise beim ersten Verfahren 24.300 Multiplikationen, beim letzten jedoch nur 1000!

Vor der numerischen Auswertung von Matrizenausdrücken höherer Ordnung lohnt es sich also durchaus, den Aufwand durch Vergleich alternativer Verfahren zu minimieren. Letztes Beispiel hierfür sei das Kettenprodukt $\underline{A}\ \underline{B}\ \underline{c}$ (alle Faktoren n-ter Ordnung): Die Ausführung in der Reihenfolge $(\underline{A}\ \underline{B})\ \underline{c}$ kostet bei vollbesetzten Matrizen $n^3 + n^2$ Multiplikationen, in der Reihenfolge $\underline{A}\ (\underline{B}\ \underline{c})$ dagegen nur $2n^2$ Multiplikationen.

A.5 Eigenwertprobleme

In der Regelungstechnik kommen Eigenwertprobleme u.a. vor bei der Berechnung der Pole und der Eigenschwingungen eines dynamischen Systems sowie beim Diagonalisieren von Matrizen.

Die Eigenwertaufgabe lautet in ihrer Grundform: Gegeben sei das lineare Gleichungssystem

$$\underline{A}\ \underline{v} = s\ \underline{v} \qquad (A.36)$$

mit der bekannten n x n-Matrix $\underline{A}$. Zunächst ist der freie, ggf. komplexe Skalar s so zu bestimmen, daß nicht-triviale Lösungen für $\underline{v}$ möglich sind; dann ist das Gleichungssystem nach $\underline{v}$ aufzulösen. -

Die so definierten Zahlen s_i heißen Eigenwerte der Matrix $\underline{A}$, die zugehörigen Lösungen $\underline{v}_i$ werden Eigenvektoren genannt. Sie haben laut Gleichung (A. 36) eine besondere Eigenschaft: ein Eigenvektor der Matrix $\underline{A}$ wird im n-dimensionalen Raum bei Transformation mit $\underline{A}$ nur gestreckt oder verkürzt (s reell) und dabei ggf. umgekehrt ($s < 0$), nicht jedoch in sonstiger Weise gedreht.

A.5.1 *Die charakteristische Gleichung*

Zur Lösung der Eigenwertaufgabe werden beide Seiten der Gleichung (A.36) zusammengefaßt:

$$(s\,\underline{I} - \underline{A})\,\underline{v} = \underline{0} \qquad \text{(A.37)}$$

Es handelt sich also um ein homogenes Gleichungssystem. Dieses hat nur dann nicht-triviale Lösungen ($\underline{v} \neq \underline{0}$), wenn die Koeffizientenmatrix singulär ist. Daher muß s so gewählt werden, daß

$$\det\,(s\,\underline{I} - \underline{A}) = 0, \qquad \text{(A.38a)}$$

d.h. ausführlicher

$$\begin{vmatrix} s - a_{11} & -a_{12} & \cdots & -a_{1n} \\ -a_{21} & s - a_{22} & \cdots & -a_{2n} \\ \vdots & & & \\ -a_{n1} & -a_{n2} & \cdots & s-a_{nn} \end{vmatrix} = 0 \qquad \text{(A.38b)}$$

Im Falle einer diagonalen Matrix $\underline{A}$ ist diese Determinante leicht zu bilden: $\det\,(s\underline{I} - \underline{A}) = (s-a_{11})(s-a_{22}) \ldots (s-a_{nn}) = 0$. Die Eigenwerte sind hier gleich den Diagonalelementen a_{11} bis a_{nn}. Im allgemeinen Falle entsteht durch Auswerten der obigen Determinante eine Gleichung n-ten Grades in s:

$$s^n + \alpha_{n-1}s^{n-1} + \ldots + \alpha_1 s + \alpha_0 = 0 \qquad \text{(A.38c)}$$

Die Koeffizienten α_i sind Funktionen der Elemente a_{ik}. Beispielsweise ist

$$\alpha_0 = \det(-\underline{A}) \tag{A.39}$$

und

$$\alpha_{n-1} = \text{spur}(-\underline{A}) \tag{A.40}$$

Die erste dieser Beziehungen ergibt sich durch Nullsetzen von s in (A.38b) und (A.38c), die zweite durch sukzessives Entwickeln von (A.38b) nach den Hauptelementen. Die übrigen Koeffizienten α_i haben eine weniger einfache Form.

Die Bedingung (A.38c) heißt charakteristische Gleichung der Matrix $\underline{A}$. Manchmal werden die äquivalenten Fassungen (A.38b) und (A.38a) ebenfalls so genannt. Die s_i müssen dieser Bedingung genügen, d.h. die Eigenwerte der Matrix $\underline{A}$ sind identisch mit den n Wurzeln der charakteristischen Gleichung. Sie können einfach oder mehrfach, reell oder komplex sein. Bei reellen Matrizen sind auch die Koeffizienten α_i reell; komplexe Wurzeln sind dann paarweise konjugiert. Reelle symmetrische Matrizen haben nur reelle Eigenwerte [A.7].

Der Koeffizient α_0 ist gleich dem Produkt aller Wurzeln von (A.38c), d.h. mit (A.39): $s_1 s_2 \dots s_n = \det(-\underline{A})$. Daraus folgt, daß Eigenwerte dann und nur dann verschwinden, wenn $\underline{A}$ singulär ist.

A.5.2 *Das Cayley-Hamilton-Theorem*

Dieses sehr bekannte und nützliche Theorem lautet:
Jede n x n-Matrix $\underline{A}$ genügt ihrer charakteristischen Gleichung, d.h.

$$\underline{A}^n + \alpha_{n-1}\underline{A}^{n-1} + \dots + \alpha_1\underline{A} + \alpha_0\underline{I} = \underline{0} \;. \; - \tag{A.41}$$

Beweis: Es gilt gemäß (A.27), daß

$$(s\underline{I} - \underline{A})^{-1} = \frac{1}{\det(s\underline{I}-\underline{A})} \cdot \text{adj}(s\underline{I}-\underline{A}) \tag{A.42a}$$

Dabei ist adj($s\underline{I}-\underline{A}$) die transponierte Matrix der Adjunkten von ($s\underline{I}-\underline{A}$). Letztere sind, abgesehen vom Faktor $(-1)^{i+k}$, Unterdeterminanten (n-1)-ter Ordnung von $s\underline{I} - \underline{A}$, d.h. es sind Polynome in s von maximal (n-1)-ter Ordnung. Es gilt also der Ansatz

$$\mathrm{adj}(s\underline{I} - \underline{A}) = \underline{C}_{n-1}s^{n-1} + \underline{C}_{n-2}s^{n-2} + \ldots + \underline{C}_1 s + \underline{C}_0 \qquad (A.42b)$$

Die $\underline{C}_i$ sind n-reihig quadratische Koeffizientenmatrizen; ihre Werte interessieren hier nicht . Die Gleichung (A.42a) wird nun mit $(s\underline{I} - \underline{A})\det(s\underline{I} - \underline{A})$ nachmultipliziert:

$$\underline{I} \cdot \det(s\underline{I} - \underline{A}) = \mathrm{adj}(s\underline{I} - \underline{A}) \cdot (s\underline{I} - \underline{A})$$

Daraus folgt durch Einsetzen des charakteristischen Polynoms (linke Seite von (A.38c)) und des Ansatzes (A.42b):

$$\underline{I}(s^n+\alpha_{n-1}s^{n-1}+\ldots+\alpha_1 s+\alpha_0) = (\underline{C}_{n-1}s^{n-1}+\underline{C}_{n-2}s^{n-2}+\ldots+\underline{C}_1 s+\underline{C}_0)(s\underline{I}-\underline{A})$$

Koeffizientenvergleich in den Potenzen von s ergibt:

$$\begin{aligned} s^n &: & \underline{I} &= \underline{C}_{n-1} \\ s^{n-1} &: & \alpha_{n-1}\underline{I} &= -\underline{C}_{n-1}\underline{A} + \underline{C}_{n-2} \\ & & &\vdots \\ s &: & \alpha_1\underline{I} &= -\underline{C}_1\underline{A} + \underline{C}_0 \\ s^0 &: & \alpha_0\underline{I} &= -\underline{C}_0\underline{A} \end{aligned} \qquad (A.42c)$$

Die vorletzte Zeile dieses Gleichungssystems wird mit $\underline{A}$ nachmultipliziert usw., die zweite mit $\underline{A}^{n-1}$, die erste mit $\underline{A}^n$. Bei anschließender Addition heben sich auf der rechten Seite alle Terme paarweise weg, und auf der linken Seite entsteht das Matrix-Polynom in Gleichung (A.41). Damit ist (A.41) bewiesen.

Der Satz von Cayley-Hamilton hat unter anderem zur Folge, daß jede - ggf. auch negative - Potenz von $\underline{A}$ als Linearkombination der Potenzen $\underline{A}^0$ bis $\underline{A}^{n-1}$ geschrieben werden kann! Z.B. erhält man $\underline{A}^{n+1}$ durch Multiplikation der Gleichung (A.41) mit $\underline{A}$, Auflösen nach $\underline{A}^{n+1}$ und Ausdrücken von $\underline{A}^n$ gemäß (A.41). Falls $\alpha_0 = \det(-\underline{A}) \neq 0$, ergibt sich $\underline{A}^{-1}$ durch Multiplikation der Gleichung (A.41) mit $\underline{A}^{-1}$ und Division durch α_0.

A.5.3 *Der Algorithmus von Souriau-Fadeeva*

Bei jeder n x n-Matrix $\underline{A}$ lassen sich die Koeffizienten α_{n-k} des charakteristischen Polynoms (A.38c) und die Koeffizienten $\underline{C}_{n-k}$ der Matrix adj($s\underline{I}-\underline{A}$) in Gleichung (A.42b) für k = 1,2,...,n wie folgt bestimmen:

$$\underline{C}_{n-k-1} = \underline{C}_{n-k}\underline{A} + \alpha_{n-k}\underline{I}, \quad \underline{C}_{n-1} = \underline{I}, \quad (\underline{C}_{-1} = \underline{0}) \qquad \text{(A.43a)}$$

$$\alpha_{n-k} = -\frac{1}{k}\,\text{spur}\,(\underline{C}_{n-k}\underline{A}) \qquad \text{(A.43b)}$$

Beweis: Die Rekursionsformel (A.43a) folgt direkt aus dem obigen Gleichungssystem (A.42c); die Fassung für k = n kann zur numerischen Kontrolle dienen . - Zum Nachweis von (A.43b) geht man aus von der folgenden Beziehung (Ihre Herleitung ist ziemlich mühsam, siehe z.B. [A.10]):

$$\frac{d}{ds}\det(s\underline{I} - \underline{A}) = \text{spur adj}(s\underline{I} - \underline{A}) \qquad \text{(A.44)}$$

Auf der linken Seite wird das charakteristische Polynom (A.38c) eingesetzt und nach s differenziert; auf der rechten Seite wird (A.42b) substituiert. Koeffizientenvergleich ergibt für s^{n-k-1}:

$$(n-k)\cdot\alpha_{n-k} = \text{spur}\,\underline{C}_{n-k-1}, \quad k = 0,\ldots,n-1$$

Daraus folgt (A.43b) durch Substitution von (A.43a). -

Der Algorithmus (A.43a, b) erlaubt eine vergleichsweise einfache Berechnung von det($s\underline{I} - \underline{A}$) und adj($s\underline{I} - \underline{A}$), [A.8], [A.9]. Damit ist laut (A.42a) auch die Inverse $(s\underline{I} - \underline{A})^{-1}$ gegeben. Das ist die Laplace-Transformierte der Transitionsmatrix der Differentialgleichung $\dot{\underline{x}}(t) = \underline{A}\,\underline{x}(t)$.

A.5.4 *Die Modalmatrix*

Nach Berechnung der Eigenwerte s_i als Wurzeln der charakteristischen Gleichung können sie sukzessive in die Gleichung (A.37) eingesetzt werden:

$$(s_i\underline{I} - \underline{A})\,\underline{v}_i = \underline{0} \qquad i = 1,2,3,\ldots \qquad \text{(A.45)}$$

Der Eigenvektor $\underline{v}_i$ als Lösung dieses singulären Gleichungssystems n-ter Ordnung ist nicht eindeutig bestimmt. Wenn der Rang von $(s_i\underline{I} - \underline{A})$ gleich n-1 ist, hat (A.45) für das betreffende s_i noch n-1 linear unabhängige skalare Gleichungen, und die Eindeutigkeit der Lösung $\underline{v}_i$ kann durch eine zusätzliche Vereinbarung erreicht werden, z.B. durch Normierung der Art $\underline{v}_i'\underline{v}_i = 1$. Wenn $\underline{A}$ und s_i reell sind, ist auch $\underline{v}_i$ reell, sonst komplex.
Im übrigen sind noch die folgenden Sätze von Interesse (Beweise siehe u.a. [A.3], [A.4]):

(i) Bei einem einfachen Eigenwert ist $\text{rang}(s_i\underline{I} - \underline{A}) = n-1$, so daß zu diesem s_i genau <u>ein</u> linear unabhängiger Eigenvektor existiert.

(ii) Zu einem p-fachen Eigenwert gibt es mindestens einen und höchstens p linear unabhängige Eigenvektoren.

(iii) Eigenvektoren zu verschiedenen Eigenwerten sind linear unabhängig.

Aus (i) und (iii) folgt, daß n x n-Matrizen mit <u>einfachen</u> Eigenwerten genau <u>n linear unabhängige Eigenvektoren</u> haben.

Bei mehrfachen Eigenwerten können die Verhältnisse recht unübersichtlich werden, siehe z.B. [A.3]. Mehrfache und/oder komplexe Eigenwerte (Pole) treten in der Regelungstechnik nicht selten auf. So kommt es öfter vor, daß weniger als n Eigenvektoren existieren, und daß sie ggf. komplex sind. Wegen dieser Unbequemlichkeiten sind die Meinungen über den Nutzen von Eigenwertmethoden geteilt. -

Angenommen, eine n x n-Matrix $\underline{A}$ habe n linear unabhängige Eigenvektoren. Das gilt z.B. immer bei ausschließlich einfachen Eigenwerten oder bei symmetrischen Matrizen [A.7] . Dann kann $\underline{A}$ in eine Diagonalmatrix transformiert werden. Dazu werden die Eigenvektoren $\underline{v}_1 \dots \underline{v}_n$ zu der - stets regulären - <u>Eigenvektor-</u> oder <u>Modalmatrix</u> $\underline{V}$ zusammengestellt.

$$\underline{V} := [\underline{v}_1, \underline{v}_2 \;\dots\; \underline{v}_n]$$

Die n Varianten der Gleichung (A.36) mit den n Eigenwerten s_i werden in verbundener Form geschrieben:

$$[\underline{A}\,\underline{v}_1,\ \underline{A}\,\underline{v}_2\ \ldots\ \underline{A}\,\underline{v}_n] = [s_1\underline{v}_1,\ s_2\underline{v}_2\ \ldots\ s_n\underline{v}_n]$$

oder

$$\underline{A} \cdot \underline{V} = \underline{V} \cdot \underline{J}\ , \tag{A.46a}$$

wobei $\underline{J}$ die Jordansche Normalform der Matrix $\underline{A}$ ist. In Gleichung (A.46a) ist $\underline{J}$ eine Diagonalmatrix, deren Hauptelemente die Eigenwerte sind:

$$\underline{J} := \begin{bmatrix} s_1 & & & \\ & s_2 & & 0 \\ & 0 & \ddots & \\ & & & s_n \end{bmatrix} \tag{A.46b}$$

Da $\underline{V}$ regulär ist, kann (A.46a) mit $\underline{V}^{-1}$ vormultipliziert werden. Die gesuchte Transformation lautet also:

$$\underline{V}^{-1}\underline{A}\,\underline{V} = \underline{J} \tag{A.46c}$$

Vormultiplikation mit $\underline{V}$ und Nachmultiplikation mit $\underline{V}^{-1}$ ergibt die inverse Transformation

$$\underline{A} = \underline{V}\,\underline{J}\,\underline{V}^{-1} \tag{A.46d}$$

Bei reellen, symmetrischen, aber sonst beliebigen Matrizen ist die Modalmatrix orthonormal, d.h. ihre Spalten sind normiert ($\underline{v}_i'\underline{v}_i = 1$) und gegenseitig orthogonal ($\underline{v}_i'\underline{v}_j = 0$ für $i \neq j$)[A.7]. Kompakt ausgedrückt:

$$\underline{V}'\underline{V} = \underline{I} \tag{A.46e}$$

Daraus folgt

$$\underline{V}^{-1} = \underline{V}' \tag{A.46f}$$

Die inverse Modalmatrix ist in diesem Sonderfall also durch einfaches Transponieren erhältlich.

Die Eigenwerte der Normalform $\underline{J}$ in (A.46b,c) sind gleich $s_1 \ldots s_n$, d.h. gleich denen von $\underline{A}$. Durch die Transformation mit der Modalmatrix werden die Eigenwerte nicht verändert. Das gleiche gilt jedoch auch bei der entsprechenden Transformation mit einer beliebigen regulären n x n-Matrix $\underline{T}$ (sog. Ähnlichkeitstransformation).

Es sei

$$\underline{B} = \underline{T}^{-1}\underline{A}\,\underline{T}\,. \tag{A.47}$$

Die beiden n x n-Matrizen $\underline{A}$ und $\underline{B}$ heißen einander ähnlich. Es gilt

$$\begin{aligned}\det(s\underline{I} - \underline{B}) &= \det(s\underline{I} - \underline{T}^{-1}\underline{A}\,\underline{T}) \\ &= \det(\underline{T}^{-1}(s\underline{I}-\underline{A})\underline{T}) \\ &= \det(\underline{T}^{-1})\det(s\underline{I} - \underline{A})\det \underline{T} \\ &= \det(s\underline{I} - \underline{A}),\end{aligned}$$

weil $\det(\underline{T}^{-1})\cdot\det \underline{T} = 1$.

Ähnliche Matrizen haben also die gleiche charakteristische Gleichung und somit die gleichen Eigenwerte.

A.6 Quadratische Formen

Eine bilineare Form eines n-Vektors $\underline{x}$ und eines m-Vektors $\underline{y}$ bezüglich einer n x m-Matrix $\underline{Q}$ ist eine Zahl b derart, daß

$$b := \underline{x}'\underline{Q}\,\underline{y}$$

Dieser Begriff kann entweder als Skalarprodukt der beiden n-Vektoren $\underline{x}$ und $\underline{Q}\,\underline{y}$ oder als m-gliedriges Skalarprodukt von $\underline{Q}'\underline{x}$ und $\underline{y}$ aufgefaßt werden. Wenn $\underline{x} = \underline{y}$, und $\underline{Q}$ vom Typ n x n ist, haben wir eine quadratische Form q vor uns:

$$\begin{aligned} q :=\ & \underline{x}'\underline{Q}\,\underline{x} \\ =\ & q_{11}x_1^2 + q_{12}x_1x_2 + \dots + q_{1n}x_1x_n \ + \\ +\ & q_{21}x_2x_1 + q_{22}x_2^2 + \dots + q_{2n}x_2x_n \ + \\ & \vdots \\ +\ & q_{n1}x_nx_1 + q_{n2}x_nx_2 + \dots + q_{nn}x_n^2 \end{aligned} \tag{A.48}$$

Die gemischten Produkte $x_i x_j$ treten sämtlich doppelt auf. - Die natürliche Interpretation einer quadratischen Form ist das Skalarprodukt eines transformierten Vektors mit sich selbst:

$$(\underline{A}\ \underline{x})'(\underline{A}\ \underline{x}) = \underline{x}'\underline{A}'\underline{A}\ \underline{x} = \underline{x}'\underline{Q}\ \underline{x}\ , \tag{A.49}$$

wobei $\underline{Q} = \underline{A}'\underline{A}$. Hier ist $\underline{Q}$ symmetrisch. Aber auch sonst ist es kein Verlust an Allgemeinheit, $\underline{Q}$ symmetrisch anzusetzen. Der Wert der quadratischen Form (A.48) ändert sich nämlich nicht, wenn jedes Element q_{ij} durch das arithmetische Mittel von q_{ij} und q_{ji} ersetzt wird. Dadurch läßt sich jedes beliebige $\underline{Q}$ in (A.48) symmetrisieren.

Eine reelle quadratische Form oder die entsprechende Matrix heißt positiv definit, wenn

$$\underline{x}'\underline{Q}\ \underline{x} > 0 \quad \text{für alle } \underline{x} \neq \underline{0}\ , \tag{A.50a}$$

und

$$\underline{x}'\underline{Q}\ \underline{x} = 0 \quad \text{nur für } \underline{x} = \underline{0}\ . \tag{A.50b}$$

Ist $\underline{x}'\underline{Q}\ \underline{x} \geq 0$ für alle $\underline{x}$, so wird $\underline{Q}$ positiv semidefinit (nicht-negativ definit) genannt. Lautet die Ungleichung in (A.50a) $\underline{x}'\underline{Q}\ \underline{x} < 0$, dann heißt $\underline{Q}$ negativ definit.

Ist beispielsweise $\underline{Q}$ eine Diagonalmatrix, so geht (A.48) über in

$$q = \underline{x}'\underline{Q}\ \underline{x} = q_{11}x_1^{\ 2} + q_{22}x_2^{\ 2} + \dots + q_{nn}x_n^{\ 2} \tag{A.51}$$

Dieses q ist dann und nur dann positiv definit, wenn sämtliche Hauptelemente q_{ii} (Eigenwerte von $\underline{Q}$) positiv sind. - Wenn $\underline{Q} = \underline{A}'\underline{A}$, dann ist $q = \underline{x}'\underline{A}'\underline{A}\ \underline{x} = (\underline{A}\ \underline{x})'(\underline{A}\ \underline{x})$. Dies ist eine Summe von Quadraten und als solche stets positiv-semidefinit. Genau dann, wenn $\underline{A}$ regulär ist, ist $\underline{A}\ \underline{x} \neq \underline{0}$ für alle $\underline{x} \neq \underline{0}$ und somit q positiv definit.

Jede reelle symmetrische Matrix $\underline{Q}$ hat eine diagonale Jordansche Normalform $\underline{J}$ und eine orthonormale Eigenvektormatrix $\underline{V}$, siehe (A.46b) bzw. (A.46e). Substitution von (A.46f) in (A.46d) ergibt $\underline{Q} = \underline{V}\ \underline{J}\ \underline{V}'$. Somit gilt

$$q = \underline{x}'\underline{Q}\ \underline{x} = \underline{x}'\underline{V}\ \underline{J}\ \underline{V}'\underline{x} = \underline{y}'\underline{J}\ \underline{y}\ , \tag{A.52}$$

wobei $\underline{y} := \underline{V}'\underline{x}$. Weil $\underline{V}$ regulär ist, ist $\underline{y}$ genau dann von Null verschieden, wenn $\underline{x} \neq \underline{0}$. Die quadratische Form (A.52) ist also dann und nur dann positiv-definit, wenn alle Hauptelemente von $\underline{J}$, d.h. alle Eigenwerte von $\underline{Q}$ positiv sind.

Ein zweites, eigenwertfreies Kriterium lautet: Jede reelle symmetrische n x n-Matrix $\underline{Q}$ bzw. die entsprechende quadratische Form ist dann und nur dann positiv definit, wenn alle n Hauptabschnittsdeterminanten[1] von $\underline{Q}$ positiv sind [A.2].

Die Autokorrelationsmatrix eines n-gliedrigen Zufallsvektors $\underline{z}$ ist erklärt als Erwartungswert der Dyade $\underline{z}\,\underline{z}'$. Die Autokorrelationsmatrix $E\{\underline{z}\,\underline{z}'\}$ ist somit reell und symmetrisch. Es gilt für alle deterministischen n-Vektoren $\underline{x}$:

$$\underline{x}'E\{\underline{z}\,\underline{z}'\}\underline{x} = E\{\underline{x}'\underline{z}\,\underline{z}'\underline{x}\} = E\{(\underline{x}'\underline{z})^2\} \geq 0$$

Eine Autokorrelationsmatrix ist also stets positiv-semidefinit.

A.7 Vektor-Normen

Die Norm eines Vektors ist die Verallgemeinerung des Betrages einer Zahl. Dementsprechend sind auch die Anwendungsbereiche der Vektornorm Größenvergleich mehrerer Vektoren, Abstand zweier Vektoren, Ungleichungen, Abschätzungen, Konvergenzbetrachtungen, Gütekriterien und ähnliches.

Definition: Die Norm eines reellen oder komplexen Vektors ist eine reelle Zahl, bezeichnet mit $\|\underline{x}\|$, die den folgenden Eigenschaften genügt:

(i) $\|\underline{x}\| > 0$ für alle $\underline{x} \neq \underline{0}$
$\|\underline{x}\| = 0$ nur für $\underline{x} = \underline{0}$ } (positive Definitheit)

(ii) $\|c\underline{x}\| = |c| \cdot \|\underline{x}\|$ für alle Zahlen c und Vektoren $\underline{x}$

1) Die i-te Hauptabschnittsdeterminante von $\underline{Q}$ ist die Unterdeterminante i-ter Ordnung, die nach Streichen der (i+1)-ten und aller folgenden Reihen verbleibt= Unterdeterminante in der linken, oberen Ecke von $\underline{Q}$.

(iii) $\|\underline{x} + \underline{y}\| \le \|\underline{x}\| + \|\underline{y}\|$ (Dreiecksungleichung)

Dabei ist $|c|$ wie üblich der Betrag der Zahl c. Normen können auf verschiedene Weise spezifiziert werden; die Unterscheidung geschieht durch einen Index.

Beispiele: Die einfachsten Normen für n-dimensionale Vektoren sind

(i) $\|\underline{x}\|_1 := |x_1| + |x_2| + \dots + |x_n|$ (A.53)

(ii) $\|\underline{x}\|_2 := (|x_1|^2 + |x_2|^2 + \dots + |x_n|^2)^{1/2}$ (A.54)

Bei komplexen Vektoren ist $\|\underline{x}\|_2 = (\underline{x}^*\underline{x})^{1/2}$. Bei reellen Vektoren geht (A.54) über in die Wurzel aus dem gewöhnlichen Skalarprodukt:

$$\|\underline{x}\|_2 = (\underline{x}'\underline{x})^{1/2} = (x_1^2 + x_2^2 + \dots + x_n^2)^{1/2}$$

Wenn $x_1 \dots x_3$ die Komponenten des Vektors $\underline{x}$ bezüglich eines kartesischen Koordinatensystems im dreidimensionalen Raum sind, dann stellt diese Norm die Euklidische Länge von $\underline{x}$ dar (Satz von Pythagoras). In übertragenem Sinne wird die Norm $\|\underline{x}\|_2$ auch bei höherdimensionalen Räumen als Euklidische Länge bezeichnet. – Weitere Normen sind:

(iii) $\|\underline{x}\|_\infty := \max_i |x_i|$ (A.55)

(iv) $\|\underline{x}\|_{\underline{Q}} := (\underline{x}'\underline{Q}\,\underline{x})^{1/2}$ (A.56)

In (A.56) sind $\underline{x}$ und $\underline{Q}$ reell, während $\underline{Q}$ außerdem symmetrisch und positiv definit ist, siehe (A.50). Die Norm (A.56) ist eine Verallgemeinerung der Euklidischen Länge. Insbesondere, wenn $\underline{Q} = \underline{A}'\underline{A}$ ist ($\underline{A}$ regulär), gilt $\|\underline{x}\|_{\underline{Q}} = \|\underline{A}\,\underline{x}\|_2$.

A.8 Integration und Differentiation bezüglich Skalaren

Im folgenden wird das Integral und die Ableitung einer Matrix nach einem Skalar erklärt. Vektoren sind als einreihige Matrizen naturgemäß mit eingeschlossen. Die unabhängige skalare Variable wird mit t bezeichnet; sie muß nicht unbedingt die Zeit darstellen.

Das Integral $\int \underline{A}(t)dt$ einer m x n-Matrix $\underline{A}(t)$ über t ist eine m x n-Matrix, bestehend aus den Integralen der ursprünglichen Elemente; mit anderen Worten:

$$\underline{B} = \int \underline{A}(t)dt \quad \text{bedeutet} \quad b_{ik} = \int a_{ik}(t)dt \text{ für alle } i,k. \quad (A.57)$$

Diese Definition gilt für freie und feste Grenzen sowie einfache und mehrfache Integrationen gleichermaßen.

Beispiele: (i) Laplace-Transformation eines n-Vektors $\underline{x}(t)$:

$$L\{\underline{x}(t)\} := \int_0^\infty \underline{x}(t)e^{-st}dt := \begin{bmatrix} \int_0^\infty x_1(t)e^{-st}dt \\ \vdots \\ \int_0^\infty x_n(t)e^{-st}dt \end{bmatrix} \quad (A.58a)$$

(ii) Erwartungswert eines n-gliedrigen Zufallsvektors $\underline{x}$; $f(\underline{\xi})$ Verbund-Dichte, $f_i(\xi_i)$ Rand-Dichte :

$$E\{\underline{x}\} := \int_{-\infty}^{+\infty} \cdots \int_{-\infty}^{+\infty} \underline{\xi}\, f(\underline{\xi})d\xi_1 \ldots d\xi_n :=$$

$$:= \begin{bmatrix} \int_{-\infty}^{+\infty} \cdots \int_{-\infty}^{+\infty} \xi_1 f(\underline{\xi})d\xi_1 \ldots d\xi_n \\ \vdots \\ \int_{-\infty}^{+\infty} \cdots \int_{-\infty}^{+\infty} \xi_n f(\underline{\xi})d\xi_1 \ldots d\xi_n \end{bmatrix} = \begin{bmatrix} \int_{-\infty}^{+\infty} \xi_1 f_1(\xi_1)d\xi_1 \\ \vdots \\ \int_{-\infty}^{+\infty} \xi_n f_n(\xi_n)d\xi_n \end{bmatrix} \quad (A.58b)$$

Der Erwartungswert eines Vektors ist also gleich dem Vektor der Erwartungswerte seiner Komponenten. Entsprechendes gilt für den Erwartungswert einer Matrix.

Die Ableitung $d\,\underline{A}(t)/dt$ einer m x n-Matrix $\underline{A}(t)$ nach t ist eine m x n-Matrix, bestehend aus den Ableitungen der ursprünglichen Elemente; anders ausgedrückt:

$$\underline{B} = \frac{d}{dt}\,\underline{A}(t) \quad \text{bedeutet} \quad b_{ik} = \frac{d}{dt}\,a_{ik}(t) \text{ für alle } i,k. \qquad (A.59)$$

Die Ableitung nach der Zeit wird auch bei Matrizen meist mit einem Punkt bezeichnet. Der Apostroph ist schon fürs Transponieren vergeben und wird daher vermieden.

Die Produktregel lautet für Matrizen:

$$\frac{d}{dt}\left[\underline{A}(t)\underline{B}(t)\right] = \dot{\underline{A}}(t)\underline{B}(t) + \underline{A}(t)\dot{\underline{B}}(t) \qquad (A.60)$$

Beweis durch Anwenden der skalaren Produktregel auf ein allgemeines Element des Produkts $\underline{A}(t)\underline{B}(t)$, siehe (A.12).

A.9 Differentiation bezüglich Vektoren

In diesem Abschnitt werden erst skalare, dann vektorielle Größen betrachtet, die jeweils Funktionen der n unabhängigen Variablen $x_1 \dots x_n$ sind. Das n-Tupel dieser Variablen x_i wird als Vektor $\underline{x}$ aufgefaßt. Nun werden die partiellen Ableitungen nach den x_i zusammengestellt.

A.9.1 *Der Gradient*

Der Gradient $\partial f/\partial \underline{x}$ einer skalaren Funktion $f(\underline{x})$ nach dem n-Vektor $\underline{x}$ ist ein n-gliedriger Zeilenvektor, bestehend aus den ersten partiellen Ableitungen von f nach den x_k:

$$\frac{\partial f}{\partial \underline{x}} := \left[\frac{\partial f}{\partial x_1}, \frac{\partial f}{\partial x_2} \quad \dots \quad \frac{\partial f}{\partial x_n}\right] \qquad (A.61)$$

Manchmal wird der Gradient auch als Spaltenvektor erklärt.

Beispiele sind (i) Der Gradient einer linearen Form ($\underline{a}$ konstant):

$$\frac{\partial}{\partial \underline{x}}(\underline{a}'\underline{x}) = \underline{a}' \qquad (A.62)$$

(ii) Der Gradient einer quadratischen Form ($\underline{Q}$ symmetrisch, konstant, vergl. (A.48)).

$$\frac{\partial}{\partial \underline{x}} (\underline{x}'\underline{Q}\,\underline{x}) = 2\,\underline{x}'\underline{Q} \qquad \text{(A.63)}$$

A.9.2 *Die Hessesche Matrix*

Die Hessesche Matrix $\partial^2 f/\partial \underline{x}^2$ einer skalaren Funktion $f(\underline{x})$ nach dem n-Vektor $\underline{x}$ ist eine n x n-Matrix, bestehend aus den zweiten partiellen Ableitungen von f nach den x_i:

$$\frac{\partial^2 f}{\partial \underline{x}^2} := \begin{bmatrix} \frac{\partial^2 f}{\partial x_1^2} & \frac{\partial^2 f}{\partial x_1 \partial x_2} & \cdots & \frac{\partial^2 f}{\partial x_1 \partial x_n} \\ \frac{\partial^2 f}{\partial x_2 \partial x_1} & \frac{\partial^2 f}{\partial x_2^2} & \cdots & \frac{\partial^2 f}{\partial x_2 \partial x_n} \\ \vdots & & & \\ \frac{\partial^2 f}{\partial x_n \partial x_1} & \frac{\partial^2 f}{\partial x_n \partial x_2} & \cdots & \frac{\partial^2 f}{\partial x_n^2} \end{bmatrix} \qquad \text{(A.64)}$$

Die Hessesche Matrix ist symmetrisch. Die i-te Zeile der Hesseschen Matrix ist die Ableitung des Gradienten nach der Komponente x_i, vergl. (A.61). Die Hessesche Matrix einer linearen Form ist $\underline{0}$. Die Hessesche Matrix einer quadratischen Form ergibt sich durch Differenzieren von (A.63) nach den x_i, wobei $\underline{x}'\underline{Q} = x_1\underline{q}^1 + x_2\underline{q}^2 + \ldots + x_n\underline{q}^n$:

$$\frac{\partial^2}{\partial \underline{x}^2} (\underline{x}'\underline{Q}\,\underline{x}) = 2\underline{Q} \qquad \text{(A.65)}$$

Gradient und Hessesche Matrix sind besonders bei der Taylorentwicklung einer skalaren Funktion mit vektoriellem Argument nützlich:

$$f(\underline{x}) = f(\underline{a}) + \left.\frac{\partial f}{\partial \underline{x}}\right|_{\underline{x}=\underline{a}} \cdot (\underline{x}-\underline{a}) + \frac{1}{2}(\underline{x}-\underline{a})' \left.\frac{\partial^2 f}{\partial \underline{x}^2}\right|_{\underline{x}=\underline{a}} \cdot (\underline{x}-\underline{a}) + \ldots \qquad \text{(A.66)}$$

Der zweite Summand der rechten Seite ist das Skalarprodukt des Gradienten mit der Differenz $\underline{x}-\underline{a}$, der dritte Summand ist eine quadratische Form von $\underline{x} - \underline{a}$ bezüglich der Hesseschen Matrix. Soll f an der Stelle $\underline{a}$ einen Extremwert haben, dann muß der Gradient verschwinden. Ein Minimum liegt vor, wenn außerdem die quadratische Form positiv definit ist. Bei einem Maximum muß die quadratische Form negativ definit sein.

A.9.3 *Die Jacobische Matrix*

Die Jacobische Matrix $\partial\underline{f}/\partial\underline{x}$ einer m-gliedrigen Funktion $\underline{f}(\underline{x})$ bezüglich des n-Vektors $\underline{x}$ ist eine m x n-Matrix, bestehend aus den ersten partiellen Ableitungen der Komponenten f_i nach den Elementen x_k :

$$\frac{\partial\underline{f}}{\partial\underline{x}} := \begin{bmatrix} \frac{\partial f_1}{\partial x_1} & \frac{\partial f_1}{\partial x_2} & \cdots & \frac{\partial f_1}{\partial x_n} \\ \frac{\partial f_2}{\partial x_1} & \frac{\partial f_2}{\partial x_2} & \cdots & \frac{\partial f_2}{\partial x_n} \\ \vdots & & & \\ \frac{\partial f_m}{\partial x_1} & \frac{\partial f_m}{\partial x_2} & \cdots & \frac{\partial f_m}{\partial x_n} \end{bmatrix} \tag{A.67}$$

Die i-te Zeile der Jacobischen Matrix ist der Gradient von f_i nach $\underline{x}$. Die Determinante einer quadratischen Jacobischen Matrix heißt Funktionaldeterminante. Die Jacobische Matrix wird gebraucht bei der Taylorentwicklung einer vektorwertigen Funktion mit vektoriellem Argument:

$$\underline{f}(\underline{x}) = \underline{f}(\underline{a}) + \left.\frac{\partial\underline{f}}{\partial\underline{x}}\right|_{\underline{x}=\underline{a}} \cdot (\underline{x} - \underline{a}) + \ldots \tag{A.68}$$

Die Jacobische Matrix kommt auch vor bei der Bildung eines Gradienten mit der Kettenregel:

$$\frac{\partial}{\partial\underline{x}}\, g(\underline{f}[\underline{x}]) = \frac{\partial g}{\partial\underline{f}} \cdot \frac{\partial\underline{f}}{\partial\underline{x}} \tag{A.69}$$

Beweis durch Anwenden der skalaren Kettenregel auf das allgemeine Element $\partial g/\partial x_k$. -

Die letzten Abschnitte haben erneut gezeigt, daß bestehende Analogien zwischen skalaren und vektoriellen Beziehungen durch eine passende Wahl der Vektor-Matrix-Symbole deutlich zum Ausdruck gebracht werden.

A.10 Literatur

[A.1] Zurmühl, R.: Praktische Mathematik für Ingenieure und Physiker. Springer, Berlin, 1965.

[A.2] Dietrich, G. und Stahl, H.: Matrizen und Determinanten und ihre Anwendung in Technik und Ökonomie. 5. neubearb. Aufl., Deutsch, Thun u. Frankfurt/M., 1978.

[A.3] Zurmühl, R. und Falk, S.: Matrizen und ihre Anwendungen. 5. erw. Aufl., Springer, Berlin, Teil 1 1984.

[A.4] Gantmacher, F.R.: Matrizenrechnung I u. II. VEB Deutscher Verlag der Wissenschaften, Berlin, 1958 und 1959.

[A.5] Bellman, R.: Introduction to Matrix Analysis. McGraw-Hill, New York, 1960.

[A.6] Bodewig, E.: Matrix Calculus. Interscience, New York, 1959.

[A.7] Hildebrand, F.: Methods of Applied Mathematics. Prentice-Hall, New York, 1952.

[A.8] Souriau, I.M.: C.R. Acad. Sci. Paris, Bd. 227 (1948), S. 1010 - 1011.

[A.9] Fadeeva, V.N.: Computational Methods of Linear Algebra. Dover Publ., New York, 1959.

[A.10] Zadeh, L.A. und Desoer, C.A.: Linear System Theory. McGraw-Hill, New York, 1963.

Sachwortverzeichnis

Ableitung einer Matrix 221
Abtastregler mit Halteglied 44
adaptive Filter 141, 194
adaptive Regler 141
adjungierte Matrix 165
adjungiertes System 37, 154
Adjunkte 206
Ähnlichkeitstransformation 216
Algorithmus von CHOLESKY 205
Algorithmus von SOURIAU-FADEEVA 214
assoziatives Gesetz 197, 202
Ausgleichsrechnung 11, 49, 108
Autokorrelationsmatrix 219

BACHELIER 182
BASS, R.W. 160, 193
BAYESsche Schätzung 62
BELLMAN, R. 13
Beobachtbarkeit 12, 24, 38
  vollkommene - 26, 52, 116
    Bedingungen für -- 27, 28, 30, 31, 32, 51, 52
    -- bezüglich R 159
Beobachtbarkeitsmatrix 27, 30, 32, 51, 52, 65
  Differentialgleichung der - 33
  Differentialgleichung der inversen - 34
  Differenzengleichung der - 53
  Differenzengleichung der inversen - 54, 56, 57
  Analogrechenschaltbild des - 21

Beobachter 18, 20, 21, 35, 56, 126
  Ordnung des - 22, 23
  - im Regelkreis 142
Beobachtung 11, 36
  - in diskreter Zeit 43
  - in kontinuierlicher Zeit 24
  rekursive - 53, 56
Beobachtungsaufgabe 13, 60
  Definition der - 12, 14, 25
  Lösung der - 14, 16, 17 22, 33, 56
Beobachtungsdauer 52
Beobachtungsfehler 19
Beobachtungsgesetz 13, 35
Beobachtungsintervall 31, 52
Beobachtungsnormalform 19, 36
Beschleunigungsmesser 160
bilineare Form 217
BODE, H.W. 13, 61
BOOTON, R.C. 61
BROWN 182
  - sche Bewegung 112, 182, 189, 191, 192
  - scher Prozeß 182
    Definition des -- 182, 183
    Eigenschaften des -- 183, 184
    normierter -- 183, 186
BRYSON, A.E. 168, 173
BUCY, R.S. 61, 62, 149, 168, 173, 192

CARATHEODORY, C.C. 13
CAYLEY-HAMILTON-Theorem 16, 163, 212
Ceres 11
charakteristische Gleichung 162, 211
CHOLESKYscher Algorithmus 205
CRAMERsche Regel 205

Determinante 199
- einer Kehrmatrix 208
- eines Produktes 204
Entwicklungssatz für - 206
Diagonalmatrix 199
Differentiation bezüglich Skalaren 220, 221
- bezüglich Vektoren 222
DIRACsche Deltafunktion 114
distributives Gesetz 197, 203
DOOB, J.L. 182, 185
Doppelpunktprodukt 189, 193
Doppler-Radar 20
Dreiecksungleichung 220
duales System 36
Dualität 12, 25, 140
Dualitätsprinzip 36
Dyade 204
dyadisches Produkt 204
Dynamik des geschlossenen Kreises 144

Echtzeit-Identifikation 194
Eigenvektor 211, 215
Eigenvektormatrix 215
Eigenwert 211, 212
Eigenwertproblem 210
Einheitsmatrix 199
EINSTEIN 182
Erwartungswert einer Matrix 221
- eines Vektors 221

EUKLIDische Länge 220
Extrapolation 104ff, 115, 131
- um ein Intervall 106f

FALKsches Schema 202
FELLER, W. 190
Filter 60ff
Frequenzgang des - 119, 128
- im Regelkreis 145ff
Filtertheorie, Entstehung der 60ff
Filterung 60ff
FOKKER-PLANCK-Gleichung 190
FOLLIN, J.W. 61
Formfilter 61, 109, 127
- für Markoffsche Prozesse 169
Funktionaldeterminante 224

GAUSS, C.F. 11, 49, 53
- scher Algorithmus 205
- sche bedingte Dichte 187
- sche Beobachtung 56
- sche Normalmatrix 12, 25, 50, 51
- sche Schätzung 64, 72
- sche Transformation 50
- sches weißes Rauschen 184, 186
GAUSS-JORDANscher Algorithmus 205
GAUSS-MARKOFFsche Schätzung 62, 71, 73, 108
rekursive - 77ff
Glättung 111, 115, 132
Gradient 189, 222
- einer linearen Form 222
- einer quadratischen Form 223
Gütekriterium 60, 117
quadratisches - 138, 149f

HAMILTONsche Matrix 155, 161, 165

HAMILTONsches System 154, 157

Lösung des -- 155

Pole des -- 158

Transitionsmatrix des -- 155, 164, 165

Eigenschaften der --- 157

Inversion der --- 158

Hauptabschnittsdeterminante 219

Hauptdiagonale 199

Hauptelemente 199

HESSEsche Matrix 67, 189, 193

Integral einer Matrix 221

Integration einer Matrix bezüglich Skalaren 220

Interpolation 111, 115, 132

Inverse

additive - 197, 201

multiplikative - 207

ITO, K. 182, 185, 188

- scher Satz 189, 192

- sches Differential s. stochastisches

- sches Integral s. stochastisches

- sches Kalkül 112, 182ff

JACOBIsche Matrix 193, 224

JOHANSEN, D.E. 168, 173

JORDANsche Normalform 216

JOSEPH, P.D. 149

KALMAN, R.E. 12, 25, 36, 62

- sche Beobachtbarkeitsmatrix 12

KALMAN-BUCY-Filter 62, 112ff, 125, 132, 140, 152, 193

Aufgabenstellung beim - 113

- bei farbigem Meßrauschen 173

- bei fehlendem Meßrauschen 173

- bei meßbaren Eingangsgrößen der Strecke 129ff

- bei nichtzentrierten Anfangswerten 129ff

- bei singulärer $\underline{R}$-Matrix 173

- bei stationären Prozessen 126, 158ff, 168

Eigenschaften des - 152

- für reine Filterung 119

- für Vorhersage 131ff

Notwendige und hinreichende Bedingung beim - 115, 118

Reduktion der Ordnung des - 172

stationäres - 160, 168

Syntheseprogramm für - 156

Voraussetzungen beim - 113, 114

KALMAN-Filter 75ff, 132

Aufgabenstellung beim - 75

- bei farbigem Rauschen 109

- bei fehlendem Meßrauschen 111

- bei Korrelation zwischen Stör- und Meßprozeß 109

- bei meßbaren Eingangsgrößen der Strecke 98

- bei nichtzentrierten Anfangswerten 98

- bei singulärer $\underline{R}$-Matrix 84, 110

- bei systematischen Störgrößen und Meßfehlern 109

- für reine Filterung 88

- für Vorhersage 105

Notwendige und hinreichende Bedingung beim - 67

Ordnung des - 111, 176

Reduktion der Ordnung des - 172ff

Rekursionsalgorithmus für das - 81, 88

Kontrollen beim -- 89

stationäres - 169

Voraussetzungen beim - 75, 76, 77

Kehrmatrix 207
- eines Produktes 207
- einer Transponierten 208
Rechenaufwand für die - 210
Kettenregel 224
Kofaktor 206
KOLMOGOROFF, A.N. 60, 190
- sche Rückwärtsdiffusionsgleichung 190
- sche Vorwärtsdiffusionsgleichung 190
kommutatives Gesetz 197
Korrelation zwischen Stör- und Meßprozeß 109
Kreuzprodukt 204
KRICKEBERG, K. 182
KRONECKER-Delta 76
KUSHNER, H.J. 192
- scher Satz 191
KUSHNER-STRATONOVITCH-Gleichung 190

LAPLACE-Transformation eines Vektors 221
LEVY, P. 182, 184
linear abhängig 110
lineare Gleichungssysteme 205ff
mehrfache -- 208
LUENBERGER-Beobachter 24, 111

MARKOFF-Prozeß 169
Bedingungen für - 170
Formfilter für - 169, 172
Matrix-Riccati-Dgl. 37, 56, 125, 129, 130, 152ff
asymptotisches Verhalten der - 159
Existenz und Eindeutigkeit von Lösungen der - 153
- für Inverse der Beobachtbarkeitsmatrix 34
- für Inverse der Steuerbarkeitsmatrix 42
- für optimale Regelung 139
Gleichgewichtslösung der - 126, 159
Lösung der - mittels adjungiertem System 154ff
Lösungsformel für - 156
Probleme bei numerischer Lösung der - 153
stationäre Lösung der - 159
zeitlich diskretes Pendant zur - 107
Matrizen 197ff
ähnliche - 217
einreihige - 198
Elemente von - 198
Gleichheit von - 199
komplexe - 199
konjugiert transponierte - 199
orthonormale - 216
quadratische - 198
reguläre - 200
schiefsymmetrische - 199
singuläre - 200
symmetrische - 199
symplektische - 157
transponierte - 199
verkettbare - 201
vertauschbare - 202
Matrizenaddition 201
Matrizendivision 208
Matrizenmultiplikation 201
Matrizensubtraktion 201
Maximum-Likelihood-Verfahren 62
Maximum-Prinzip 13, 139
McKEAN, H.P. 182
Meßenergie 27
Meßmatrix 14, 22
Modalmatrix 214ff
Modell
- der Regelstrecke 16
- des beobachteten Systems 75, 113, 169

diskretes - 43, 47
dynamisches - 11
kontinuierliches - 45
mathematisches - 11
Multiplikation einer Matrix mit einem Skalar 201

NEWTON, I. 11
nichtlineare Filterung 190ff
Norm eines Vektors 219f
EUKLIDsche - 74, 220
NORUM, V.D. 193
Nullmatrix 199
Nullvektor 197

optimale Filter s. Kalman-Filter, Kalman-Bucy-Filter
- Regelaufgabe 138
- Regler 140
Optimum im strengen Sinne 147
- im weiten Sinne 147
orthogonale Zufallsvariable 62, 68

PENROSE, R. 35
PLACKETT, R.L. 12, 53, 62
PONTRYAGIN, L.S. 13
Prädiktion 104ff, 115, 131
Produktregel für Matrizen 222
Pseudo-Inverse 35, 178

Quadrate, Methode der kleinsten 11, 49, 62, 64f
quadratische Form 217
negativ definite -- 218
positiv definite -- 218
positiv semidefinite -- 218

Radar 60
Radarsuchkopf 194
Rang einer Matrix 200
Rauschen,farbiges 109, 133, 169, 172, 173ff
- weißes 76, 93, 95, 112, 113, 132, 145, 172, 182, 184
Regelgesetz mit Zustandsrückführung 137ff
Regelung, deterministische 137ff
- lineare optimale 138
RICCATI-Gleichung
- mit konstanten Koeffizienten 158
skalare - 128
ROTH 160

Schätzfehler 17, 22, 64, 115, 119, 142, 175, 192
Dgl. des - 18, 22f, 130, 154
Kovarianzmatrix des - 64f, 68, 70, 71, 77, 78, 82, 88, 115, 120, 125f, 130, 178, 192f
Schätzwert, GAUSSscher 49ff, 64
GAUSS-MARKOFFscher - 62, 71, 73, 77ff, 108
linearer erwartungstreuer - 65ff, 76, 115f
-- mit minimaler Varianz 65, 69, 71, 77, 83ff, 88, 100, 105, 115, 118, 125, 129, 132
SCHWARTZ, L. 193
Sensoren 14, 20, 89, 109
Separation, algebraische 142, 144, 152
- bei nichtlinearen Systemen 150
stochastische - 145, 150
- stheorem 149, 150
SHANNON, C.E. 13, 61
singuläre R-Matrix 110
Skalarmatrix 199
Skalarprodukt zweier Vektoren 204

SMOLUCHOWSKI 182
Smoothing s. Glättung
SOURIAU-FADEEVA, Algorithmus von 165, 214
Spaltenvektor 198
Spur 199
- einer Dyade 204
Stellenergie 139
Stellgrößen getasteter Systeme 44, 146
- kontinuierlicher Systeme 14, 137f
zukünftige - 106
Stellmatrix 47
Steuerbarkeit 12, 24, 38, 39
vollkommene - 39, 41
-- bezüglich $\underline{Q}$ 159
Steuerbarkeitsmatrix 40, 41
Differentialgleichung der - 42, 138
Differentialgleichung der inversen - 42, 138
Steuerenergie 40
stochastische Differentiale 187
- Differentialgleichungen 112, 185, 192
Eigenschaften der Lösungen von -- 186
-- vom Diffusionstyp 186
- Integrale 184ff
Eigenschaften von -- 185
- Integration 184
- Prozesse s. Zufallsprozesse
- Regelung 145ff
- Separation 145, 150
- Vektoren s. Zufallsvektoren
Störgrößen 76, 113, 147
farbige - 109, 133, 169
systematische - 109
STRATONOVITCH, R.L., 192
Stürzen einer Matrix 199
SWERLING, P. 62

TACAN 20
TAYLOR-Entwicklung 188, 193, 223, 224
TOU, J.T. 149
Trägheitsanlage 20
Transitionsmatrix 16, 44, 106, 132, 170
Ableitung der - 33, 41f
- des HAMILTONschen Systems 155
- dualer Systeme 37
LAPLACE-Transformierte der - 214, 164f
- zeitinvarianter Systeme 46, 156
Transponierte 199
- eines Produktes 204

unbiased 64, 116
unkorreliert 68

Varianz, Verfahren der minimalen 62, 63, 65ff, 108, 115, 118
rekursives - 83ff
Vektoren 197ff
linear abhängige - 200
linear unabhängige - 200
orthogonale - 204
Vektornormen 219f
Vektorraum 197, 201
Verstärkungsmatrix bei GAUSS-MARKOFFscher Schätzung 81, 82
- bei Rückführung des Zustandsvektors 137f
- des Beobachters 35, 56f, 143
- des KALMAN-BUCY-Filters 124, 125
- des KALMAN-Filters 88, 100, 177

- des optimalen Reglers 139
frei wählbare - 18, 144
Vorhersage 104ff, 115, 131f
- um ein Intervall 106
- unbekannter Strecken-parameter 141

WIENER, N. 13, 60, 61, 182, 183, 184
WIENER-Filter 126, 158ff, 168
algebraische Methode zum Entwurf von - 164
Frequenzgang des - 61, 119, 128f
WIENER-HOPF-Gleichung 61, 67, 115, 118, 120, 124, 131
WIENERscher Prozeß 112, 182

Zeilenvektor 198
Zufallsprozesse 98
BROWNsche - 182
vektorielle MARKOFFsche - 169f
vektorielle weiße - in diskreter Zeit 76
vektorielle weiße - in kontinuierlicher Zeit 113
Zufallsvektor 63, 113
Erwartungswert eines - 221
Zustandsvektor 14f, 25f, 75, 99, 113, 169, 190f
- des dualen Systems 36
Erweiterung des - 109f
Rückführung des - 137